GERALD NEHER

Auf dem Weg zur Spitze: 1 mal 1 der Geschäftsführung

Ein umfassender Leitfaden mit hilfreichen Tipps aus der Praxis

http://www.gerald-neher.at
https://www.linkedin.com/in/gerald-neher-30550424

Es wird darauf verwiesen, dass alle Angaben in diesem Werk trotz sorgfältiger Bearbeitung ohne Gewähr erfolgen und eine Haftung des Autors ausgeschlossen ist. Rechtsausführungen stellen die unverbindliche Meinung des Autors dar und können in keiner Weise der Rechtsprechung der unabhängigen Gerichte vorgreifen. Irrtümer, Druck- und Satzfehler vorbehalten.

Druck und Vertrieb im Auftrag des Autors:
Buchschmiede von Dataform Media GmbH, Wien

www.buchschmiede.at – Folge deinem Buchgefühl!

Besuchen Sie uns online

ISBN:
Softcover: 978-3-99152-639-1
Hardcover: 978-3-99152-116-7
E-Book: 978-3-99152-638-4

PRINTED IN AUSTRIA

„Erfolg ist ein Weg, nicht ein Ziel; es ist ein Prozess, nicht ein Zustand.“

Laozi, 6. Jahrhundert v. Chr.

Inhaltsverzeichnis

I. Einführung

Wenn Sie dieses Buch in den Händen halten, sind Sie auf dem besten Weg, zum Boss zu werden. Und wer will das nicht? Schließlich kann man sich als Geschäftsführer den ganzen Tag entspannt im Chefsessel zurücklehnen, das große Geld scheffeln und ab und zu mal den Mitarbeitern sagen, wo's langgeht. Klingt verlockend, oder? Aber Moment mal, bevor Sie jetzt Ihren Job hinschmeißen und sich auf die Suche nach einem Unternehmen machen, das noch einen Geschäftsführer braucht, sollten Sie vielleicht erstmal dieses Buch lesen. Denn so einfach, wie es sich manchmal anhört, ist die Sache mit der Geschäftsführung dann doch nicht.

Stellen Sie sich mal vor, Sie sind der Chef eines großen Unternehmens und stehen vor der Herausforderung, dieses erfolgreich zu führen. Sie haben zahlreiche Aufgaben zu erledigen, Entscheidungen zu treffen und Risiken abzuwägen – und das alles mit einem Ausdruck der Freude im Gesicht. Obwohl die Geschäftsführung als ernste Angelegenheit angesehen wird, bedeutet das nicht, dass man dabei keinen Spaß haben darf. Manchmal sind die besten Ideen und Entscheidungen diejenigen, die man mit einem Schmunzeln im Gesicht trifft.

Als Geschäftsführer ist es Ihr Ziel, einen nachhaltigen Gewinn zu erzielen (das ist der Betrag, der übrig bleibt, wenn alle Kosten und Ausgaben von den Einnahmen abgezogen werden). Immerhin gibt es nichts Schöneres als das beruhigende Geräusch der klingelnden Kassen und das Wissen, dass Ihr Unternehmen schwarze Zahlen schreibt. Dabei müssen Sie sicherstellen, dass die Interessen aller Stakeholder – einschließlich Mitarbeiter, Kunden, Lieferanten und Investoren – berücksichtigt werden. Gewinn und Umsatz (die Gesamtsumme der Einnahmen, die ein Unternehmen durch den Verkauf von Waren oder Dienstleistungen generiert) sind wichtige Indikatoren für den Erfolg eines Unternehmens. Und nicht zuletzt sollten Sie als Chef auch in der Lage sein, schwierige Entscheidungen zu treffen und Verantwortung zu übernehmen, wenn es notwendig ist. Ob es darum geht, Personal einzustellen oder zu entlassen, Investitionen zu tätigen oder Einsparungen vorzunehmen – Sie müssen in der Lage sein, klare Entscheidungen zu treffen und diese auch durchzusetzen. Die Geschäftsführung erfordert ebenso strategisches

Denken, Flexibilität, Kommunikationsfähigkeit, Durchsetzungsvermögen und Empathie. Und wenn Sie all diese Fähigkeiten erfolgreich miteinander kombinieren, werden Sie in der Lage sein, Ihr Unternehmen auf Erfolgskurs zu halten.

Im vorliegenden Buch möchte ich Ihnen meine Erfahrungen, Erkenntnisse und Ratschläge aus über 20 Jahren erfolgreicher Unternehmer- und Geschäftsführertätigkeit weitergeben. In dieser Zeit habe ich gelernt, was funktioniert und was nicht, welche Fehler man vermeiden und welche Chancen man ergreifen sollte. Ich habe auch viele andere Geschäftsführer und Unternehmer kennengelernt und von ihnen gelernt. Ich bin überzeugt, dass Sie von diesem Buch profitieren können, egal ob Sie bereits ein eigenes Unternehmen führen, eines gründen wollen oder einfach nur mehr über die spannende Welt des Unternehmertums erfahren möchten. Ich habe dieses Buch geschrieben, weil ich meine Leidenschaft für das Unternehmertum mit Ihnen teilen möchte. Ich glaube fest daran, dass Unternehmer eine wichtige Rolle in unserer Gesellschaft spielen. Sie schaffen nicht nur Arbeitsplätze, Innovationen und Wohlstand, sondern auch Sinn und Erfüllung für sich selbst und andere. Ich weiß aber auch, dass das Unternehmertum viele Herausforderungen und Risiken mit sich bringt. Deshalb möchte ich Ihnen in diesem Buch zeigen, wie Sie diese meistern können und wie Sie Ihre persönlichen und beruflichen Ziele erreichen können. Sie finden darin praxisnahe Beispiele, Übungen und Checklisten, die Ihnen helfen sollen, Ihre Geschäftsidee zu entwickeln, zu testen und umzusetzen. Sie erfahren, wie Sie einen Businessplan erstellen, wie Sie Finanzierungsmöglichkeiten finden, wie Sie ein Team aufbauen und führen, wie Sie Kunden gewinnen und binden, wie Sie Ihre Produkte oder Dienstleistungen vermarkten und verkaufen und vieles mehr. Außerdem erfahren Sie, wie Sie mit typischen Problemen und Krisen umgehen können, wie Sie Ihre Motivation und Ihr Selbstvertrauen stärken und wie Sie eine gesunde Balance zwischen Arbeit und Privatleben finden können.

Sie finden in diesem Buch auch nützliche Vorlagen, die Sie für Ihre Tätigkeit als Geschäftsführer verwenden können. Quellenangaben bzw. Hinweise auf weiterführende Literatur finden Sie im Anhang. Alle Formulierungen in diesem Buch erfolgen aus Gründen der Lesbarkeit in der männlichen Form, beziehen sich jedoch ausnahmslos auf Angehörige aller Geschlechter und Geschlechtsidentitäten.

Nach der Lektüre dieses Buches werden Sie motiviert und inspiriert sein, Ihre eigenen Ziele zu verfolgen und Ihre eigenen Erfolge zu feiern. Sie werden die Werkzeuge und das Wissen haben, um ein großartiger Geschäftsführer oder Unternehmer zu werden. Dennoch möchte ich Ihnen empfehlen, sich nach dem Lesen dieses Buches mit einzelnen Themen noch intensiver zu beschäftigen. Ich bin mir sicher, dass Sie das Potenzial haben, etwas Großartiges zu schaffen. Ich wünsche Ihnen viel Erfolg und Freude bei der Lektüre dieses Buches!

Zum Geschäftsführer ernannt

Sie haben es geschafft! Sie sind zum Geschäftsführer ernannt worden und stehen vor einer spannenden und herausfordernden Zeit. Wie fühlen Sie sich? Was erwarten Sie von Ihrer neuen Rolle? Wie werden Sie sich in den ersten Tagen und Wochen zurechtfinden?

Der erste Schritt ist, sich selbst zu gratulieren. Sie haben hart gearbeitet, um diese Position zu erreichen, und Sie haben die Anerkennung und das Vertrauen Ihrer Vorgesetzten und Kollegen gewonnen. Seien Sie stolz auf Ihre Leistung und gönnen Sie sich eine kurze Pause, um den Moment zu genießen. Aber nicht zu lange, denn es gibt noch viel zu tun!

Der zweite Schritt besteht darin, sich einen Überblick über Ihre neue Situation zu verschaffen. Als Geschäftsführer haben Sie mehr Verantwortung, mehr Einfluss und mehr Erwartungen als je zuvor. Sie müssen sich mit den Zielen, der Strategie und der Kultur Ihres Unternehmens vertraut machen, sowie mit den Bedürfnissen und Erwartungen Ihrer Kunden, Mitarbeiter, Partner und Stakeholder. Sie müssen auch Ihre eigenen Stärken und Schwächen kennen und wissen, wie Sie diese einsetzen oder verbessern können.

Der dritte Schritt ist der Aufbau eines starken Teams. Als Geschäftsführer können Sie nicht alles alleine machen. Sie brauchen eine Gruppe von vertrauenswürdigen und kompetenten Mitarbeitern, die Ihnen helfen, Ihre Vision umzusetzen. Sie sollten sich Zeit nehmen, um Ihre Mitarbeiter kennenzulernen, ihre Fähigkeiten und Motivationen zu verstehen und ihnen klare Ziele und Feedback zu geben. Sie sollten auch die Kommunikation und Zusammenarbeit mit anderen Abteilungen fördern und Konflikte konstruktiv lösen.

Der vierte Schritt besteht darin, sich auf die wichtigsten Prioritäten zu konzentrieren. Als Geschäftsführer werden Sie mit vielen Anfragen, Problemen und Chancen konfrontiert. Sie müssen in der Lage sein, das Wesentliche vom Unwesentlichen zu trennen und die richtigen Entscheidungen zu treffen. Als Geschäftsführer werden Sie oft mit Anfragen konfrontiert, die nicht in die Interessen Ihres

Unternehmens passen. Es ist wichtig, in der Lage zu sein, Nein zu solchen Anfragen zu sagen, auch wenn dies schwierig ist. Sie sollten sich fragen: Was sind die wichtigsten Ziele meines Unternehmens? Was sind die dringendsten Herausforderungen oder Risiken? Wo liegen die größten Chancen oder Potenziale? Wie kann ich den größten Wert schaffen oder stiften?

Der fünfte Schritt ist die ständige Weiterentwicklung. Als Geschäftsführer müssen Sie immer auf dem Laufenden bleiben über die neuesten Trends, Entwicklungen und Innovationen in Ihrer Branche und darüber hinaus. Sie müssen auch bereit sein, aus Ihren Erfahrungen zu lernen, sowohl aus Ihren Erfolgen als auch aus Ihren Fehlern. Sie sollten offen sein für neues Wissen, neue Perspektiven und neues Feedback. Sie sollten auch nach Möglichkeiten suchen, Ihre Fähigkeiten zu erweitern oder zu vertiefen, sei es durch Schulungen, Mentoring oder Networking.

Sie sehen also: Der Start als Geschäftsführer ist kein Spaziergang im Park. Es ist eine anspruchsvolle und aufregende Reise, die viel Engagement, Anpassungsfähigkeit und Lernbereitschaft erfordert. Aber es ist auch eine lohnende und erfüllende Erfahrung, die Ihnen viele Möglichkeiten bietet, sich selbst zu verwirklichen, Ihr Unternehmen voranzubringen und einen positiven Beitrag zur Gesellschaft zu leisten. Ich wünsche Ihnen viel Erfolg und hoffe, mit diesem Buch etwas zu Ihrem Erfolg beitragen zu können!

Der Sprung ins Unternehmertum

Viele Führungskräfte träumen davon, ihr eigenes Unternehmen zu gründen und ihre berufliche Zukunft selbst in die Hand zu nehmen. Doch der Schritt von der Führungskraft zum Unternehmer ist nicht einfach und erfordert eine Reihe von Fähigkeiten, Einstellungen und Strategien.

Ich bin selbst seit über 20 Jahren Unternehmer und ich kann Ihnen sagen, dass dies eine der erfüllendsten und spannendsten Erfahrungen meines Lebens ist. Ich möchte Ihnen heute Mut machen, den Schritt in die Selbstständigkeit zu wagen, wenn Sie eine Idee haben, die Sie begeistert und die Sie mit der Welt teilen möchten.

Unternehmertum bedeutet Freiheit. Die Freiheit, Ihre eigene Vision zu verwirklichen, Ihre eigenen Entscheidungen zu treffen, Ihre eigene Arbeitsweise zu gestalten. Sie sind nicht mehr abhängig von einem Chef, der Ihnen sagt, was Sie tun sollen, oder von einem Unternehmen, das Ihnen Grenzen setzt. Sie können Ihre Kreativität ausleben, Ihrer Leidenschaft folgen, Ihre Talente einsetzen. Sie können sich selbst herausfordern, neue Dinge lernen und wachsen. Sie können auch anderen Menschen helfen, indem Sie ihnen einen Mehrwert bieten, ein Problem lösen oder eine Lücke füllen. Sie können einen positiven Beitrag zur Gesellschaft leisten und etwas schaffen, das Bestand hat.

Unternehmertum bedeutet aber auch Verantwortung. Verantwortung für sich selbst, für Ihr Team, für Ihre Kunden, für Ihr Produkt oder Ihre Dienstleistung. Sie müssen bereit sein, hart zu arbeiten, Risiken einzugehen und Rückschläge zu verkraften. Sie müssen lernen, mit Unsicherheit umzugehen, mit Kritik umzugehen, mit Konkurrenz umzugehen. Sie müssen sich ständig anpassen, verbessern, innovieren. Sie müssen auch auf sich selbst achten, denn das Unternehmertum kann anstrengend sein. Sie müssen auf Ihre Gesundheit achten, auf Ihre Ausgeglichenheit, auf Ihre Beziehungen.

II. Rechtliche Grundlagen

Als Geschäftsführer eines erfolgreichen Unternehmens sind Sie stolz auf das, was Sie bisher erreicht haben. Vielleicht gehen Sie den ganzen Tag herum und denken, dass Sie alles im Griff haben, und dann BOOM! Sie werden mit einer Klage wegen irgendeiner düsteren Angelegenheit konfrontiert. Zunächst denken Sie: „Das kann doch nicht wahr sein, ich meine, wer verklagt schon einen so charmanten und liebenswerten Chef wie mich?" Aber als Sie tiefer graben, stellen Sie fest, dass Sie ein paar unglückliche Entscheidungen getroffen haben, die das Gesetz verletzen. Sie sind am Boden zerstört und fragen sich, wie es so weit kommen konnte. Schließlich haben Sie hart gearbeitet, um Ihr Unternehmen aufzubauen, und doch stehen Sie jetzt vor dem finanziellen Ruin! Sie fühlen sich hilflos und überfordert. Aber dann erinnern Sie sich an etwas, das Ihnen ein guter Freund gesagt hat: „In jedem Hindernis steckt auch eine Chance." Mit dieser Weisheit im Hinterkopf entscheiden Sie sich, die Sache in die eigenen Hände zu nehmen und die rechtlichen Rahmenbedingungen zu studieren. Es ist ein harter und mühsamer Weg, aber Sie lassen sich nicht entmutigen. Und langsam aber sicher beginnen Sie, das Ruder herumzureißen. Am Ende, gegen alle Widrigkeiten, gewinnen Sie den Fall und sind erleichtert und dankbar, dass Sie es geschafft haben. Aber Sie sind auch demütig und haben gelernt, dass es in der Geschäftswelt nicht nur um Geschicklichkeit und Geschäftssinn geht, sondern auch um ein grundlegendes Verständnis der rechtlichen Grundlagen.

Wenn Sie sich nicht an Gesetze und Vorschriften halten, können Sie und Ihr Unternehmen rechtlichen Konsequenzen ausgesetzt sein. Die Kenntnis der rechtlichen Grundlagen hilft Ihnen auch, die Rechte und Pflichten Ihres Unternehmens und Ihrer Mitarbeiter zu verstehen, was dazu beitragen kann, rechtliche Konflikte zu vermeiden. Darüber hinaus kann ein fundiertes Verständnis der rechtlichen Rahmenbedingungen Ihrem Unternehmen auch dabei helfen, Chancen zu erkennen und zu nutzen, indem Sie beispielsweise Verträge besser verstehen oder sich an bevorstehende regulatorische Änderungen anpassen. Kurz gesagt, ein solides Verständnis der rechtlichen Grundlagen ist für jeden Geschäftsführer von entscheidender Bedeutung, um erfolgreich und rechtlich geschützt zu arbeiten.

Ein tieferes Eintauchen in die Judikatur der Unternehmensführung würde den Rahmen dieses Buches sprengen. Dennoch soll auf den nächsten Seiten ein kurzer Überblick über die wichtigsten Gesetze sowie die Unterschiede in Deutschland, Österreich und der Schweiz gegeben werden.

Allgemeine Rechte und Pflichten

Die Geschäftsführung ist bei allen Rechtsformen grundsätzlich verpflichtet, die Interessen der Gesellschaft zu wahren, sorgfältig zu handeln und Rechenschaft abzulegen. Die Geschäftsführung haftet jedoch nicht nur für ihr eigenes Verschulden, sondern auch für das Verschulden ihrer Mitarbeiter oder Vertreter, wenn sie diese nicht ausreichend ausgewählt oder überwacht hat. Außerdem kann die Geschäftsführung unter bestimmten Umständen verschuldensunabhängig haften, zum Beispiel wenn sie Zahlungen nach Eintritt der Insolvenzreife leistet, wenn sie einen Insolvenzantrag nicht rechtzeitig stellt, wenn sie Abgabenforderungen des Bundes oder Sozialversicherungsbeiträge nicht entrichtet oder wenn sie ein Reorganisationsverfahren nicht beantragt oder den Jahresabschluss nicht aufstellt bzw. prüfen lässt. Eine verschuldensunabhängige Haftung kann auch vertraglich vereinbart werden, insbesondere bei Dauerschuldverhältnissen wie Wartungs-, Hosting- oder Software-Mietverträgen.

Die rechtlichen Aspekte der Geschäftsführung von Personengesellschaften und GmbHs sind in den Ländern der DACH-Region in unterschiedlichen Gesetzen und in unterschiedlicher Form geregelt. In Deutschland gelten vor allem das Handelsgesetzbuch (HGB) für Personengesellschaften bzw. das Gesetz betreffend die Gesellschaften mit beschränkter Haftung (GmbHG) für GmbHs. In Österreich sind die Personengesellschaften im Unternehmensgesetzbuch (UGB) und die GmbHs im GmbH-Gesetz (GmbHG) geregelt. In der Schweiz finden sich die Vorschriften für Personengesellschaften im Obligationenrecht (OR) und für GmbHs im Gesetz über die Gesellschaft mit beschränkter Haftung (GmbHG).

Die Geschäftsführer von Personengesellschaften sind grundsätzlich alle Gesellschafter, es sei denn, sie haben durch Vertrag etwas anderes bestimmt. Die Geschäftsführung umfasst alle Handlungen, die zur Erreichung des gemeinsamen Zwecks erforderlich oder nützlich sind. Die Geschäftsführer haben dabei die Sorgfalt eines ordentlichen Kaufmanns anzuwenden und die Interessen der Gesellschaft zu wahren. Sie haften für Schäden, die sie der Gesellschaft durch schuldhaftes Verhalten zufügen.

Die Geschäftsführung der GmbH ist in den drei Ländern der DACH-Region unterschiedlich geregelt.

Deutschland

Im deutschen HGB werden die Aufgaben und Pflichten der Geschäftsführung definiert, sowie die Haftung bei Verstößen gegen diese Pflichten. Die Geschäftsführung hat zum Beispiel die Pflicht, eine ordnungsgemäße Buchführung zu führen, Jahresabschlüsse zu erstellen und für eine angemessene Kapitalausstattung des Unternehmens zu sorgen. Unternehmen müssen ihren Jahresabschluss im elektronischen Bundesanzeiger veröffentlichen, wenn sie bestimmte Größenkriterien überschreiten.

In Deutschland ist die GmbH eine juristische Person, die durch einen oder mehrere Geschäftsführer oder Geschäftsführerinnen vertreten wird. Die Bestellung und Abberufung der Geschäftsführer oder Geschäftsführerinnen erfolgt durch Beschluss der Gesellschafterversammlung. Die Geschäftsführung hat die Angelegenheiten der GmbH unter Beachtung der gesetzlichen Vorschriften und des Gesellschaftsvertrags zu führen. Die Geschäftsführer oder Geschäftsführerinnen haften für Schäden, die sie der GmbH durch schuldhaftes Verhalten zufügen.

Österreich

Das österreichische UGB entstammt dem deutschen Handelsgesetzbuch von 1897 und wurde 1938 in Österreich eingeführt. Es war die erste umfassende Sammlung von Handelsgesetzen in Österreich. Das UGB wurde in den folgenden Jahrzehnten mehrfach novelliert, die letzte große Novellierung fand im Jahr 2007 statt. Es gilt für alle Arten von Unternehmen, sowohl für Personengesellschaften als auch für Kapitalgesellschaften. Im UGB sind die Rechte und Pflichten der Geschäftsführer festgelegt.

Auch in Österreich ist die GmbH eine juristische Person, die durch einen oder mehrere handelsrechtliche Geschäftsführer vertreten wird. Die Bestellung und Abberufung der handelsrechtlichen Geschäftsführer erfolgt durch Beschluss der Generalversammlung. Die handelsrechtlichen Geschäftsführer haben die Angelegenheiten der GmbH unter Beachtung der gesetzlichen Vorschriften und des Gesellschaftsvertrages zu führen. Die handelsrechtlichen Geschäftsführer haften für Schäden, die sie der GmbH durch schuldhaftes Verhalten (§ 96 UGB) oder durch eine unerlaubte Handlung (§ 1295 ABGB) zufügen. Sie sind verpflichtet, eine jährliche Bilanz und Gewinn- und Verlustrechnung zu erstellen und den Gesellschaftern vorzulegen. Des Weiteren müssen die GmbH-Geschäftsführer die Gesellschafter über alle Angelegenheiten der Gesellschaft unterrichten, die für sie von Bedeutung sind.

Anders als in Deutschland ist die Haftung des Geschäftsführers in Österreich grundsätzlich verschuldensunabhängig, d.h. der Geschäftsführer haftet auch bei einfacher Fahrlässigkeit. Der Geschäftsführer kann für Schäden, die er der Gesellschaft fahrlässig zufügt, persönlich haftbar gemacht werden.

Die Geschäftsführer können in Österreich nur aus wichtigem Grund abberufen werden, wie etwa:

- Verstoß gegen die gesetzlichen Bestimmungen: Ein Geschäftsführer kann abberufen werden, wenn er gegen die gesetzlichen Bestimmungen verstößt. Dazu gehören beispielsweise Verstöße gegen das Arbeitsrecht, das Gesellschaftsrecht oder das Steuerrecht.

- Missmanagement: Wenn ein Geschäftsführer das Unternehmen schlecht führt und dem Unternehmen dadurch Schaden entsteht, kann er abberufen werden. Beispiele für Missmanagement sind mangelnde Finanzkontrolle, falsche Personalentscheidungen oder mangelnde Investitionsstrategien.

- Vertrauensverlust: Wenn ein Geschäftsführer das Vertrauen der Gesellschafter oder des Aufsichtsrats verliert, kann er abberufen werden. Dies kann aufgrund von Fehlverhalten oder Konflikten entstehen.

- Gesundheitliche Gründe: Ist ein Geschäftsführer aus gesundheitlichen Gründen nicht mehr in der Lage, seine Aufgaben zu erfüllen, kann er abberufen werden.

Wenn das Arbeitsverhältnis zwischen dem Geschäftsführer und dem Unternehmen beendet wird, endet auch die Geschäftsführertätigkeit. Beispiele für eine Beendigung des Arbeitsverhältnisses sind Kündigung, Aufhebungsvertrag oder Pensionierung. Es ist jedoch wichtig zu beachten, dass eine Abberufung eines Geschäftsführers in Österreich immer unter Einhaltung der gesetzlichen Bestimmungen und der im Gesellschaftsvertrag festgelegten Regelungen erfolgen muss.

Kapitalgesellschaften in Österreich sind unabhängig von ihrer Größe verpflichtet, ihren Jahresabschluss im Firmenbuch bzw. im Handelsregister zu veröffentlichen.

Bei einer Aktiengesellschaft (AG) sind die Geschäftsführer dazu verpflichtet, eine Hauptversammlung einzuberufen und die Aktionäre über die Geschäftsentwicklung der Gesellschaft zu informieren.

Schweiz

Das Obligationenrecht (OR) regelt die Aufgaben und Pflichten der Geschäftsführung sowie die Haftung bei Verstößen gegen diese Pflichten. Die Geschäftsführung hat zum Beispiel die Pflicht, eine ordnungsgemäße Buchführung zu führen, Jahresabschlüsse zu erstellen und die Rechte der Arbeitnehmer zu schützen. Zudem ist die Geschäftsführung für die Umsetzung der Unternehmensstrategie und für die Verwaltung des Unternehmensvermögens verantwortlich.

In der Schweiz ist die GmbH eine juristische Person mit eigener Rechtspersönlichkeit, deren Organe aus einem Einzelgeschäftsleiter oder einer aus mehreren Personen bestehenden Geschäftsleitung sowie aus einer Generalversammlung bestehen. Die Bestellung und Abberufung des Einzelgeschäftsleiters bzw. der Mitglieder der Geschäftsleitung erfolgt durch Beschluss der Generalversammlung. Die Geschäftsleitung hat die Angelegenheiten der GmbH unter Beachtung der gesetzlichen Vorschriften und des Statuts zu führen. Der Einzelgeschäftsleiter bzw. die Mitglieder der Geschäftsleitung haften für Schäden, die sie der GmbH durch schuldhaftes Verhalten zufügen. Die Haftung der Geschäftsführung kann bei schweren Verstößen aber auch verschuldensunabhängig sein.

Die Abberufung der Geschäftsführung ist in der Regel nur aus wichtigem Grund möglich, es sei denn, es gibt im Gesellschaftsvertrag andere Regelungen.

Wie in Österreich sind auch in der Schweiz die Gesellschaften unabhängig von ihrer Größe verpflichtet, ihren Jahresabschluss im Firmenbuch bzw. im Handelsregister zu veröffentlichen.

In allen drei Ländern gibt es noch weitere gesetzliche Bestimmungen, die die Geschäftsführung betreffen. Diese können je nach Branche und Unternehmensform unterschiedlich sein. Es ist daher wichtig, dass sich Geschäftsführer über die relevanten gesetzlichen Vorschriften informieren und diese sorgfältig einhalten.

Rechtliche Grundlagen gegenüber Gesellschaftern

Die rechtlichen Grundlagen für Geschäftsführer gegenüber den Gesellschaftern sind in den Gesellschaftsverträgen und den jeweiligen gesetzlichen Vorschriften der Länder verankert. In Deutschland sind die grundlegenden Vorschriften im GmbH-Gesetz (GmbHG) und im Aktiengesetz (AktG) enthalten, während in Österreich die Regelungen im Unternehmensgesetzbuch (UGB) zu finden sind. In der Schweiz regelt das Obligationenrecht (OR) die Geschäftsbeziehungen zwischen Geschäftsführern und Gesellschaftern.

Die Geschäftsführer haben eine sogenannte Treuepflicht gegenüber den Gesellschaftern und müssen im Interesse der Gesellschaft handeln. Sie sind verpflichtet, die Gesellschafter über wichtige Entscheidungen zu informieren und sie auf dem Laufenden zu halten. Außerdem müssen sie dafür sorgen, dass der Gesellschaftsvertrag und die gesetzlichen Bestimmungen eingehalten werden. Im Falle von Verstößen gegen die gesetzlichen oder vertraglichen Pflichten können die Gesellschafter gegen die Geschäftsführer vorgehen. Es können Haftungsansprüche, Schadenersatzforderungen oder Abberufungsbeschlüsse geltend gemacht werden. Um dies zu vermeiden, ist es wichtig, dass sich die Geschäftsführer an die rechtlichen Vorgaben halten und eine offene Kommunikation mit den Gesellschaftern pflegen.

Arbeitsrecht

Insbesondere in den deutschsprachigen DACH-Staaten gibt es eine Vielzahl von Unterschieden im Arbeitsrecht. Obwohl Deutschland, Österreich und die Schweiz geografisch und kulturell eng miteinander verbunden sind, haben sie dennoch ihre eigenen Gesetze und Vorschriften, die bei der Beschäftigung von Arbeitnehmern zu beachten sind. Hier einige Auszüge.

Stellenausschreibung

Eine Stellenausschreibung kann in der Schweiz von Arbeitgebern frei formuliert werden, solange das Gleichstellungsgesetz beachtet wird, welches die Gleichstellung zwischen Mann und Frau regelt. Arbeitgeber müssen jedoch bei der Rekrutierung von EU-Arbeitnehmern die Anforderungen des EU-Rechts berücksichtigen, um Schadenersatzforderungen zu vermeiden. In Deutschland und Österreich hingegen müssen Arbeitgeber bei Stellenausschreibungen das Allgemeine Gleichbehandlungsgesetz (AGG) beachten, welches Diskriminierungen aufgrund von Rasse, ethnischer Herkunft, Geschlecht, Religion, Behinderung, Alter und sexueller Identität verbietet. Bei einer fehlerhaften Ausschreibung kann der Arbeitgeber zu Schadenersatz- und Entschädigungszahlungen verurteilt werden.

Probezeit

In der Schweiz gilt für unbefristete Arbeitsverhältnisse eine Probezeit von einem Monat, die auf drei Monate verlängert werden kann. In Deutschland muss eine Probezeit zwischen den Parteien vereinbart werden und darf maximal sechs Monate dauern. Auch in Österreich muss eine Probezeit zwischen den Parteien vereinbart werden und ist auf maximal einen Monat beschränkt. Während der Probezeit kann das Arbeitsverhältnis in Österreich sowohl vom Arbeitgeber als auch vom Arbeitnehmer jederzeit fristlos und ohne Angabe von Gründen beendet werden.

Arbeitszeitregelungen

Die Arbeitszeit ist die Zeit, die Sie für Ihre berufliche Tätigkeit aufwenden. Sie wird in der Regel in Stunden pro Woche oder pro Monat gemessen. Die Arbeitszeit kann je nach Branche, Tarifvertrag, Betriebsvereinbarung oder individueller Vereinbarung zwischen Arbeitgeber und Arbeitnehmer variieren.

Die gesetzliche Höchstarbeitszeit ist die maximale Zeit, die Sie pro Tag oder pro Woche arbeiten dürfen. Sie soll Ihre Gesundheit und Sicherheit schützen und Ihnen genügend Zeit für Erholung und Freizeit ermöglichen. Die gesetzliche Höchstarbeitszeit ist wie folgt geregelt:

In Deutschland beträgt die gesetzliche Höchstarbeitszeit 8 Stunden pro Tag und 48 Stunden pro Woche. Sie kann auf 10 Stunden pro Tag und 60 Stunden pro Woche verlängert werden, wenn innerhalb von 6 Monaten oder 24 Wochen ein Ausgleich erfolgt.

In Österreich beträgt die gesetzliche Höchstarbeitszeit 8 Stunden pro Tag und 40 Stunden pro Woche. Sie kann auf 10 Stunden pro Tag und 50 Stunden pro Woche verlängert werden, wenn innerhalb von 17 Wochen ein Ausgleich erfolgt.

In der Schweiz beträgt die gesetzliche Höchstarbeitszeit 14 Stunden pro Tag und 45 Stunden pro Woche für Angestellte in Industrieunternehmen, Büroangestellte, technische und sonstige Angestellte, Verkaufspersonal in Großbetrieben des Einzelhandels. Für die übrigen Arbeitnehmer beträgt sie 50 Stunden pro Woche.

Die Arbeitspausen sind die Zeiten, die Sie während Ihrer Arbeitszeit unterbrechen dürfen, um sich zu erholen oder etwas zu essen oder zu trinken. Sie sind in der Regel nicht als Arbeitszeit angerechnet. Die Arbeitspausen sind wie folgt geregelt:

In Deutschland haben Sie Anspruch auf eine Arbeitspause von mindestens 30 Minuten bei einer Arbeitszeit von mehr als 6 Stunden und von mindestens 45 Minuten bei einer Arbeitszeit von mehr als 9 Stunden. Die Pause muss spätestens nach 6 Stunden genommen werden.

In Österreich haben Sie Anspruch auf eine Arbeitspause von mindestens 30 Minuten bei einer Arbeitszeit von mehr als 6 Stunden. Die Pause muss spätestens nach 6 Stunden genommen werden.

In der Schweiz haben Sie Anspruch auf eine Arbeitspause von mindestens 15 Minuten bei einer Arbeitszeit von mehr als 5,5 Stunden, von mindestens 30 Minuten bei einer Arbeitszeit von mehr als 7 Stunden und von mindestens einer Stunde bei einer Arbeitszeit von mehr als 9 Stunden. Die Pause muss spätestens nach 5,5 Stunden genommen werden.

Die Ruhezeiten sind die Zeiten, die Sie zwischen zwei Arbeitstagen oder -schichten frei haben müssen. Sie sollen Ihnen genügend Zeit für Schlaf und Erholung geben. Die Ruhezeiten sind folgendermaßen geregelt:

In Deutschland müssen Sie mindestens 11 Stunden ununterbrochene Ruhezeit zwischen zwei Arbeitstagen oder -schichten haben. Diese kann auf bis zu 10 Stunden verkürzt werden, wenn innerhalb von einem Monat ein Ausgleich erfolgt.

In Österreich müssen Sie mindestens 11 Stunden ununterbrochene Ruhezeit zwischen zwei Arbeitstagen oder -schichten haben. Diese kann auf bis zu 8 Stunden verkürzt werden, wenn innerhalb von einem Monat ein Ausgleich erfolgt.

In der Schweiz müssen Sie ebenfalls mindestens 11 Stunden ununterbrochene Ruhezeit zwischen zwei Arbeitstagen oder -schichten haben, zusätzlich 24 Stunden Ruhezeit am Sonntag.

Urlaubsanspruch

In Deutschland haben Arbeitnehmer einen gesetzlichen Mindesturlaubsanspruch von 20 Werktagen pro Jahr, der im Bundesurlaubsgesetz (BUrlG) geregelt ist. In Österreich und der Schweiz gibt es ebenfalls Regelungen zum Urlaubsanspruch, jedoch sind die konkreten Vorschriften und Ansprüche unterschiedlich. So beträgt der gesetzliche Urlaubsanspruch in Österreich fünf Wochen, was bei einer 5-Tage-Woche einem Anspruch von 25 Tagen entspricht. In der Schweiz gibt es keinen

„Urlaub“, sondern „Ferien“. Der Mindestferienanspruch beträgt bis zum vollendeten 20. Lebensjahr fünf Wochen pro Dienstjahr, danach vier Wochen pro Dienstjahr.

Arbeitnehmervertretung

In Deutschland haben Arbeitnehmer das Recht, sich in Gewerkschaften zu organisieren und ihre Interessen zu vertreten. In Österreich und der Schweiz gibt es ebenfalls Gewerkschaften, jedoch sind auch hier die konkreten Regelungen und Vorschriften unterschiedlich. So haben in Österreich Gewerkschaften beispielsweise eine besondere Rolle bei der Vertretung der Interessen von Arbeitnehmern in Betriebsräten, während es in der Schweiz keine gesetzliche Anerkennung von Gewerkschaften gibt.

Betriebsräte

In Deutschland haben Arbeitnehmerinnen und Arbeitnehmer das Recht, einen Betriebsrat zu wählen, der ihre Interessen im Betrieb vertritt und unter anderem in Fragen des Arbeitnehmerschutzes mitwirkt. Auch in Österreich gibt es Betriebsräte, allerdings ist das Betriebsverfassungsgesetz anders ausgestaltet als in Deutschland. In der Schweiz gibt es keine Betriebsräte, aber die Arbeitnehmer haben das Recht auf eine Personalvertretung.

Arbeitnehmerschutz

Die arbeitnehmerschutzrechtlichen Bestimmungen sind von entscheidender Bedeutung, um Arbeitnehmer vor gesundheitlichen Gefahren und Unfällen am Arbeitsplatz zu schützen. Doch trotz ähnlicher Regelungen gibt es auch bedeutende Unterschiede zwischen den Ländern, die sich dramatisch auf das Wohlbefinden und die Sicherheit der Arbeitnehmer auswirken können. Ein Verstoß gegen die geltenden Vorschriften kann verheerende Folgen haben und das Leben und die Gesundheit von Arbeitnehmern gefährden. Es ist daher von größter Wichtigkeit, dass Arbeitgeber und Arbeitnehmer sich bewusst sind und die arbeitnehmerschutzrechtlichen Bestimmungen ernst nehmen und umsetzen.

Die folgende Grafik zeigt die meldepflichtigen Arbeitsunfälle in deutschen Betrieben im Jahr 2021, aufgeschlüsselt nach den wichtigsten Berufsgruppen:

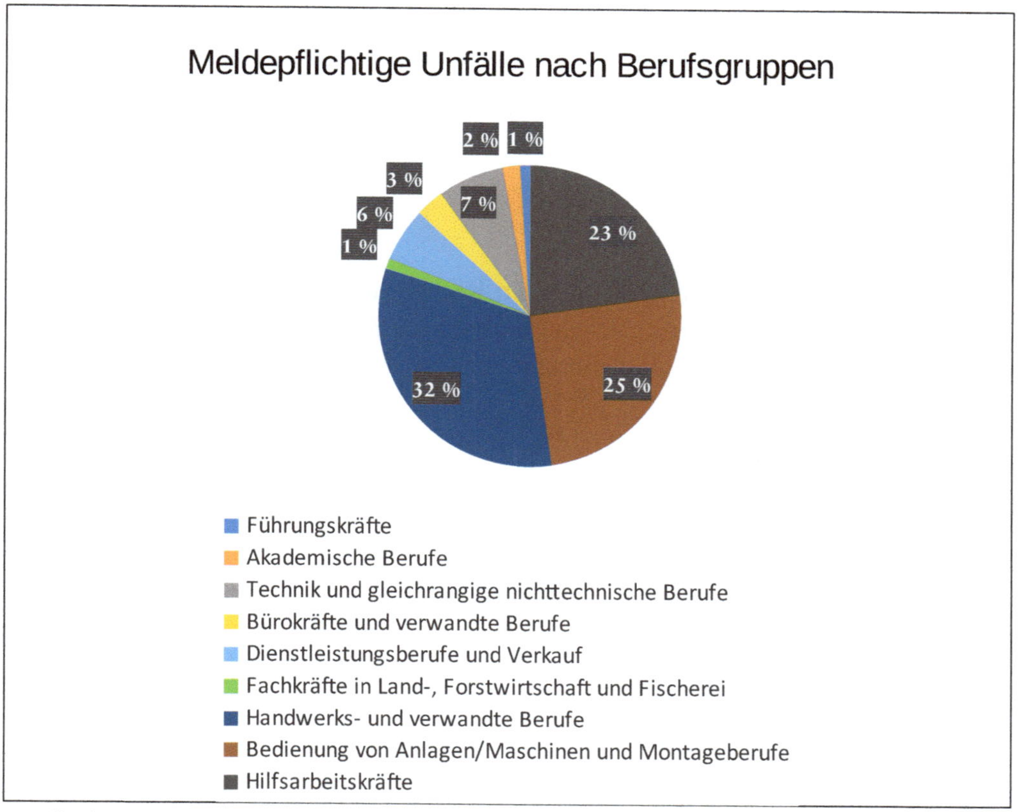

Quelle: https://publikationen.dguv.de/widgets/pdf/download/article/4590

Sehen wir uns die Grafik an, stellen wir fest, dass im gewerblichen Unfallgeschehen die Berufe mit handwerklichen Tätigkeiten aus den Bereichen Bau und Metallbe- und -verarbeitung die höchsten Anteile an meldepflichtigen Unfällen aufweisen. Zu den Tätigkeiten mit relativ geringem Risiko gehören Büro- und verwandte Berufe mit einer Quote von 7 meldepflichtigen Unfällen je 100 Arbeitnehmer. Zu den häufigsten Unfällen in Büros zählen Ausrutschen, Stolpern und Stürzen.

Jedes Land hat eine zentrale Behörde oder Einrichtung auf Bundesebene, die für die Koordination, Unterstützung und Überwachung des Vollzugs des Arbeitsschutzes zuständig ist: das Eidgenössische Arbeitsinspektorat in der Schweiz, die Bundesanstalt für Arbeitsschutz und Arbeitsmedizin (BAuA) in Deutschland und das Arbeitsinspektorat in Österreich. Für den Vollzug des Arbeitsschutzes in den Betrieben (mit Ausnahme der Bundesbetriebe) sind jeweils kantonale oder regionale Arbeitsinspektorate zuständig.

Elternschutz

Elternschutz ist die Gewährleistung der Rechte und Interessen von Eltern. Er umfasst die rechtliche, wirtschaftliche und soziale Absicherung von Eltern, sowie deren Unterstützung bei der Erziehung ihrer Kinder.

In Deutschland, Österreich und der Schweiz gibt es eine Reihe von gesetzlichen Regelungen, die den Elternschutz gewährleisten sollen. Dazu gehören das Elterngeld, das Elternteilzeitgesetz und das Kindergeld.

In Deutschland gibt es ein eigenes Mutterschutzgesetz (MuSchG), das den Schutz von Schwangeren und Müttern am Arbeitsplatz regelt. In Österreich und der Schweiz gibt es ähnliche Regelungen, jedoch sind die Vorschriften und der Umfang der Schutzmaßnahmen unterschiedlich.

Arbeitsinspektion

Die Bundesanstalt für Arbeitsschutz und Arbeitsmedizin (BAuA) in Deutschland ist eine Ressortforschungseinrichtung im Geschäftsbereich des Bundesministeriums für Arbeit und Soziales (BMAS). Die BAuA erbringt vor allem Forschungs- und Entwicklungsarbeiten sowie wissenschaftliche Dienstleistungen im Bereich des Arbeitsschutzes. Im Bereich der Unfallversicherung hat sie keine Aufgaben.

Die Arbeitsinspektion in Österreich untersteht dem Bundesministerium für Digitalisierung und Wirtschaftsstandort und vollzieht das Unfallversicherungsgesetz (UVG) im Bereich der Berufskrankheiten. Neben dem Vollzug bietet die Arbeitsinspektion auch Informations-, Beratungs- und Schulungsangebote an.

Die Eidgenössische Arbeitsinspektion (EAI) in der Schweiz ist dem Staatssekretariat für Wirtschaft (SECO) unterstellt und vollzieht das UVG nur in Betrieben, für die nicht die Schweizerische Unfallversicherungsanstalt (SUVA) zuständig ist, wie z. B. Dienstleistungsbetriebe oder Handelsfirmen. Die EAI berät zudem Arbeitgebende, Arbeitnehmende, Kantone, Fachstellen und weitere Interessierte in spezifischen Fragen des Arbeitsschutzes.

Brandschutz

Als Arbeitgeber sind Sie verpflichtet, Vorkehrungen zu treffen, um Brände zu vermeiden und die Gesundheit der Arbeitnehmer zu schützen. Feuerlöscheinrichtungen müssen regelmäßig gewartet werden, leicht zugänglich und jederzeit funktionsfähig sein. Es ist Ihre Aufgabe sicherzustellen, dass Ihre Mitarbeiter Zugang zu den erforderlichen Feuerlöschern haben. Des Weiteren sind Sie verpflichtet, Ihre Mitarbeiter über Brandschutz zu informieren.

Im Folgenden gebe ich einen Überblick über einige Besonderheiten in Deutschland, Österreich und der Schweiz:

1. In Deutschland sollte die Grundausstattung Feuerlöscher mit mindestens 6 Löschmitteleinheiten umfassen, entsprechend mehr ab einer Betriebsfläche über 50 m^2. In Österreich und der Schweiz wird nicht spezifisch erwähnt, welche Art von Brandschutzeinrichtungen erforderlich sind, sondern es wird nur erwähnt, dass der Arbeitgeber sicherstellen muss, dass Brandschutzeinrichtungen regelmäßig gewartet werden und jederzeit funktionsfähig sind.

2. In Deutschland können die Anzahl und Größe der Feuerlöscher anhand von Tabellen ermittelt werden, wobei für jeden Bereich der Arbeitsstätte Löschmitteleinheiten und Löschvermögen für Brandklassen A und B bestimmt werden. In Österreich und der Schweiz wird nicht spezifisch erwähnt, wie die Anzahl und Größe der Brandschutzeinrichtungen bestimmt werden sollen.

3. In Deutschland sollten die Feuerlöscher den Vorschriften von DIN EN 37:2007-10 entsprechen und leicht handhabbar sein. In Österreich wird nicht spezifisch erwähnt, welche Standards die Brandschutzeinrichtungen erfüllen sollten.

4. In Deutschland müssen die Feuerlöscheinrichtungen gut sichtbar, leicht erreichbar und vorzugsweise in Fluchtwegen und Ausgängen angebracht sein. In Österreich wird nicht spezifisch erwähnt, wo die Brandschutzeinrichtungen angebracht werden sollten.

5. In Deutschland können Feuerlöscheinrichtungen in Gebäuden gemeinsam genutzt werden, und jeder Arbeitgeber muss sicherstellen, dass seine Mitarbeiter jederzeit Zugang zu den erforderlichen Feuerlöschern haben. In Österreich wird nicht ausdrücklich erwähnt, ob die Brandschutzeinrichtungen gemeinsam genutzt werden können oder nicht.

6. In Österreich muss der Arbeitgeber ab dem ersten Angestellten sicherstellen, dass eine Person im Unternehmen sich mit der Handhabung von Feuerlöschern auskennt. In Deutschland wird dies nicht ausdrücklich erwähnt.

7. In Österreich gibt es einige wichtige Brandschutzvorschriften, wie z. B. die Anbringung von CO2-Löschern im Serverraum, die Freihaltung von Fluchtwegen und die Festlegung eines Sammelplatzes. In Deutschland werden solche speziellen Vorschriften nicht erwähnt.

8. In der Schweiz können Brandschutzaufgaben an spezielle Brandschutzbeauftragte delegiert werden, die eine entsprechende Ausbildung erhalten haben. Brandschutzmaßnahmen müssen zwischen der Geschäftsleitung und dem Brandschutzbeauftragten besprochen werden. In Deutschland und Österreich werden keine vergleichbaren Vorschriften erwähnt.

Aushangpflichtige Gesetze

Aushangpflichtige Gesetze sind Gesetze und Verordnungen, die Arbeitgeber in ihren Betrieben für ihre Mitarbeiter zugänglich machen müssen. Sie dienen dem Schutz und der Information der Arbeitnehmer über ihre Rechte und Pflichten am Arbeitsplatz. Die Aushangpflicht ergibt sich in der Regel aus den Gesetzen und Vorschriften selbst und gilt ab dem ersten Mitarbeiter. Die Aushangpflicht gilt in Deutschland, Österreich und der Schweiz, allerdings mit unterschiedlichen Regelungen.

In Deutschland müssen Arbeitgeber je nach Branche und Betriebsgröße verschiedene Gesetze aushängen oder auslegen, zum Beispiel das Allgemeine Gleichbehandlungsgesetz (AGG), das Arbeitszeitgesetz (ArbZG), das Jugendarbeitsschutzgesetz (JArbSchG) oder das Mutterschutzgesetz (MuSchG). Die aushangpflichtigen Gesetze werden jährlich aktualisiert und müssen an geeigneten Stellen im Betrieb oder im Intranet zugänglich sein.

In Österreich ist die Aushangpflicht zum 1.7.2017 weitgehend entfallen. Nur noch einige Bestimmungen des Arbeitszeitgesetzes müssen für die Mitarbeiter einsehbar sein. Ansonsten können Arbeitgeber die relevanten Vorschriften zum Arbeitnehmerschutz online abrufen oder als Buch bestellen.

In der Schweiz gibt es in der Privatwirtschaft keine generelle Aushangpflicht für Gesetze. Jedoch müssen Arbeitgeber bestimmte Informationen über den Arbeitsvertrag, den Lohn, die Arbeitszeit, den Urlaub und den Kündigungsschutz schriftlich festhalten und den Mitarbeitern aushändigen. Zudem müssen sie die Mitarbeiter über die geltenden Unfallverhütungsvorschriften unterrichten.

Entgeltfortzahlung bei Krankheit

In Deutschland haben Arbeitnehmer einen Anspruch auf Entgeltfortzahlung im Krankheitsfall, der im Entgeltfortzahlungsgesetz (EFZG) geregelt ist. In Österreich und in der Schweiz gibt es ähnliche Regelungen, jedoch sind auch hier die

Vorschriften unterschiedlich. So ist beispielsweise in Österreich eine Lohnfortzahlung im Krankheitsfall von bis zu sechs Wochen vorgesehen, während es in der Schweiz keine gesetzliche Regelung zur Entgeltfortzahlung im Krankheitsfall gibt.

Home Office

Im nationalen Steuerrecht und auf OECD-Ebene gewinnt das Thema Homeoffice spätestens seit der COVID-19-Pandemie immer mehr an Bedeutung. Die Auswirkungen auf Unternehmen, die Mitarbeiter im Homeoffice beschäftigen, werden oft unterschätzt. Es können ertrags- und umsatzsteuerliche Konsequenzen für das Unternehmen sowie lohnsteuerliche Aspekte für den Mitarbeiter entstehen. Die Definition einer Betriebsstätte unterscheidet sich jedoch international erheblich.

Deutschland

In Deutschland definiert § 12 AO eine Betriebsstätte als eine Einrichtung, über die der Arbeitgeber die Verfügungsgewalt hat. In den meisten Fällen wird ein Homeoffice daher keine Betriebsstätte begründen. Die deutsche Auslegung des Artikel 5 des OECD-Musterabkommens (OECD-MA) folgt dem gleichen Prinzip. Allerdings gibt es auf OECD-Ebene eine zunehmende Distanzierung vom Prinzip der Verfügungsgewalt, und es wird erstmals anerkannt, dass ein Homeoffice eine Betriebsstätte darstellen kann, wenn bestimmte Voraussetzungen erfüllt sind.

Das Betriebsrätemodernisierungsgesetz erlaubt Betriebsräten in Deutschland, bei der Ausgestaltung von mobiler Arbeit mitzubestimmen. Der Arbeitgeber hat jedoch immer noch das letzte Wort bei der Entscheidung, ob Homeoffice überhaupt erlaubt ist. Betriebsräte können nur bei der inhaltlichen Ausgestaltung, wie zum Beispiel dem zeitlichen Umfang oder dem Ort, von dem aus gearbeitet wird, mitbestimmen. Weitere Themen wie Anwesenheitspflichten, Erreichbarkeit, Umgang mit Arbeitsmitteln und Sicherheitsaspekte fallen ebenfalls unter die Mitbestimmungspflicht.

Österreich

In Österreich kommt es für die Begründung einer Betriebsstätte sowohl nach Art. 5 des OECD-MA als auch nach § 29 BAO auf die dauerhafte Verfügungsmacht an. Dabei kann eine inländische Betriebsstätte auch in der privaten Wohnung eines Arbeitnehmers gelegen sein, sofern der Arbeitgeber die Verfügungsmacht hat. Eine Auskunft des Bundesministeriums für Finanzen (BMF) bezieht sich auf den OECD-MK und führt aus, dass ein Homeoffice keine Betriebsstätte darstellt, wenn der Arbeitnehmer nur gelegentlich und mit zahlreichen Unterbrechungen für den Arbeitgeber tätig wird oder wenn der Arbeitgeber den Arbeitnehmer nicht angewiesen hat, seine Wohnung für seine Tätigkeit zu nutzen. In Österreich verpflichtet das Home-Office-Paket seit 2021 die Arbeitgeber, die Anzahl der Home-Office-Tage auf dem Lohnkonto und auf der jährlichen Lohnsteuerabrechnung (L16) für alle Arbeitnehmer, die regelmäßig oder gelegentlich von zu Hause aus arbeiten, anzugeben. Die Pflicht zur Aufzeichnung der Home-Office-Tage gilt unabhängig davon, ob die Möglichkeit der Zahlung einer steuerfreien Home-Office-Zulage genutzt wird oder nicht. Der Hauptgrund für die Verpflichtung des Arbeitgebers, die Anzahl der Home-Office-Tage auf der jährlichen Lohnabrechnung L16 anzugeben, besteht darin, dass das Finanzamt die steuerliche Berechtigung des Arbeitnehmers zur Geltendmachung von Werbungskosten im Rahmen der Arbeitnehmerveranlagung prüfen kann (Heimarbeitsplatz-Pauschale und/oder etwaige Werbungskosten für ergonomische Möbel).

Schweiz

In der Schweiz wird eine Betriebsstätte nach Art. 4 und 51 DBG definiert. Ein Homeoffice gilt hier als Betriebsstätte, wenn der Arbeitnehmer über ein eigenes Büro oder eine eigene Werkstatt verfügt und das Homeoffice Teil der betrieblichen Tätigkeit ist.

Kündigung

In der Schweiz wie auch in Österreich ist eine mündliche Kündigung erlaubt, jedoch wird aus Beweisgründen meist eine schriftliche Kündigung ausgesprochen. In Deutschland muss eine Kündigung schriftlich erfolgen und von der zuständigen Person unterzeichnet werden, während eine elektronische Kündigung per SMS oder E-Mail nicht zulässig ist.

In der Schweiz und in Österreich gibt es die Kündigungsfreiheit, was bedeutet, dass Arbeitnehmer und Arbeitgeber das Arbeitsverhältnis unter Einhaltung der Kündigungsfristen und -termine jederzeit ohne Angabe von Gründen beenden können. Durch den Verzicht auf die Angabe eines Kündigungsgrundes sind Sie als Arbeitgeber auch auf der sicheren Seite, denn bestimmte Kündigungsgründe sind anfechtbar. Es gibt weiters bestimmte Ausnahmen, um Arbeitnehmer zu schützen. Eine fristlose Kündigung kann nur bei wichtigen Gründen wie beispielsweise Verbrechen oder Vergehen gegen den Arbeitgeber erfolgen. Eine Kündigung während einer Sperrfrist aufgrund von Krankheit, Schwangerschaft oder Militärdienst ist ungültig, und die Kündigungsfrist wird unterbrochen. Eine missbräuchliche Kündigung, die beispielsweise wegen einer persönlichen Eigenschaft oder aus Rache gegen einen Arbeitnehmer ausgesprochen wurde, ist gültig, kann aber zu einer Entschädigungspflicht des Arbeitgebers führen.

Die gesetzlichen Kündigungsfristen in der Schweiz betragen im ersten Dienstjahr einen Monat, im zweiten bis neunten Dienstjahr zwei Monate und ab dem zehnten Dienstjahr drei Monate. Diese Fristen können durch eine schriftliche Abrede verkürzt oder verlängert werden, aber für Arbeitnehmer und Arbeitgeber müssen immer gleich lange Kündigungsfristen vereinbart werden.

In Deutschland kann ein Arbeitnehmer sein Arbeitsverhältnis mit einer Frist von vier Wochen zum Fünfzehnten oder zum Ende eines Kalendermonats kündigen. Für eine Kündigung durch den Arbeitgeber gelten gestaffelte Kündigungsfristen, die abhängig von der Dauer des Arbeitsverhältnisses sind. Während einer Probezeit kann das Arbeitsverhältnis mit einer Frist von zwei Wochen gekündigt werden. Abweichende Regelungen können durch Tarifverträge vereinbart werden, und einzelvertraglich können kürzere Kündigungsfristen vereinbart werden, jedoch nur unter bestimmten Bedingungen. Längere Kündigungsfristen für Arbeitnehmer als für Arbeitgeber dürfen nicht vereinbart werden. Arbeitnehmer genießen in Deutschland einen umfangreichen Kündigungsschutz, der in verschiedenen Gesetzen und Regelungen verankert ist. So ist beispielsweise eine Kündigung nur unter bestimmten Voraussetzungen möglich, und bei einer betriebsbedingten Kündigung muss der Arbeitgeber eine Sozialauswahl treffen.

In Österreich ergeben sich die Kündigungsfristen für Angestellte aus dem Angestelltengesetz (AngG), sofern der Kollektivvertrag nichts anderes vorsieht. Die Kündigungsfrist des Arbeitgebers verlängert sich entsprechend der Dauer der Betriebszugehörigkeit des Angestellten. Der Arbeitgeber kann das Arbeitsverhältnis jederzeit unter Einhaltung bestimmter Kündigungsfristen beenden, die sich nach der Dienstzugehörigkeit des Angestellten richten. Der Angestellte kann das Dienstverhältnis unter Einhaltung einer einmonatigen Kündigungsfrist zum Letzten eines jeden Kalendermonats lösen. Diese Frist kann auf bis zu 6 Monate ausgedehnt werden. Bei einer einvernehmlichen Auflösung des Arbeitsverhältnisses kann der Zeitpunkt der Beendigung frei gewählt werden, ohne Einhaltung einer Kündigungsfrist. Kündigungsfristen für Arbeiter ergeben sich seit 1.10.2021 aus dem Allgemeinen Bürgerlichen Gesetzbuch (ABGB) und wurden an das Kündigungsrecht der Angestellten angeglichen. Allerdings können Kollektivverträge günstigere Regelungen vorsehen.

In Deutschland bedarf eine Kündigung einer sozialen Rechtfertigung und kann nur aus personenbedingten, verhaltensbedingten oder betriebsbedingten Gründen erfolgen. Ausgenommen sind Personen mit besonderem Kündigungsschutz, wie Auszubildende, Schwangere, Schwerbehinderte, Arbeitnehmer in Elternzeit oder Pflegezeit, Betriebsratsmitglieder oder Datenschutzbeauftragte. Für Arbeitnehmer gilt in Deutschland innerhalb der ersten zwei Jahre eine Grundkündigungsfrist von vier Wochen, in Österreich kann die Kündigungsfrist durch Vereinbarung auf bis zu sechs Monate ausgedehnt werden.

Arbeitslosenversicherung

In Deutschland und Österreich gibt es eine Arbeitslosenversicherung, die Arbeitnehmer im Falle von Arbeitslosigkeit finanziell absichert. In der Schweiz gibt es ebenfalls eine Arbeitslosenversicherung, jedoch sind die Vorschriften und Leistungen unterschiedlich. So ist beispielsweise in der Schweiz die Bezugsdauer des Arbeitslosengeldes begrenzt, während es in Deutschland und Österreich keine solche Begrenzung gibt.

Datenschutz-Grundverordnung (DSGVO)

Die DSGVO ist eine europäische Verordnung, die den Schutz personenbezogener Daten regelt, um die Grundrechte und Grundfreiheiten natürlicher Personen bei der Verarbeitung personenbezogener Daten zu schützen. Sie gilt seit dem 25. Mai 2018 für alle Mitgliedsstaaten der Europäischen Union und auch für die Länder der DACH-Region. Doch wie wird die DSGVO in den einzelnen Ländern ausgelegt und umgesetzt? Welche Gemeinsamkeiten gibt es und wo liegen die Unterschiede? Hier ein kurzer Überblick.

Deutschland

Als Unternehmen müssen Sie seit dem 25. Mai 2018 die EU-Datenschutzgrundverordnung (DSGVO) in der gesamten Europäischen Union verbindlich anwenden. Gleichzeitig trat in Deutschland auch ein neues Bundesdatenschutzgesetz (BDSG) in Kraft. Alles, was die DSGVO regelt, gilt unmittelbar und hat Vorrang vor nationalem Recht. Das BDSG kann nur Bestimmungen enthalten, die die DSGVO auslässt oder bewusst offenlässt.

Wenn Sie als Unternehmen die umfangreiche Verarbeitung besonderer personenbezogener Daten oder Datenverarbeitungen durchführen, die besonders einschneidend für den Betroffenen sind, müssen Sie laut DSGVO einen betrieblichen Datenschutzbeauftragten bestellen. Das BDSG schreibt in § 38 Abs. 1 vor, dass Sie einen Datenschutzbeauftragten jedenfalls bestellen müssen, wenn mehr als 20 Personen ständig mit der automatisierten Verarbeitung personenbezogener Daten beschäftigt sind. Die deutschen Behörden haben bisher einige der höchsten Bußgelder in Europa verhängt, zum Beispiel 35,3 Millionen Euro gegen H&M wegen Verletzung des Beschäftigtendatenschutzes.

Unabhängig von der Anzahl der Mitarbeiter müssen Sie auch dann einen Datenschutzbeauftragten benennen, wenn Sie personenbezogene Daten geschäftsmäßig für Zwecke der (anonymen) Übermittlung oder der Markt- oder Meinungsforschung verarbeiten.

Als Geschäftsführer sollten Sie darauf achten, dass die von Ihnen bestellte Person über ausreichende Fachkenntnisse im Datenschutzrecht verfügt. Der Datenschutzbeauftragte ist außerdem für die Überwachung der Einhaltung der datenschutzrechtlichen Vorschriften verantwortlich und muss bei Datenschutzverstößen unverzüglich die zuständige Aufsichtsbehörde informieren. Achten Sie bei der Wahl darauf, dass ein interner Datenschutzbeauftragter keinem Interessenkonflikt unterliegt.

Österreich

In Österreich wird die Datenschutz-Grundverordnung (DSGVO) durch das Datenschutzgesetz (DSG), BGBl. I Nr. 165/1999 idgF. ergänzt. Das DSG enthält unter anderem Regelungen zu Auskunftsrechten, zur Datenübermittlung an Drittstaaten, zum Datenschutzbeauftragten und zu Sanktionen bei Verstößen. Unternehmen sind verpflichtet, einen Datenschutzbeauftragten zu bestellen, wenn ihre Kerntätigkeit in der umfangreichen Verarbeitung sensibler Daten oder in der Durchführung von Verarbeitungsvorgängen besteht, die eine regelmäßige und systematische Überwachung von betroffenen Personen erfordern. Die Kontaktdaten des Datenschutzbeauftragten sind zu veröffentlichen und der Datenschutzbehörde mitzuteilen. Eine freiwillige Bestellung eines Datenschutzbeauftragten ist möglich und hat dieselben Aufgaben wie ein verpflichtend zu bestellender Datenschutzbeauftragter. Der Datenschutzbeauftragte muss Fachwissen auf dem Gebiet des Datenschutzrechts und der Datenschutzpraxis besitzen und die Aufgaben zur Unterrichtung, Beratung, Überwachung, Überprüfung und Zusammenarbeit mit der Aufsichtsbehörde erfüllen können. Der Datenschutzbeauftragte kann ein Dienstnehmer oder ein Selbständiger sein, der vom Unternehmer unterstützt wird. Beachten Sie, dass Sie eine erhebliche Strafe riskieren, wenn Sie Ihre Verpflichtung zur Bestellung eines Datenschutzbeauftragten nicht erfüllen. Diese kann bis zu 10 Millionen Euro oder 2 % des weltweiten Jahresumsatzes des letzten Jahres betragen. Außerdem hat Österreich eine eigene Whistleblower-Richtlinie erlassen, die Hinweisgebern einen besonderen Schutz gewährt. Die österreichischen Behörden haben bisher eher moderate Bußgelder verhängt, beispielsweise 18 Millionen Euro gegen die Österreichische Post wegen unzulässiger Profilbildung.

Schweiz

Die Eidgenossenschaft ist kein Mitglied der EU und daher nicht direkt an die DSGVO gebunden. Allerdings hat sie seit 1. September 2023 ein neues Datenschutzgesetz (DSG), das teilweise an die DSGVO angepasst wurde. Das DSG enthält unter anderem Regelungen zu Informationspflichten, zur Einwilligung, zum Recht auf Vergessenwerden und zu Sanktionen bei Verstößen.

Auch das schweizerische DSG sieht einen Datenschutzberater (Data Protection Officer – DPO) vor, der ähnlich dem Datenschutzbeauftragten der DSGVO agiert. Eine Pflicht zur Ernennung eines Datenschutzberaters besteht in der Schweiz nicht, sehr wohl aber die Empfehlung.

Gemäß Artikel 19 DSG sind Sie als Verantwortlicher dazu verpflichtet, angemessen über die Beschaffung von Personendaten zu informieren. Diese Informationspflicht besteht auch dann, wenn die Daten nicht direkt von der betroffenen Person stammen. Bei der Beschaffung müssen Sie der betroffenen Person alle relevanten Informationen zur Verfügung stellen, die sie benötigt, um ihre Rechte gemäß dem Gesetz wahrnehmen zu können und um sicherzustellen, dass die Datenverarbeitung transparent ist. Sie müssen der betroffenen Person mindestens Folgendes mitteilen:

- Ihre Identität und Kontaktdaten als für die Verarbeitung Verantwortlicher;
- den Zweck der Datenverarbeitung;
- gegebenenfalls die Empfänger oder Kategorien von Empfängern, an die die Personendaten weitergegeben werden.

Sofern die Daten nicht von der betroffenen Person stammen, müssen Sie ihr auch die Kategorien der verarbeiteten Personendaten mitteilen. Wenn Personendaten ins Ausland übermittelt werden, müssen Sie der betroffenen Person auch den Staat oder das internationale Organ mitteilen. Sofern die Daten nicht von der betroffenen Person stammen, müssen Sie ihr die Informationen spätestens einen Monat nach Erhalt der Daten mitteilen. Wenn Sie die Personendaten vor Ablauf dieser Frist weitergeben, müssen Sie die betroffene Person spätestens zum Zeitpunkt der Weitergabe informieren.

Die Bußgelder wurden in der DSG-Revision deutlich erhöht. Gegen verantwortliche Personen können Bußen von bis zu CHF 250.000,- verhängt werden. Außerdem wurde eine Verjährungsfrist von fünf Jahren definiert [Art. 60-66 DSG].

Es ist wahrscheinlich, dass die DSGVO in Zukunft weiter verschärft werden wird. Dies liegt daran, dass die Bedeutung von Datenschutz immer weiter steigt und die Risiken von Datenschutzverletzungen zunehmen. Unternehmen und Organisationen sollten daher bereits jetzt mit den Anforderungen der DSGVO vertraut sein und diese erfüllen. Es ist weiters ratsam, sich auf dem Laufenden zu halten und die jeweiligen nationalen Regelungen zu beachten.

III. Stile der Geschäftsführung

Sie sind an der Spitze eines erfolgreichen Unternehmens. Sie haben ein großartiges Team, das Ihnen vertraut und Sie respektiert. Sie haben eine klare Vision, wie Sie Ihre Ziele erreichen wollen. Sie haben einen guten Ruf in der Branche und bei Ihren Kunden. Sie sind zufrieden mit Ihrer Arbeit und Ihrem Leben. Aber sind Sie auch ein guter Geschäftsführer? Welchen Stil der Geschäftsführung haben Sie? Und wie wirkt sich das auf Ihre Mitarbeiter, Ihre Partner und Ihre Konkurrenten aus?

In der Vergangenheit waren die Führungsstile eher hierarchisch und autoritär geprägt. Die Führungskräfte hatten die absolute Macht über ihre Mitarbeiter und erwarteten von ihnen Gehorsam und Unterordnung. In den letzten Jahrzehnten haben sich die Führungsstile jedoch immer mehr zu einer demokratischeren und partizipativeren Form entwickelt. Führungskräfte werden heute als Coaches und Mentoren gesehen, die ihre Mitarbeiter dabei unterstützen, ihre Potenziale zu entfalten und ihre Ziele zu erreichen.

Es gibt aber auch eine Reihe von kulturellen Unterschieden in Bezug auf den Führungsstil. In Deutschland sind die Führungsstile eher formal und bürokratisch. In Österreich sind sie eher beziehungsorientiert und basieren auf Vertrauen und Respekt. In der Schweiz sind die Führungsstile eher pragmatisch und auf Effizienz ausgerichtet. Schaut man über den großen Teich in die USA, sind die Führungsstile meist ergebnis- und leistungsorientiert. In Japan sind sie eher hierarchisch und konformitätsorientiert, in China eher beziehungsorientiert und loyal.

Es gibt verschiedene Führungsstile, die sich in ihrer Ausrichtung, Kommunikation und Entscheidungsfindung unterscheiden. Jeder Stil hat seine Vor- und Nachteile, seine Stärken und Schwächen, seine Chancen und Risiken. In diesem Kapitel werde ich Ihnen einige der bekanntesten Stile vorstellen und Ihnen zeigen, wie Sie Ihren eigenen Stil finden und verbessern können. Es gibt viele Modelle, die versuchen, die verschiedenen Führungsstile zu beschreiben und zu klassifizieren. Jeder

Stil kann je nach Situation und Umständen angemessen sein. Nachfolgend werden wir uns mit den verschiedenen Stilen der Geschäftsführung auseinandersetzen und untersuchen, welche Stile in verschiedenen Situationen am effektivsten sind.

Hier sind einige der gängigsten Stile:

1. Autoritärer Stil: Dieser Führungsstil zeichnet sich durch eine hohe Orientierung an den Zielen und eine geringe Partizipation der Mitarbeiter aus. Der Geschäftsführer trifft alle Entscheidungen allein, gibt klare Anweisungen und kontrolliert die Ausführung streng. Dieser Stil kann in Situationen effektiv sein, die schnelles Handeln erfordern oder in denen die Mitarbeiter wenig qualifiziert oder motiviert sind. Allerdings kann er auch zu Unzufriedenheit, Widerstand oder Abhängigkeit bei den Mitarbeitern führen. Dies führt in der Regel auch zu höherer Fluktuation und fehlender Kreativität.

2. Demokratischer Stil: Der demokratische Führungsstil ist das Gegenteil des autoritären. Dieser Stil zeichnet sich durch eine hohe Orientierung an den Menschen und eine hohe Partizipation der Mitarbeiter aus. Der Geschäftsführer fördert die Kommunikation, die Zusammenarbeit und die Eigenverantwortung im Team. Er berücksichtigt die Meinungen und Bedürfnisse der Mitarbeiter bei der Entscheidungsfindung und gibt ihnen Feedback und Anerkennung. Dieser Stil kann in Situationen effektiv sein, die Kreativität, Innovation oder Lernen erfordern oder in denen die Mitarbeiter qualifiziert und motiviert sind. Allerdings kann er auch zu Konflikten, Verzögerungen oder Unklarheiten bei den Zielen führen. Dieser Stil kann die Motivation und das Engagement der Mitarbeiter steigern, aber es kann auch länger dauern, Entscheidungen zu treffen.

3. Laissez-faire-Stil: Der laissez-faire Führungsstil ist gekennzeichnet durch eine geringe Einflussnahme der Führungskraft auf die Mitarbeitenden. Sie überlässt ihnen weitgehend die Freiheit, wie sie ihre Aufgaben erledigen, ohne ihnen viel Anleitung oder Kontrolle zu geben. Dieser Führungsstil kann bei hochqualifizierten, selbstständigen und verantwortungsbewussten Mitarbeitenden funktionieren, aber er kann auch zu Chaos,

Unordnung und mangelnder Koordination führen. Die Führungskraft muss darauf achten, nicht zu passiv oder desinteressiert zu wirken und trotzdem klare Ziele und Erwartungen zu kommunizieren.

4. Partizipativer Stil: Der partizipative Führungsstil ist eine Mischform aus dem demokratischen und dem laissez-faire Führungsstil. Die Führungskraft beteiligt die Mitarbeitenden an der Entscheidungsfindung, behält aber letztendlich die Entscheidungshoheit. Sie gibt den Mitarbeitenden viel Freiraum und Vertrauen, überwacht aber auch ihren Fortschritt und unterstützt sie bei Bedarf. Dieser Führungsstil kann zu einer hohen Mitarbeiterzufriedenheit, einem guten Teamgeist und einer hohen Qualität der Arbeit führen, aber er setzt auch voraus, dass die Führungskraft flexibel, empathisch und kompetent ist.

5. Paternalistischer Stil: Dieser Stil zeichnet sich durch eine hohe Orientierung an den Menschen und eine geringe Partizipation der Mitarbeiter aus. Der Geschäftsführer kümmert sich wie ein Vater oder eine Mutter um das Wohlergehen und die Entwicklung der Mitarbeiter. Er schützt sie vor Schwierigkeiten, belohnt sie für gute Leistungen und bestraft sie für schlechte Leistungen. Dieser Stil kann in Situationen wirksam sein, die Stabilität, Sicherheit oder Loyalität erfordern oder in denen die Mitarbeiter unsicher oder abhängig sind. Allerdings kann er auch zu Bevormundung, Passivität oder Infantilisierung bei den Mitarbeitern führen.

6. Situativer Stil: In diesem Stil passt der Geschäftsführer seinen Führungsstil an die Bedürfnisse und Fähigkeiten der Mitarbeiter und die Anforderungen der Situation an. Dies kann eine flexible und effektive Art der Führung sein, erfordert jedoch ein hohes Maß an Einsicht und Urteilsvermögen seitens des Geschäftsführers. Ein Beispiel für situative Führung ist, dass ein Mitarbeiter, der mit einer neuen Herausforderung konfrontiert ist, möglicherweise einen delegierenden Führungsstil benötigt. Die Führungskraft gibt dem Mitarbeiter viel Freiheit und Verantwortung, um die Aufgabe zu erledigen. Ein Mitarbeiter, der sich in einer Krise befindet,

benötigt möglicherweise einen coaching-orientierten Führungsstil. Die Führungskraft unterstützt den Mitarbeiter bei der Bewältigung der Krise und hilft ihm, die richtigen Entscheidungen zu treffen.

Es gibt auch viele andere Stile der Geschäftsführung, und oft kombinieren erfolgreiche Führungskräfte Elemente aus verschiedenen Stilen, um einen effektiven Ansatz zu finden, der auf ihre Mitarbeiter und die jeweilige Situation zugeschnitten ist.

In den letzten Jahren hat sich ein Trend hin zu einem kooperativeren und partizipativen Führungsstil entwickelt, bei dem die Mitarbeiter stärker in Entscheidungsprozesse eingebunden werden und die Führungskräfte mehr Wert auf eine offene Kommunikation und eine positive Arbeitsumgebung legen. Die klassische hierarchische Führungsstruktur wird zunehmend von flachen Hierarchien und agilen Organisationsformen abgelöst, die sich besser für eine schnelllebige und sich wandelnde Arbeitswelt eignen.

Wissenschaftliche Arbeiten zum Thema Führungsstile

Es gibt zahlreiche wissenschaftliche Arbeiten zum Thema Führungsstile.

Die Bachelor-Arbeit „Digitalisierung 4.0 – Führung 4.0 Welche Anforderungen an Führungskräfte sind in der Zeit der Digitalisierung 4.0 erforderlich" von Judith Dobozy aus dem Jahr 2017 zeigt, dass Führungskräfte sich einerseits an neue Anforderungen wie Flexibilität, Kommunikationsfähigkeit und interkulturelle Sensibilität anpassen müssen. Andererseits rücken bereits bekannte Führungstechniken wie emotionale Intelligenz, Partizipation und Vertrauen in den Mittelpunkt oder werden zu einer Bedingung für eine nachhaltige Führung.

Die Bachelor-Arbeit „Digitalisierung in der Mitarbeiterführung: Entwicklung und Ausblick" von Nis Magnus aus dem Jahr 2018 untersucht die Auswirkungen der Digitalisierung auf die Mitarbeiterführung und stellt verschiedene digitale Führungsansätze vor. Die Ergebnisse zeigen, dass digitale Führung eine hohe Anpassungsfähigkeit, Flexibilität und Kommunikationsfähigkeit von den Führungskräften erfordert, aber auch mehr Autonomie, Transparenz und Partizipation für die Mitarbeiter ermöglicht.

Wie Sie sehen können, gibt es keinen idealen oder universellen Führungsstil, der für jede Situation oder jedes Team geeignet ist. Vielmehr kommt es darauf an, den passenden Führungsstil für den jeweiligen Kontext zu wählen und ihn situationsgerecht anzupassen. Dabei sollten Sie immer Ihre eigene Persönlichkeit, Ihre Ziele und Werte sowie die Bedürfnisse und Erwartungen Ihrer Mitarbeitenden berücksichtigen. Ich empfehle, den eigenen Führungsstil regelmäßig zu reflektieren und anzupassen, je nach den Anforderungen der Situation und den Eigenschaften der Mitarbeiter.

Fallbeispiel: Marc Rich & Co.

Marc Rich war ein Rohstoffhändler, der in den 1970er und 1980er Jahren ein Vermögen machte. Er war aber auch eine umstrittene Figur, der Steuerhinterziehung, Erpressung und Handel mit dem Iran während des Ölembargos vorgeworfen wurden.

1992 investierte er trotz eindringlicher Appelle seiner Mitarbeiter mehr als eine Milliarde Dollar in einen geradezu größenwahnsinnigen Versuch, den weltweiten Zinkmarkt zu manipulieren. Am Ende verlor seine Firma Marc Rich + Co 172 Millionen Dollar und stand kurz vor dem Konkurs.

Marc Richs Führungsstil gegenüber seinen Mitarbeitern wurde oft als autoritär und fordernd beschrieben. Er war bekannt dafür, dass er mikro-managte und Entscheidungen traf, ohne sein Team zu konsultieren. Er hatte auch den Ruf, schnell wütend zu werden und Mitarbeiter zu entlassen, die seine Erwartungen nicht erfüllten. So entließ er einmal einen Mitarbeiter, weil dieser sich krankschreiben ließ. Er war auch dafür bekannt, Mitarbeiter vor ihren Kollegen anzuschreien. Oft änderte er seine Meinung über Entscheidungen, ohne seine Mitarbeiter vorher zu informieren. Außerdem war er nicht bereit, seine Mitarbeiter für ihre Erfolge anzuerkennen.

Richs autoritärer Führungsstil war einer der Hauptgründe für den Niedergang von Marc Rich + Co. Er schuf ein toxisches Arbeitsumfeld, in dem sich die Mitarbeitenden gestresst, unterbewertet und missverstanden fühlten. Dies führte zu einem Rückgang der Produktivität und des Engagements, was letztlich zu den Verlusten des Unternehmens beitrug.

Fallbeispiel: Führungsstile bei Google

Google ist eines der erfolgreichsten und innovativsten Unternehmen der Welt, das nicht nur die Suchmaschinenbranche dominiert, sondern auch in vielen anderen Bereichen wie Cloud Computing, künstlicher Intelligenz, Hardware und Software tätig ist. Doch wie schafft es Google, eine solche Leistungskraft und Kreativität zu fördern? Welche Führungsstile sind bei Google zu beobachten? Analysieren wir das Fallbeispiel Google basierend auf der Arbeit von A. A. Kuznetsov und A. V. Kuznetsova aus dem Jahr 2021. Dabei werde ich mich auf die beiden folgenden Fragen konzentrieren:

1. Welche Führungsstile sind bei Google zu beobachten?

2. Welche Vor- und Nachteile haben diese Führungsstile für Google als Unternehmen?

Fangen wir mit der ersten Frage an: Welche Führungsstile sind bei Google zu beobachten? Es sind vor allem zwei Führungsstile zu erkennen: demokratisch und partizipativ. Demokratische Führung bedeutet, dass die Mitarbeiter an Entscheidungen beteiligt werden und ihre Meinungen gehört werden. Partizipative Führung bedeutet, dass die Mitarbeiter nicht nur mitreden, sondern auch mitgestalten können. Beide Stile fördern die Kreativität, die Eigenverantwortung und die Motivation der Mitarbeiter. Google hat diese Führungsstile auf der Grundlage von internen Studien entwickelt, die zeigen, was gute Führungskräfte ausmacht. Das Unternehmen verzichtet auf autoritäre oder paternalistische Führung, da diese Stile nicht zu der innovativen und dynamischen Unternehmenskultur passen. Auch Laissez-faire Führung ist bei Google nicht erwünscht, da sie zu wenig Orientierung und Feedback bietet. Stattdessen setzt Google auf eine flache Hierarchie, eine offene Kommunikation und eine hohe Mitarbeiterzufriedenheit.

Kommen wir nun zur zweiten Frage: Welche Vor- und Nachteile haben diese Führungsstile für Google als Unternehmen? Die Führungskräfte bei Google ermutigen ihre Mitarbeiter, kreativ zu sein, Risiken einzugehen und neue Projekte zu initiieren. Sie geben ihnen auch viel Freiraum und Flexibilität, um ihre Arbeit zu gestalten. Die Mitarbeiter bei Google haben zudem die Möglichkeit, 20 Prozent ihrer Arbeitszeit für eigene Projekte zu nutzen, die dem Unternehmen zugutekommen können. Google ist bekannt für seine innovative und kreative Unternehmenskultur, die stark von demokratischen und partizipativen Führungsstilen geprägt ist. Diese Führungsstile haben viele Vorteile für Google, wie zum Beispiel:

- Höhere Mitarbeiterzufriedenheit und -bindung, da die Mitarbeiter sich wertgeschätzt und respektiert fühlen
- Höhere Produktivität und Leistungsfähigkeit, da die Mitarbeiter motiviert sind, ihre Ziele zu erreichen
- Höhere Flexibilität und Anpassungsfähigkeit, da die Mitarbeiter schnell auf Veränderungen reagieren können
- Höhere Innovation und Kreativität, da die Mitarbeiter neue Ideen entwickeln und umsetzen können

Allerdings haben diese Führungsstile auch einige Nachteile für Google, wie zum Beispiel:

- Höherer Zeitaufwand und Ressourcenverbrauch, da die Entscheidungsfindung länger dauert und mehr Abstimmung erfordert
- Höheres Konfliktpotenzial und Unklarheit, da die Mitarbeiter unterschiedliche Meinungen und Interessen haben können
- Höheres Risiko und Unsicherheit, da die Mitarbeiter mehr Freiheit und weniger Kontrolle haben
- Höhere Anforderungen an die Führungskräfte, da sie mehr Kommunikations- und Moderationsfähigkeiten brauchen

Seit 2008 führt Google das sogenannte Project Oxygen" durch, um die Merkmale guter Führungskräfte zu identifizieren und zu fördern. Dabei haben sie sich auf die zehn Komponenten guter Führung konzentriert, die Google aus seinen internen Daten und Umfragen abgeleitet hat. Diese sind:

- Ein guter Coach sein: Gute Führungskräfte bei Google unterstützen ihre Mitarbeiter bei ihrer persönlichen und beruflichen Entwicklung, geben ihnen konstruktives Feedback und helfen ihnen, ihre Ziele zu erreichen.

- Das Team fördern und kein Mikromanagement betreiben: Gute Führungskräfte bei Google vertrauen ihren Mitarbeitern und geben ihnen Freiraum, um selbstständig zu arbeiten und Entscheidungen zu treffen. Sie kontrollieren nicht jeden Schritt, sondern greifen nur ein, wenn nötig.

- An den Teammitgliedern und ihrem Erfolg interessiert sein: Gute Führungskräfte bei Google kümmern sich um das Wohlbefinden ihrer Mitarbeiter, erkennen ihre Leistungen an und motivieren sie, sich weiter zu verbessern.

- Produktiv und ergebnisorientiert sein: Gute Führungskräfte bei Google setzen sich klare Ziele für sich selbst und ihr Team, messen den Fortschritt und sorgen dafür, dass die Ergebnisse qualitativ hochwertig sind.

- Gut und offen kommunizieren: Gute Führungskräfte bei Google teilen relevante Informationen mit ihrem Team, hören aktiv zu, stellen Fragen und fördern einen offenen Dialog.

- Bei der Karriereentwicklung helfen: Gute Führungskräfte bei Google unterstützen ihre Mitarbeiter bei ihrer beruflichen Laufbahn, indem sie ihnen Möglichkeiten zum Lernen und Wachsen bieten, sie mit anderen vernetzen und ihnen Feedback geben.

- Eine klare Vision und Strategie für das Team haben: Gute Führungskräfte bei Google haben eine klare Vorstellung davon, wohin sich das Team entwickeln soll, warum dies wichtig ist und wie es zu erreichen ist. Sie kommunizieren diese Vision mit ihrem Team und beziehen es in die Planung ein.

- Wichtige technische Fertigkeiten besitzen: Gute Führungskräfte bei Google verfügen über die nötigen technischen Kenntnisse und Fähigkeiten, um ihr Team fachlich zu beraten und zu unterstützen. Sie sind auf dem neuesten Stand der Technologie und Innovationen in ihrem Bereich.

- Zusammenarbeit über Grenzen hinweg fördern: Gute Führungskräfte bei Google arbeiten nicht nur innerhalb ihres Teams zusammen, sondern auch mit anderen Teams, Abteilungen und externen Partnern. Sie schaffen Synergien, teilen Wissen und Ressourcen und lösen Konflikte konstruktiv.

- Starke Entscheidungsfähigkeit zeigen: Gute Führungskräfte bei Google treffen zeitnah fundierte Entscheidungen unter Berücksichtigung aller relevanten Faktoren. Sie sind bereit, Risiken einzugehen, Fehler zuzugeben und aus ihnen zu lernen.

Das Projekt Oxygen hat gezeigt, dass Coaching nicht nur eine nette Geste ist, sondern einen echten Unterschied für den Erfolg eines Unternehmens macht.

IV. Strategisches Management

Eine Strategie ist ein Plan, der Ihnen hilft, Ihre Ziele zu erreichen. Der Plan beschreibt, wie Sie sich von Ihrer aktuellen Situation zu Ihrer gewünschten Zukunft bewegen wollen. Ohne Strategie sind Sie wie ein Schiff ohne Kompass, das ziellos auf dem Meer treibt. Sie wissen nicht, wo Sie hinwollen, wie Sie dorthin kommen oder was Sie unterwegs brauchen. Eine Strategie gibt Ihnen Orientierung, Klarheit und Motivation. Sie hilft Ihnen, die richtigen Entscheidungen zu treffen, Ihre Ressourcen zu nutzen und Ihre Herausforderungen zu meistern. Das ist kein Luxus, sondern eine Notwendigkeit. Wenn Sie eine Strategie haben, können Sie Ihr Leben selbst gestalten und Ihre Träume verwirklichen. Andernfalls überlassen Sie Ihr Schicksal dem Zufall oder anderen Menschen.

Eine Strategie beantwortet Fragen wie:

- Was sind Ihre langfristigen Ziele?

- Was sind Ihre Stärken und Schwächen?

- Wer sind Ihre Kunden und was wollen sie?

- Wer sind Ihre Wettbewerber und wie können Sie sich von ihnen abheben?

- Welche Ressourcen haben Sie und wie können Sie diese optimal nutzen?

- Welche Herausforderungen und Chancen gibt es in Ihrem Marktumfeld?

- Wie messen Sie Ihren Erfolg?

Mit einer Strategie haben Sie ein Handbuch, an dem Sie sich ausrichten können, was besonders in stressigen Zeiten hilfreich ist. Sie sollte in Ruhe durchdacht und zu Papier gebracht werden, denn wenn erst einmal Feuer am Dach ist, ist es zu spät. Eine Strategie hilft Ihnen auch, fokussiert zu bleiben und die richtigen

Entscheidungen zu treffen. Sie ermöglicht es Ihnen zudem, Ihre Mitarbeiter zu motivieren und zu begeistern, indem Sie ihnen eine klare Vision und einen gemeinsamen Zweck vermitteln.

Sie sind für die Entwicklung der Unternehmensstrategie verantwortlich und müssen sicherstellen, dass das Unternehmen langfristig erfolgreich bleibt. Bei der Strategieentwicklung ist es wichtig, realistische Ziele zu setzen, die auf fundierten Daten und Fakten basieren, und dabei auch die vorhandenen Ressourcen und Kapazitäten zu berücksichtigen. Es ist wichtig, dass die Strategie auch realisierbar ist und dass das Unternehmen über die notwendigen Ressourcen und Fähigkeiten verfügt, um die Strategie umzusetzen. Darüber hinaus ist es sinnvoll, verschiedene Alternativen und Szenarien zu berücksichtigen und eine Strategie zu entwickeln, die auch auf unvorhergesehene Ereignisse reagieren kann. Die Strategieentwicklung erfordert also eine ausgewogene Herangehensweise. Behalten Sie die Ziele des Unternehmens stets im Blick, aber bleiben Sie dabei realistisch und flexibel. Konzentrieren Sie sich auf die Stärken und Möglichkeiten des Unternehmens. Durch einen pragmatischen Ansatz kann das Unternehmen langfristig erfolgreich sein und sich erfolgreich den Herausforderungen der Zukunft stellen.

Die Entwicklung einer Strategie ist kein einmaliger Vorgang, sondern ein kontinuierlicher Prozess. Sie sollten Ihre Strategie regelmäßig überprüfen und anpassen, um auf Veränderungen in Ihrem Marktumfeld reagieren zu können. Sie sollten auch Ihre Mitarbeiter in den Prozess einbeziehen und für eine offene Kommunikation sorgen. Und vor allem sollten Sie Ihre Strategie mit Leben füllen und konsequent umsetzen.

Es gibt verschiedene Werkzeuge und Methoden, die bei der strategischen Planung eingesetzt werden können, um eine umfassende Analyse des Unternehmens und seines Umfelds durchzuführen und eine klare und umsetzbare Strategie zu entwickeln. Auf den folgenden Seiten lernen wir einige der wichtigsten Werkzeuge und Methoden kennen.

SWOT-Analyse

Die SWOT-Analyse ist ein wichtiges Werkzeug in der Strategieentwicklung und hat den Zweck, eine umfassende Bewertung der internen Stärken und Schwächen sowie der externen Chancen und Bedrohungen eines Unternehmens durchzuführen. Der Name SWOT steht für Strengths (Stärken), Weaknesses (Schwächen), Opportunities (Chancen) und Threats (Bedrohungen).

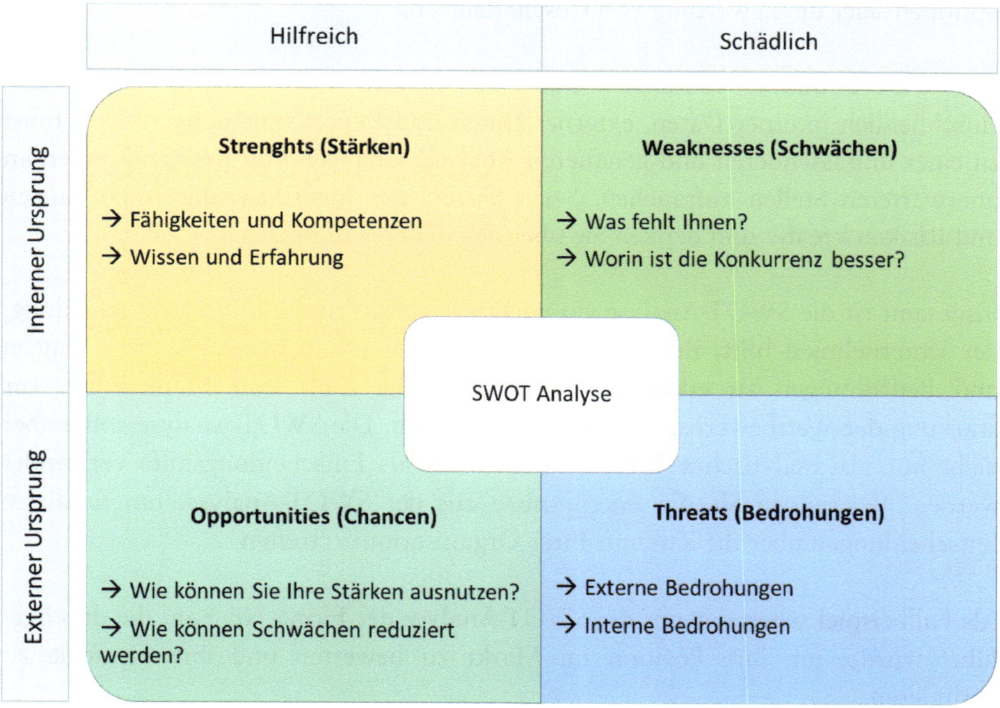

Durch eine SWOT-Analyse können Unternehmen eine umfassende Übersicht über ihre Position im Markt und in der Branche erhalten und somit eine Grundlage für die Formulierung von strategischen Zielen und Maßnahmen schaffen. Die Analyse hilft Unternehmen auch, ihre Stärken und Schwächen im Vergleich zu Wettbewerbern besser zu verstehen, um daraus strategische Vorteile zu gewinnen. Durch die

Identifizierung von Chancen und Bedrohungen kann ein Unternehmen auch Maßnahmen ergreifen, um sich auf zukünftige Entwicklungen vorzubereiten und Risiken zu minimieren.

Die SWOT-Analyse kann auf verschiedenen Ebenen des Unternehmens durchgeführt werden, von der Unternehmensebene bis hin zu spezifischen Projekten oder Produkten. Die Ergebnisse der SWOT-Analyse können auch als Grundlage für andere Analysemethoden dienen, wie zum Beispiel die Entwicklung von Strategieoptionen oder die Bewertung von Geschäftsideen.

Eine SWOT-Analyse sollte sich auf eine Vielzahl von Datenquellen stützen, einschließlich interner Daten, externer Daten und Expertenmeinungen. Dies führt zu einer umfassenderen und genaueren Analyse. Chancen und Risiken können an unerwarteten Stellen auftauchen. Seien Sie bei der Identifizierung von Chancen und Risiken kreativ und denken Sie über den Tellerrand hinaus.

Insgesamt ist die SWOT-Analyse ein wichtiger Schritt in der Strategieentwicklung, der Unternehmen hilft, ihre Stärken und Schwächen zu identifizieren, Chancen und Bedrohungen zu erkennen und strategische Ziele und Maßnahmen zur Stärkung der Wettbewerbsposition zu formulieren. Die SWOT-Analyse sollte aber nicht nur als analytisches Tool, sondern auch als Entscheidungshilfe verwendet werden. Verwenden Sie die Erkenntnisse aus der SWOT-Analyse, um fundierte Entscheidungen über die Zukunft Ihrer Organisation zu treffen.

Als Fallbeispiel sehen wir uns die SWOT-Analyse der Firma Nike an, die durchgeführt wurde, um ihre Position im Markt zu bewerten und ihre Strategie zu optimieren.

Interne Stärken und Schwächen:

- Stärken: Marke, Innovation, Effizienz und Ressourcen, hohe Qualität und Vielfalt der Produkte, starke Online-Präsenz, globales Vertriebsnetzwerk.

- Schwächen: Abhängigkeit von Drittanbietern, unzureichende Produktion von umweltfreundlichen Produkten, negative Berichte über Arbeitsbedingungen.

Externe Chancen und Bedrohungen:

- Chancen: Wachsende Nachfrage nach Sportbekleidung, zunehmendes Bewusstsein für Umwelt- und Nachhaltigkeitsfragen, Potenzial in neuen Märkten wie China.

- Bedrohungen: Intensiver Wettbewerb, sich ändernde Verbrauchertrends, steigende Rohstoffkosten, politische Instabilität in einigen Ländern.

Basierend auf diesen Faktoren hat Nike seine Strategie angepasst, um seine Marktposition zu verbessern und weiter zu wachsen. Zum Beispiel hat das Unternehmen seine Anstrengungen zur Entwicklung von umweltfreundlichen Produkten verstärkt und ist eine Partnerschaft mit dem Recycling-Unternehmen Renewal Workshop eingegangen, um gebrauchte Kleidungsstücke wiederzuverwenden. Nike hat auch seine Präsenz in China ausgebaut und seine digitalen Marketingaktivitäten verstärkt, um seine Reichweite und Markenbekanntheit zu erhöhen.

Insgesamt hat die SWOT-Analyse Nike dabei geholfen, die internen Stärken und Schwächen sowie die externen Chancen und Bedrohungen besser zu verstehen und entsprechende Maßnahmen zu ergreifen, um seine Wettbewerbsposition zu stärken.

PEST-Analyse

Die PEST-Analyse (aus dem Englischen: Political, Economic, Social, Technological) ist ein Werkzeug der strategischen Planung. Sie wurde erstmals in den 1970er Jahren von der Boston Consulting Group entwickelt. Die Idee der PEST-Analyse basiert auf der Annahme, dass die Umwelt eines Unternehmens von einer Vielzahl von Faktoren beeinflusst wird. Diese Faktoren können sich auf die Geschäftstätigkeit eines Unternehmens positiv oder negativ auswirken. Die PEST-Analyse kann Unternehmen dabei helfen, diese Faktoren zu identifizieren und zu bewerten. Die PEST-Analyse analysiert die Umwelt eines Unternehmens auf politische, wirtschaftliche, soziale und technologische Faktoren, die ihre Geschäftstätigkeit beeinflussen können.

Die PEST-Analyse kann dazu beitragen, die strategischen Entscheidungen der Unternehmen zu unterstützen, indem sie es ihnen ermöglicht, ihre Geschäftstätigkeit besser an die sich verändernden Umweltbedingungen anzupassen. Einige Vorteile der PEST-Analyse sind:

- Identifizierung von Chancen und Bedrohungen: Die PEST-Analyse kann dazu beitragen, potenzielle Chancen und Bedrohungen zu identifizieren, die sich aus politischen, wirtschaftlichen, sozialen und technologischen Faktoren ergeben können, die das Unternehmen beeinflussen.

- Bewertung von Trends: Durch die Bewertung der Faktoren, die die Branche beeinflussen, kann das Unternehmen Trends erkennen und eine Vorstellung davon entwickeln, wie sich die Branche in Zukunft entwickeln könnte.

- Verbesserung der strategischen Planung: Durch eine gründliche PEST-Analyse kann das Unternehmen seine strategische Planung verbessern, indem es sich besser auf die sich ändernden Umweltbedingungen einstellt und proaktiv auf Chancen und Bedrohungen reagiert.

- Entwicklung von Strategien für das Risikomanagement: Die PEST-Analyse kann helfen, Risiken zu identifizieren und Strategien zur Risikominimierung oder -vermeidung zu entwickeln.

Die folgende Abbildung zeigt die vier Faktoren der PEST-Analyse, die bei der Durchführung zu berücksichtigen sind.

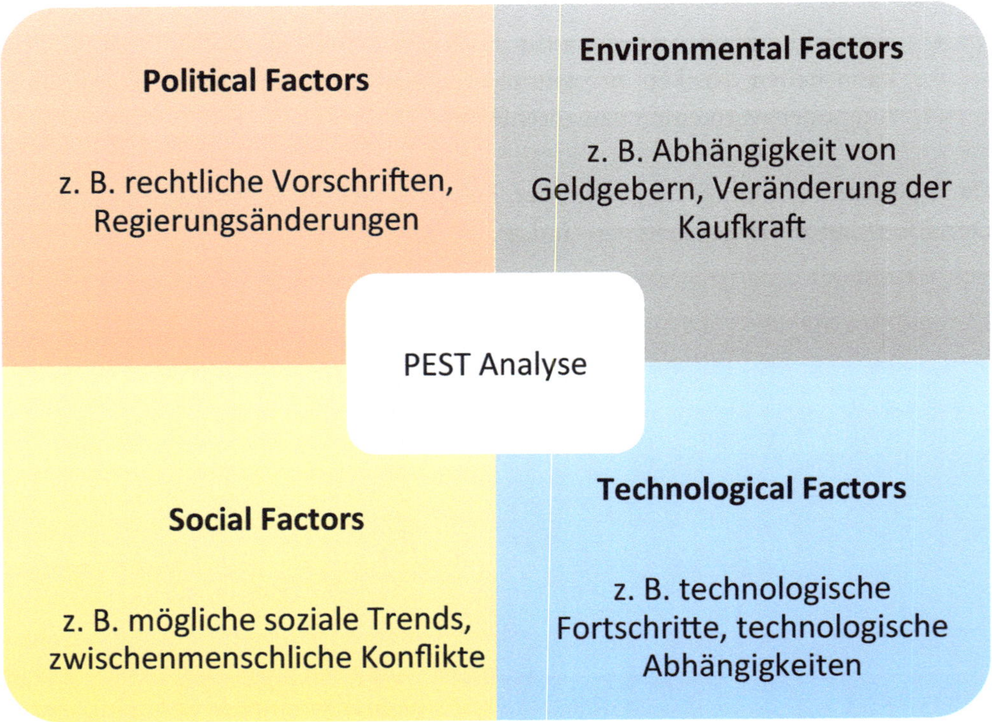

Lesen Sie Zeitungen und Zeitschriften aus verschiedenen Ländern und tauschen Sie sich auf Fachveranstaltungen mit anderen Fachleuten aus. So erhalten Sie Einblick in politische, wirtschaftliche, soziale und technologische Trends in verschiedenen Regionen der Welt. Die Zukunft ist in ständiger Bewegung, und Sie müssen Ihre Strategien regelmäßig anpassen.

Seit ihrer ursprünglichen Entwicklung wurde die PEST-Analyse immer wieder modifiziert und adaptiert. Einige gängige Varianten sind:

- PESTLE-Analyse: Diese Analyse beinhaltet einen zusätzlichen "rechtlichen" (legal) Faktor.

- STEEPLE- bzw. PESTLEE-Analyse: Diese Analyse enthält einen zusätzlichen Faktor "Umwelt" (environment).

- PESTELC-Analyse: Diese Analyse enthält einen zusätzlichen "kulturellen" (cultural) Faktor.

- PESTLIED-Analyse: Diese Analyse enthält zusätzlich die Faktoren „international“ und „demografisch“.

Zusammenfassend kann gesagt werden, dass die PEST-Analyse und deren Varianten den Unternehmen helfen kann, eine umfassendere Sicht der externen Faktoren zu gewinnen, die ihre Geschäftstätigkeit beeinflussen. Dadurch können sie ihre Strategien besser an sich ändernde Umweltbedingungen anpassen. Die PEST-Analyse kann und sollte als Teil einer umfassenderen strategischen Planung durchgeführt werden.

Ein Fallbeispiel für die Anwendung einer PEST-Analyse in der Strategieentwicklung ist die Analyse, die von der Fluggesellschaft Ryanair durchgeführt wurde, um ihre Position im Markt zu bewerten und ihre Strategie anzupassen. Im Rahmen der Analyse wurden die im Folgenden aufgeführten Faktoren identifiziert.

Politische Faktoren:

- Liberalisierung des europäischen Luftverkehrs, die zu einer Verschärfung des Wettbewerbs geführt hat.

- Einführung von EU-Vorschriften zur Luftfahrtsicherheit, die zu höheren Kosten führten.

Wirtschaftliche Faktoren:

- Wirtschaftliche Rezession in Europa, die zu einer geringeren Nachfrage nach Flugreisen führte.

- Steigende Treibstoffpreise und Wechselkursschwankungen, die zu höheren Betriebskosten führten.

Soziale Faktoren:

- Veränderungen in den Reisevorlieben und -gewohnheiten der Verbraucher, z. B. die zunehmende Beliebtheit von Städtereisen.
- Zunehmende Bedeutung von Umwelt- und Nachhaltigkeitsfragen, die das Image der Fluggesellschaft beeinflussen.

Technologische Faktoren:

- Fortschritte in der Luftfahrttechnologie, die zu effizienteren Flugzeugen und niedrigeren Betriebskosten führten.
- Entwicklung von Online-Vertriebskanälen, die den Direktverkauf von Flugtickets ermöglichten.

Basierend auf dieser Analyse hat Ryanair seine Strategie angepasst, um auf die Veränderungen im Markt zu reagieren. Beispielsweise hat das Unternehmen seine Online-Präsenz verstärkt, um direkt an Verbraucher zu verkaufen, was zu höheren Gewinnmargen geführt hat. Ryanair hat auch seine Flotte modernisiert, um effizientere Flugzeuge einzusetzen und seine Betriebskosten zu senken. Zudem hat das Unternehmen sein Streckennetz erweitert, um neue Zielgruppen anzusprechen.

Insgesamt hat die PEST-Analyse Ryanair dabei geholfen, die politischen, wirtschaftlichen, sozialen und technologischen Faktoren zu verstehen, die den Luftfahrtmarkt beeinflussen, und entsprechende Maßnahmen zu ergreifen, um ihre Wettbewerbsposition zu stärken.

Five-Forces-Analyse

Die Five-Forces-Analyse (auch bekannt als Fünf-Kräfte-Analyse oder Branchenstrukturanalyse) ist ein Werkzeug, das in der Strategieentwicklung eingesetzt wird, um die Attraktivität eines Marktes oder einer Branche zu bewerten. Das Ziel ist es, die Kräfte zu identifizieren, die den Wettbewerb in einer Branche beeinflussen. Mit anderen Worten, die Five Forces-Analyse hilft Unternehmen, ihre Wettbewerbsposition in einer Branche zu bewerten und eine effektive Strategie zu entwickeln, um ihre Position im Markt zu stärken. Die Five Forces Analyse ist vergleichbar mit einem strategischen Schachspiel –Unternehmen setzen ihre Kräfte auf dem Wettbewerbsbrett ein, um den begehrten Titel „König der Branche“ zu erobern!

Die Five-Forces-Analyse wurde von Michael Eugene Porter entwickelt und erstmals in seinem Buch „Competitive Strategy: Techniques for Analyzing Industries and Competitors“ (1980) vorgestellt. Porter war Professor an der Harvard Business School und gilt als einer der einflussreichsten Management-Theoretiker des 20. Jahrhunderts. Die Five-Forces-Analyse ist heute eines der am weitesten verbreiteten Modelle zur Analyse der Wettbewerbslandschaft. Sie ist jedoch nicht ohne Kritik geblieben. Einige Experten argumentieren, dass die Five-Forces-Analyse zu statisch ist und die Dynamik der Branche nicht berücksichtigt. Andere argumentieren, dass die Analyse nicht alle relevanten Wettbewerbskräfte berücksichtigt. Trotz dieser Kritik sind die klassische Five-Forces-Analyse und ihre Weiterentwicklungen ein wertvolles Instrument für Unternehmen.

Konkret untersucht die klassische Five-Forces-Analyse fünf Elemente (daher der Name), um die Wettbewerbsintensität in einer Branche zu beurteilen.

Untersucht werden daher folgende Faktoren:

1. Bedrohung durch neue Wettbewerber

    - Wie einfach ist der Eintritt in die Branche?
    - Wie groß ist die Wahrscheinlichkeit, dass neue Unternehmen den Markt disruptiv verändern könnten?
    - Wie stark ist die Präsenz von etablierten Unternehmen mit einem First-Mover-Vorteil?
    - Wie groß ist die Bedrohung durch neue Konkurrenten?

2. Verhandlungsmacht der Lieferanten

    - Wie viele Lieferanten gibt es auf dem Markt?
    - Wie wichtig sind die Lieferanten für die Branche?
    - Wie einfach ist es, zwischen verschiedenen Lieferanten zu wechseln?
    - Wie stark ist die Abhängigkeit von kritischen Ressourcen oder Rohstoffen, die von den Lieferanten bereitgestellt werden?
    - Wie stark können die Lieferanten ihre Preise und Bedingungen diktieren?

3. Verhandlungsmacht der Kunden

    - Wie viele Kunden gibt es auf dem Markt?
    - Gibt es eine hohe Konzentration von wenigen, großen Kunden in meiner Branche?
    - Wie leicht ist es für die Kunden, zwischen verschiedenen Anbietern zu wechseln?
    - Wie stark können die Kunden die Preise und Bedingungen diktieren?

4. Bedrohung durch Substitute

    - Gibt es alternative Produkte oder Dienstleistungen, die die Kunden nutzen könnten?
    - Wie leicht ist es für die Kunden, auf diese Alternativen umzusteigen?

- Wie groß ist die Gefahr, dass Produkte oder Dienstleistungen durch andere ersetzt werden?

- Welche Strategien kann man entwickeln, um die Bedrohung durch Ersatzprodukte zu minimieren?

5. Intensität des Wettbewerbs unter den bestehenden Unternehmen

   - Wie viele Unternehmen gibt es in der Branche?

   - Wie groß sind die Unternehmen in Bezug auf Marktanteile und Ressourcen?

   - Wie intensiv ist der Wettbewerb zwischen den Unternehmen?

   - Wie hoch sind die Eintritts- und Austrittsbarrieren für Unternehmen in der Branche?

Um eine Five-Forces-Analyse durchzuführen, müssen alle diese Elemente untersucht und bewertet werden. Dabei können verschiedene Methoden wie beispielsweise Befragungen von Kunden, Wettbewerbern und Lieferanten, sowie statistische Analysen eingesetzt werden, um die Daten für die Bewertung zu sammeln. Verwenden Sie eine systematische Herangehensweise, um sicherzustellen, dass alle wichtigen Faktoren berücksichtigt werden. Die Five-Forces-Analyse sollte nicht nach dem Bauchgefühl durchgeführt werden. Anschließend sollten die Ergebnisse ausgewertet und interpretiert werden, um die Wettbewerbsintensität der Branche zu verstehen und die notwendigen Maßnahmen zu ergreifen, um die Wettbewerbsposition des Unternehmens zu stärken. Die Five-Forces-Analyse wird immer branchenweit angewendet. Der häufigste Fehler ist die Anwendung der Bewertungskriterien auf einen einzelnen Betrieb. Ein weiterer häufiger Fehler ist, die Analyse nicht aktuell zu halten. Die Wettbewerbslandschaft einer Branche kann sich schnell ändern, daher ist es wichtig, die Five-Forces-Analyse regelmäßig zu aktualisieren.

Eine Five-Forces-Analyse könnte z. B. durchgeführt werden, um die Wettbewerbsintensität in der weltweiten Automobilindustrie zu bewerten. Im Folgenden sind einige der möglichen Ergebnisse aufgeführt, die im Rahmen einer solchen Analyse ermittelt werden können:

1. Bedrohung durch neue Wettbewerber:

    - Der Einstieg in die Branche ist für neue Wettbewerber aufgrund der hohen Investitions- und Eintrittsbarrieren in den Markt nur schwer möglich.

    - Etablierte Unternehmen verfügen über eine hohe Markenbekanntheit und langjährige Erfahrung, die es neuen Unternehmen schwer machen, Marktanteile zu gewinnen.

    - Die Bedrohung durch neue Wettbewerber ist insgesamt gering bis moderat.

2. Verhandlungsmacht der Lieferanten:

    - Es gibt viele Lieferanten für die Automobilindustrie, darunter Hersteller von Rohstoffen, Komponenten und Bauteilen.

    - Einige Zulieferer sind jedoch für die Branche von großer Bedeutung und fähig, Preise und Bedingungen zu diktieren.

    - Die Verhandlungsmacht der Lieferanten ist moderat bis hoch.

3. Verhandlungsmacht der Kunden:

    - Kunden steht eine große Auswahl an Fahrzeugen zur Verfügung und sie können problemlos zwischen verschiedenen Marken und Modellen wechseln.

- Kunden sind sehr preisbewusst und suchen ständig nach Angeboten und Rabatten.

- Die Verhandlungsmacht der Kunden ist moderat bis hoch.

4. Bedrohung durch Substitute:

    - Es gibt alternative Transportmittel wie öffentliche Verkehrsmittel, Fahrräder oder Carsharing-Dienste, die für bestimmte Zwecke attraktiv sein können.

    - Die Bedrohung durch Substitute ist moderat bis hoch.

5. Intensität des Wettbewerbs unter den bestehenden Unternehmen:

    - Es gibt viele Unternehmen in der Automobilbranche, die um Marktanteile und Kunden konkurrieren.

    - Der Wettbewerb ist sehr intensiv und führt zu hohen Marketing- und Werbekosten sowie zu Preisdruck.

    - Die Intensität des Wettbewerbs ist hoch.

Basierend auf diesen Ergebnissen könnte ein Automobilhersteller beispielsweise beschließen, seine Verhandlungsmacht gegenüber Lieferanten zu stärken, um die Kosten zu senken, oder eine Diversifikationsstrategie zu verfolgen, um alternative Transportmittel anzubieten.

Die Five-Forces-Analyse hat sich im Laufe der Jahre weiterentwickelt, um sich den veränderten Marktbedingungen anzupassen. Während das Grundkonzept nach wie vor relevant ist, haben moderne Ansätze und die fortschreitende Digitalisierung neue Dimensionen in die Analyse eingeführt, die die komplexeren und vielschichtigeren Aspekte des modernen Wirtschaftsumfelds widerspiegeln. Unternehmen müssen nicht nur die traditionellen Kräfte, sondern auch die Auswirkungen von Technologie, Nachhaltigkeit, sozialer Verantwortung und anderen Faktoren berücksichtigen, um ihre Strategien erfolgreich anzupassen.

Die Five-Forces-Analyse ist ein wertvolles, aber nicht das einzige Instrument für die strategische Planung. Es ist wichtig, die Analyse mit anderen Analysemethoden zu kombinieren, um ein vollständiges Bild der Wettbewerbssituation zu erhalten.

Balanced Scorecard

Die Balanced Scorecard (BSC) ist ein Framework zur Messung und Überwachung der Leistung eines Unternehmens. Sie kann dabei helfen, die Strategie des Unternehmens in messbare Ziele zu übersetzen und die Umsetzung der Strategie zu überwachen. Die BSC wurde unter der Leitung von Robert S. Kaplan in den 1990er Jahren entwickelt. Einige Unternehmen erkannten, dass traditionelle Kennzahlensysteme, die sich ausschließlich auf finanzielle Kennzahlen konzentrierten, nicht ausreichten, um die Leistung eines Unternehmens zu bewerten. Die BSC sollte ein umfassenderes Kennzahlensystem bieten, das sowohl finanzielle als auch nicht-finanzielle Kennzahlen berücksichtigt. Die BSC betrachtet die Unternehmensstrategie aus den vier Perspektiven Finanzen, Kunden, Prozesse und Mitarbeiter und entwickelt in jeder Perspektive Ziele und Maßnahmen zur Umsetzung der Strategie.

Die Erstellung einer Balanced Scorecard (BSC) umfasst im Allgemeinen die folgenden Schritte:

1. Festlegung der Unternehmensstrategie: Definieren Sie die Mission, Vision und Ziele des Unternehmens.

2. Identifizierung von Kennzahlen: Identifizieren Sie die wichtigsten Kennzahlen, die zur Messung des Fortschritts bei der Umsetzung der Unternehmensstrategie verwendet werden sollen. Diese Kennzahlen sollten sowohl finanzielle als auch nicht-finanzielle Indikatoren umfassen.

3. Definition von Zielwerten: Legen Sie Zielwerte für jede Kennzahl fest, die den Fortschritt bei der Umsetzung der Unternehmensstrategie widerspiegelt.

4. Bestimmung von Maßnahmen: Legen Sie die Maßnahmen fest, die ergriffen werden müssen, um die Zielwerte zu erreichen.

5. Erstellung von Initiativen: Definieren Sie die konkreten Projekte und Initiativen, die erforderlich sind, um die erforderlichen Maßnahmen umzusetzen.

6. Integration der BSC in das Unternehmen: Integrieren Sie die BSC in die Unternehmenskultur und stellen Sie sicher, dass sie von allen Mitarbeitern verstanden und akzeptiert wird.

7. Überwachung und Überprüfung: Überwachen Sie regelmäßig die Kennzahlen und nehmen Sie gegebenenfalls Anpassungen vor, um sicherzustellen, dass die BSC die Fortschritte bei der Umsetzung der Unternehmensstrategie widerspiegelt.

Die Erstellung einer Balanced Scorecard erfordert die Zusammenarbeit von verschiedenen Abteilungen und Ebenen im Unternehmen, um sicherzustellen, dass die BSC die Gesamtstrategie des Unternehmens widerspiegelt. Es ist auch wichtig, dass die BSC regelmäßig überprüft und aktualisiert wird, um sicherzustellen, dass sie den sich ändernden Bedingungen und Anforderungen des Unternehmens entspricht.

Ein Beispiel einer Balanced Scorecard stammt von der Robert Bosch GmbH, einem weltweit tätigen Technologie- und Dienstleistungsunternehmen mit Hauptsitz in Gerlingen, Deutschland. Die BSC von Bosch umfasst vier Perspektiven: Finanzen, Kunden, Prozesse und Innovation. Im Folgenden sind einige Kennzahlen aufgeführt, die in der BSC von Bosch verwendet werden:

- Finanzen: Umsatz, Gewinnmarge, Kapitalrendite

- Kunden: Kundenzufriedenheit, Kundenbindung, Kundenloyalität

- Prozesse: Lieferzeit, Qualität, Kosten

- Innovation: Ausgaben für Forschung und Entwicklung, Patente, Innovationskultur

Für jede Perspektive wurden konkrete Ziele und Maßnahmen definiert, um das Unternehmen auf dem Weg zur Gesamtstrategie auf Kurs zu halten.

Im Bereich Finanzen konzentriert sich Bosch auf die Steigerung des Umsatzes und der Gewinnmarge sowie auf die Verbesserung der Kapitalrendite. Durch die Überwachung dieser Kennzahlen kann Bosch sicherstellen, dass das Unternehmen profitabel bleibt und über ausreichend finanzielle Ressourcen verfügt, um in zukünftige Wachstumsinitiativen zu investieren.

Die Kundenperspektive ist darauf ausgerichtet, die Kundenzufriedenheit und -bindung zu steigern sowie die Kundenloyalität zu fördern. Mit verschiedenen Maßnahmen stellt Bosch sicher, dass die Bedürfnisse und Anforderungen der Kunden erfüllt werden. Dazu gehört beispielsweise die Einrichtung eines Kundenservice-Teams, das sich um Kundenanfragen und -beschwerden kümmert und dafür sorgt, dass Probleme schnell gelöst werden.

In der Prozessperspektive setzt Bosch auf die Verbesserung von Lieferzeiten, Qualität und Kosten. Bosch verfügt über ein umfangreiches Supply-Chain-Management-System, das sicherstellt, dass die Materialien und Komponenten rechtzeitig und in der richtigen Qualität geliefert werden. Durch die Überwachung von Kennzahlen wie Lieferzeiten und Qualität kann Bosch sicherstellen, dass seine Prozesse effizient sind und die Bedürfnisse der Kunden erfüllen.

Schließlich ist die Innovationsperspektive darauf ausgerichtet, die Innovationskultur bei Bosch zu fördern und sicherzustellen, dass das Unternehmen in der Lage ist, innovative Produkte und Dienstleistungen auf den Markt zu bringen. Bosch setzt auf Forschung und Entwicklung, um neue Technologien zu entwickeln und neue Geschäftsmöglichkeiten zu erschließen. Durch die Überwachung von Kennzahlen wie Forschungs- und Entwicklungsausgaben und Patenten kann Bosch sicherstellen, dass es sich auf dem neuesten Stand der Technik befindet und seine Innovationskultur ständig verbessert.

Insgesamt wird die BSC auch in Zukunft eine wichtige Rolle im Management spielen. Unternehmen müssen sich an immer schnellere Veränderungen und neue Herausforderungen anpassen. Die BSC hilft Unternehmen, ihre Strategie an diese

Veränderungen anzupassen und zu kommunizieren. Die BSC kann Unternehmen auch dabei helfen, ihre Nachhaltigkeitsziele zu definieren und zu erreichen. Darüber hinaus kann die BSC Unternehmen dabei helfen, ihre Daten zu sammeln, zu analysieren und zu nutzen, um ihre Strategie zu verbessern.

Die BSC wird sich in Zukunft weiterentwickeln, um den neuen Herausforderungen der Unternehmenswelt gerecht zu werden.

Szenario-Planung

Die Szenarioplanung ist ein Prozess, der es Unternehmen ermöglicht, sich auf eine Vielzahl möglicher zukünftiger Ereignisse vorzubereiten. Es hilft Unternehmen, das sich verändernde Umfeld zu verstehen und zu antizipieren und Strategien zu entwickeln, um auf unsichere oder unvorhersehbare Zukunftsszenarien gerüstet zu sein. Dafür werden verschiedene mögliche Entwicklungen und Ereignisse in Betracht gezogen. Die Szenario-Planung hilft Ihnen dabei, potenzielle Chancen und Risiken zu identifizieren und eine Strategie zu entwickeln, die flexibel genug ist, um auf verschiedene mögliche Szenarien reagieren zu können.

Die Szenario-Planung erfordert kreatives Denken, strategische Überlegungen und die Fähigkeit, sich auf ungewisse Zukunftsszenarien einzustellen. Durch die Erstellung mehrerer möglicher Szenarien kann Ihr Unternehmen verschiedene strategische Optionen evaluieren und entscheiden, welche Optionen am besten auf die verschiedenen Szenarien abgestimmt sind. Die Szenario-Planung kann auch dazu beitragen, die Auswirkungen von Entscheidungen zu bewerten, um mögliche Konsequenzen zu minimieren oder zu vermeiden. Denken Sie jedoch daran, dass Szenarien immer hypothetische Annahmen sind und sich die Zukunft oft anders entwickelt als erwartet. Seien Sie bereit, Ihre Pläne anzupassen, wenn sich die Realität ändert.

Alles in allem kann die Szenario-Planung dazu beitragen, Ihr Unternehmen agiler und widerstandsfähiger gegenüber unvorhersehbaren Ereignissen und Trends zu machen.

Die Erstellung einer Szenario-Planung kann wie folgt durchgeführt werden:

1. Bestimmung des Themas: Identifizieren Sie das Thema, für das Sie eine Szenario-Planung durchführen möchten. Dies kann eine potenzielle Marktentwicklung, eine politische oder wirtschaftliche Entwicklung oder eine Veränderung im Kundenverhalten sein.

2. Identifizierung von Faktoren: Identifizieren Sie die wichtigsten Faktoren, die das Thema beeinflussen könnten. Diese Faktoren können sich auf technologische Entwicklungen, demografische Veränderungen, politische Entscheidungen, wirtschaftliche Trends und soziale Veränderungen beziehen.

3. Identifizierung von Treibern: Identifizieren Sie die wichtigsten Treiber, die diese Faktoren beeinflussen können. Dies können Ereignisse wie Naturkatastrophen, geopolitische Spannungen, technologische Durchbrüche oder regulatorische Veränderungen sein.

4. Erstellung von Szenarien: Erstellen Sie mehrere Szenarien, die verschiedene mögliche Zukunftsentwicklungen abbilden. Jedes Szenario sollte auf den identifizierten Faktoren und Treibern basieren und eine konsistente Logik aufweisen.

5. Bewertung der Szenarien: Bewerten Sie die Wahrscheinlichkeit und Auswirkungen jedes Szenarios. Berücksichtigen Sie dabei auch mögliche Chancen und Risiken, die sich aus jedem Szenario ergeben könnten.

6. Auswahl von Strategien: Wählen Sie Strategien aus, die für jedes Szenario am besten geeignet sind. Überprüfen Sie dabei, ob jede Strategie auch in anderen Szenarien funktionieren würde.

7. Umsetzung und Überwachung: Setzen Sie die ausgewählten Strategien um und überwachen Sie kontinuierlich die Entwicklung der Faktoren und Treiber, um gegebenenfalls Anpassungen an den Strategien vorzunehmen.

Ein Beispiel ist die Vorbereitung auf mögliche zukünftige Entwicklungen im Energiesektor. Im Jahr 2019 hat der Energieversorger RWE eine Szenario-Planung durchgeführt, um auf die potenziellen Auswirkungen von Trends und Entwicklungen im Energiesektor vorbereitet zu sein. RWE identifizierte dabei vier mögliche Szenarien für die Zukunft:

1. Klimaschutz und Versorgungssicherheit: In diesem Szenario würde es zu einem stärkeren Engagement für den Klimaschutz kommen und erneuerbare Energien würden stark gefördert werden. RWE müsste in diesem Fall sein Geschäftsmodell neu ausrichten und verstärkt in erneuerbare Energien investieren.

2. Nationale Versorgungssicherheit: In diesem Szenario würden Regierungen verstärkt auf nationale Energieversorgung setzen und Energieimporte begrenzen. RWE würde in diesem Fall verstärkt in heimische Energiequellen investieren müssen.

3. Effizienz und Dezentralisierung: In diesem Szenario würde es zu einer stärkeren Dezentralisierung der Energieversorgung kommen, wodurch RWE verstärkt auf Energieeffizienz setzen und sein Geschäftsmodell anpassen müsste.

4. Globale Marktintegration: In diesem Szenario würde es zu einer stärkeren Integration des globalen Energiemarktes kommen, wodurch RWE verstärkt auf internationale Zusammenarbeit setzen müsste.

Auf Basis dieser Szenarien konnte RWE verschiedene strategische Optionen evaluieren und entscheiden, welche Optionen am besten zu den verschiedenen Szenarien passen. So konnte RWE seine strategischen Entscheidungen auf eine solide Grundlage stellen und flexibel genug bleiben, um auf verschiedene mögliche Szenarien reagieren zu können.

Portfolio-Analyse

Eine Portfolio-Analyse ist ein Instrument der Strategieentwicklung, das Unternehmen dabei hilft, ihre Geschäftseinheiten oder Produkte zu analysieren und zu priorisieren. Der Zweck einer Portfolio-Analyse besteht darin, die Stärken und Schwächen der Geschäftseinheiten oder Produkte des Unternehmens zu identifizieren und das Portfolio so zu gestalten, dass es eine maximale Rendite für das Unternehmen erzielt.

Es gibt verschiedene Ansätze für eine Portfolio-Analyse, aber eines der bekanntesten Modelle ist die BCG-Matrix, die von der Unternehmensberatungsfirma Boston Consulting Group entwickelt wurde. Die BCG-Matrix bewertet die Geschäftseinheiten eines Unternehmens auf der Grundlage von zwei Faktoren: ihrem Marktanteil und dem Wachstum des Marktes, in dem sie tätig sind.

Um eine Portfolio-Analyse mit der BCG-Matrix durchzuführen, sollten folgende Schritte durchgeführt werden:

1. Identifizieren Sie die Geschäftseinheiten oder Produkte, die analysiert werden sollen.

2. Bestimmen Sie den Marktanteil jeder Geschäftseinheit oder jedes Produkts.

3. Bestimmen Sie das Wachstum des Marktes, in dem jede Geschäftseinheit oder jedes Produkt tätig ist.

4. Zeichnen Sie die Geschäftseinheiten oder Produkte in einer Matrix auf, die den Marktanteil auf der X-Achse und das Marktwachstum auf der Y-Achse darstellt.

5. Kategorisieren Sie die Geschäftseinheiten oder Produkte entsprechend der Matrix in die vier Quadranten: „Cash Cows", „Question Marks", „Stars" und „Dogs".

6. Entwickeln Sie Strategien für jede Kategorie.

    - Cash Cows: Geschäftseinheiten oder Produkte mit hohem Marktanteil, die in einem Markt mit geringem Wachstum tätig sind. Diese Geschäftseinheiten oder Produkte generieren in der Regel stabile Cashflows und können genutzt werden, um andere Geschäftseinheiten oder Produkte zu finanzieren.

    - Question Marks: Geschäftseinheiten oder Produkte mit niedrigem Marktanteil, die in einem Markt mit hohem Wachstum tätig sind. Diese Geschäftseinheiten oder Produkte haben das Potenzial, sich zu Stars zu entwickeln, erfordern jedoch zusätzliche Investitionen, um ihr Wachstum zu fördern.

    - Stars: Geschäftseinheiten oder Produkte mit hohem Marktanteil, die in einem Markt mit hohem Wachstum tätig sind. Diese Geschäftseinheiten oder Produkte haben das Potenzial, das zukünftige Wachstum des Unternehmens zu sichern, erfordern jedoch weiterhin Investitionen, um ihr Wachstum aufrechtzuerhalten.

    - Dogs: Geschäftseinheiten oder Produkte mit geringem Marktanteil, die in einem Markt mit geringem Wachstum tätig sind. Diese Geschäftseinheiten oder Produkte haben nur begrenztes Potenzial und sollten entweder verkauft oder zurückgefahren werden.

Eine Portfolio-Analyse wie die BCG-Matrix kann Unternehmen dabei helfen, ihre Geschäftseinheiten oder Produkte zu analysieren und die richtigen strategischen Entscheidungen zu treffen, um ihr Portfolio zu optimieren und eine maximale Rendite zu erzielen.

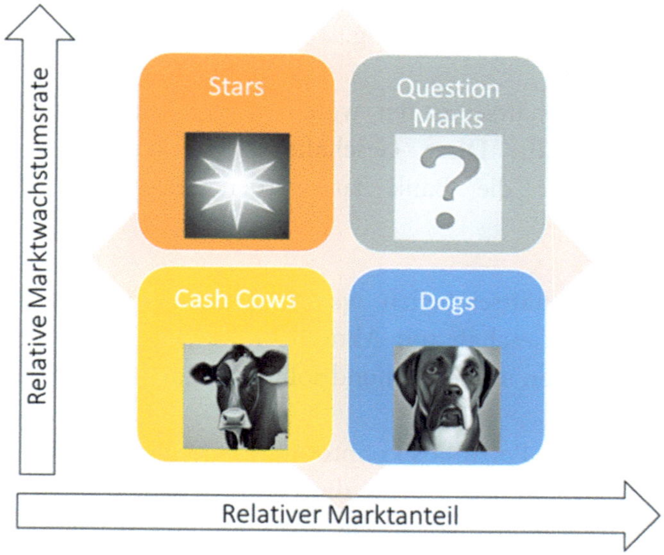

Fallbeispiel Deusche Bank

Ein Beispiel ist die Analyse des Portfolios der Deutschen Bank im Jahr 2019. Die Deutsche Bank war zu dieser Zeit in einer schwierigen Situation, da sie in den vorangegangenen Jahren Verluste erlitten hatte und ihre Rendite unter den Erwartungen lag. Um ihre Strategie zu optimieren und ihre Rendite zu steigern, führte die Bank eine Portfolio-Analyse auf Grundlage der BCG-Matrix durch. Die Geschäftseinheiten wurden auf der Grundlage ihres Marktanteils und ihres Marktwachstums in vier Kategorien eingeteilt: „Core", „Cash Cow", „Challenger" und „Non-Core".

Die „Core"-Geschäftseinheiten umfassten das Privat- und Firmenkundengeschäft sowie das Investmentbanking. Diese Geschäftsbereiche hatten eine hohe strategische Bedeutung und sollten langfristig profitabel sein.

Die „Cash Cow"-Geschäftseinheiten waren das Asset Management und das Transaction Banking. Diese Geschäftsbereiche generierten stabile Cashflows und waren in wettbewerbsintensiven Märkten tätig.

Die „Challenger"-Geschäftseinheiten waren das Kapitalmarktgeschäft und das Zahlungsverkehrsgeschäft. Diese Geschäftsbereiche hatten das Potenzial, zu Wachstumstreibern für die Bank zu werden, erforderten jedoch weitere Investitionen.

Die „Non-Core"-Geschäftseinheiten waren das Geschäft mit Kreditkarten in Deutschland und das Geschäft mit Aktienverwahrung in Großbritannien. Diese Geschäftseinheiten waren unrentabel und sollten verkauft oder abgebaut werden.

Durch die Analyse ihres Portfolios konnte die Deutsche Bank ihre Ressourcen auf die Geschäftseinheiten konzentrieren, die das größte Potenzial für langfristiges Wachstum und Profitabilität haben. Die Bank konnte auch ihre Kosten senken, indem sie sich von unrentablen Geschäftseinheiten trennte. Die Portfolio-Analyse half der Deutschen Bank, ihre Strategie zu schärfen und ihre Rendite zu steigern. Bereits im Jahr 2021 verzeichnete die Deutsche Bank eine deutliche Verbesserung ihrer Rendite und kehrte in die Gewinnzone zurück.

Anekdote aus der Strategieberatung

Es war einmal ein mittelständisches Unternehmen, das sich auf die Herstellung von Schokolade spezialisiert hatte. Das Unternehmen war seit Jahren erfolgreich, aber die Geschäftsführung wollte neue Märkte erschließen und die Wettbewerbsfähigkeit erhöhen. Deshalb beschloss sie, eine Strategieentwicklung durchzuführen. Sie beauftragte eine renommierte Beratungsfirma, die ihnen helfen sollte, eine Vision, Ziele und Maßnahmen für die Zukunft zu definieren.

Die Berater analysierten das Unternehmen, seine Ressourcen, seine Umwelt und seine Wettbewerber. Sie führten Gespräche mit den Mitarbeitern, Kunden und Lieferanten. Sie erstellten Grafiken, Tabellen und Präsentationen. Nach mehreren Monaten harter Arbeit präsentierten sie der Geschäftsführung ihren Strategieentwurf.

Die Strategie sah vor, dass das Unternehmen sich von der Schokoladenproduktion verabschieden und stattdessen auf die Herstellung von gesunden Snacks aus Nüssen und Trockenfrüchten umsteigen sollte. Die Berater argumentierten, dass dies ein wachsender Markt sei, der hohe Margen verspreche und sich besser mit dem gesellschaftlichen Trend zu einer bewussteren Ernährung vereinbaren lasse. Außerdem könne das Unternehmen seine bestehenden Lieferketten nutzen und seine Produktionsanlagen mit geringen Investitionen umrüsten.

Die Geschäftsführung war schockiert. Sie konnte nicht glauben, dass die Berater ihnen vorschlugen, ihr Kerngeschäft aufzugeben und sich in einen völlig anderen Bereich zu begeben. Sie fragten nach den Quellen für diese radikale Empfehlung. Die Berater nannten einige Studien, Branchenberichte und Marktanalysen. Sie zeigten auch einige Beispiele von anderen Unternehmen, die erfolgreich einen ähnlichen Schritt gewagt hatten.

Die Geschäftsführung war jedoch nicht überzeugt. Sie lehnte die Strategie ab und kündigte den Vertrag mit der Beratungsfirma. Sie beschloss stattdessen, ihre Schokoladenproduktion zu diversifizieren und neue Sorten und Verpackungen zu entwickeln. Sie setzte auch auf eine stärkere Kundenbindung und eine bessere Qualitätssicherung.

Das Unternehmen blieb weiterhin erfolgreich und konnte seinen Marktanteil sogar ausbauen. Die Kunden schätzten die Tradition und den Geschmack der Schokolade. Die Mitarbeiter waren stolz auf ihre Arbeit und identifizierten sich mit dem Unternehmen. Die Lieferanten waren zufrieden mit der langfristigen Zusammenarbeit.

Die Berater hingegen mussten sich eingestehen, dass sie einen Fehler gemacht hatten. Sie hatten die Bedürfnisse, Werte und Stärken des Unternehmens nicht richtig verstanden. Sie hatten sich zu sehr auf ihre eigenen Methoden und Modelle verlassen und sind nicht genug auf die individuelle Situation des Unternehmens eingegangen. Sie hatten eine Strategie entwickelt, die zwar in der Theorie gut klang, in der Praxis aber nicht umsetzbar war.

Diese Anekdote ist frei erfunden, basiert aber auf einigen wahren Begebenheiten aus der Welt der Strategieberatung. Sie soll zeigen, wie wichtig es ist, bei der Strategieentwicklung nicht nur Daten zu analysieren, sondern auch Menschen zu verstehen.

V. Corporate Governance

Unter Governance versteht man die rechtlichen und faktischen Rahmenbedingungen, um ein Unternehmen zu führen und zu überwachen. Governance hilft Ihnen, Ihre Ziele zu erreichen, formale Entscheidungen zu treffen, Risiken zu kontrollieren und die Einhaltung von Vorschriften zu gewährleisten. Gute Governance umfasst eine Reihe von Regeln, die die Beziehung zwischen den Stakeholdern, dem Management und dem Vorstand eines Unternehmens definieren und beeinflussen, wie das Unternehmen betrieben wird. Governance kann außerdem dazu beitragen, das Vertrauen und den Ruf des Unternehmens zu stärken. Sie trägt auch dazu bei, Risiken zu verringern und ein schnelleres und sichereres Wachstum zu ermöglichen.

Als Geschäftsführer sind Sie für die Umsetzung einer angemessenen Corporate Governance verantwortlich, einschließlich der Festlegung von Richtlinien und Verfahren zur Überwachung der Geschäftsaktivitäten des Unternehmens. Wesentliche Bestandteile guter Governance-Strukturen sind das Risiko- und das Compliance-Management sowie das Interne Kontrollsystem (IKS).

Operationsmanagement

Das Operationsmanagement, auch Betriebsmanagement genannt, trägt dazu bei, dass die täglichen Aktivitäten im Unternehmen reibungslos ablaufen. Es überwacht das gesamte Betriebsgeschehen einer Organisation und kontrolliert alle Prozesse und behandelt Probleme wie Design, Betrieb, Wartung und Verbesserung der Systeme. Operationsmanagement kann auch dazu beitragen, die Produktivität zu steigern und Kosten zu senken. Darüber hinaus ist es ein Instrument zur Unterstützung des Wachstums von Unternehmen. Durch die Schaffung von Standardisierung kann Operationsmanagement dazu beitragen, dass Unternehmen effizienter arbeiten.

Der Geschäftsführer ist für das Tagesgeschäft und den Betrieb des Unternehmens verantwortlich, einschließlich der Planung, Organisation und Überwachung von Geschäftsprozessen und -abläufen. Eine wesentliche Komponente des Operationsmanagements ist die Dokumentation von Geschäftsprozessen, um sicherzustellen, dass sie klar definiert sind und dass jeder im Unternehmen sie versteht und befolgt.

Die Dokumentation von Geschäftsprozessen beinhaltet die Erstellung von detaillierten Ablaufplänen und Arbeitsanweisungen für jeden Schritt des Prozesses. Diese Dokumentation ist notwendig, um sicherzustellen, dass jeder Mitarbeiter weiß, was von ihm erwartet wird und wie er seine Aufgaben auszuführen hat. Dies hilft, Fehler und Verzögerungen zu minimieren und die Produktivität zu maximieren.

Darüber hinaus ermöglicht die Dokumentation von Geschäftsprozessen auch die Identifizierung von Engpässen oder ineffizienten Schritten im Prozess. Durch die Analyse dieser Engpässe können Unternehmen Verbesserungen vornehmen, um den Prozess zu optimieren und die Effizienz zu steigern.

Ein Beispiel für die Bedeutung von Operationsmanagement und Dokumentation von Geschäftsprozessen in der Praxis zeigt der Wirecard-Skandal, der sich in Deutschland im Jahr 2020 ereignete. Das einst hoch gehandelte Fintech-Unternehmen Wirecard musste im Juni 2020 Insolvenz anmelden, nachdem bekannt wurde, dass 1,9 Milliarden Euro fehlten und die Bilanzen des Unternehmens jahrelang gefälscht worden waren. Eine der Ursachen für das Scheitern von Wirecard war das Fehlen einer angemessenen Dokumentation der Geschäftsprozesse und der internen Kontrollen. Laut einem Bericht der Wirtschaftsprüfungsgesellschaft KPMG hatte Wirecard keine wirksamen Kontrollen zur Überwachung der Geschäftsaktivitäten implementiert und war nicht in der Lage, wichtige Geschäftsprozesse nachzuvollziehen. Dieses Beispiel zeigt, dass das Fehlen eines effektiven Operationsmanagements und einer angemessenen Dokumentation der Geschäftsprozesse ein hohes Risiko für Unternehmen darstellen kann. Es unterstreicht die Bedeutung eines klaren Überblicks über die Geschäftsprozesse und die Implementierung von Kontrollmechanismen, um die Integrität und Transparenz der Geschäftsaktivitäten sicherzustellen.

Konkret wurden folgende Beispiele für mangelhafte Corporate Governance bei Wirecard genannt:

- Der Vorstand des Unternehmens hat es versäumt, das Management des Unternehmens ordnungsgemäß zu beaufsichtigen.
- Die internen Kontrollen des Unternehmens waren unzureichend, um Betrug zu verhindern.
- Die Wirtschaftsprüfer des Unternehmens haben es versäumt, den Betrug aufzudecken.

Der Wirecard-Skandal erinnert daran, dass selbst die größten und angesehensten Unternehmen anfällig für Betrug sein können. Es ist wichtig, dass alle Unternehmen über eine starke Corporate Governance verfügen, um sich vor Betrug und anderen Missbräuchen zu schützen. Dieses Beispiel zeigt weiters, dass das Fehlen eines effektiven Operationsmanagements und einer angemessenen Dokumentation der Geschäftsprozesse ein hohes Risiko für Unternehmen darstellen kann. Es unterstreicht die Bedeutung eines klaren Überblicks über die Geschäftsprozesse und die Implementierung von Kontrollmechanismen, um die Integrität und Transparenz der Geschäftsaktivitäten sicherzustellen.

Risiko- und das Compliance-Management

Das Risiko- und Compliance-Management ist ein relativ junges Feld, das sich in den letzten Jahrzehnten stark entwickelt hat. Es handelt sich um zwei wichtige Aspekte für Unternehmer, die sich in einem dynamischen und regulierten Umfeld bewegen. Risikomanagement bedeutet, die potenziellen Gefahren für die Erreichung der Unternehmensziele zu identifizieren, zu bewerten und zu steuern. Compliance-Management bedeutet, die Einhaltung von gesetzlichen und internen Vorgaben zu gewährleisten und Regelverstöße zu vermeiden. Beide Bereiche sind eng miteinander verbunden und erfordern eine systematische und integrierte Herangehensweise.

Risiko- und Compliance-Management sind nicht nur Pflichten, sondern auch Chancen für Ihr Unternehmen. Sie helfen dabei, die Reputation und das Vertrauen bei Kunden, Partnern und Stakeholdern zu stärken, die Qualität und Effizienz der Prozesse und Produkte zu verbessern, die Kosten und Haftungsrisiken zu reduzieren und die Innovation und Wettbewerbsfähigkeit zu fördern. Risiko- und Compliance-Management sind also wesentliche Bestandteile einer nachhaltigen und verantwortungsvollen Unternehmensführung. Um Risiko- und Compliance-Management erfolgreich umzusetzen, braucht es eine klare Strategie, eine geeignete Organisation und eine starke Kultur. Die Strategie sollte die Ziele, die Risikobereitschaft und die Compliance-Anforderungen des Unternehmens definieren und kommunizieren. Die Organisation sollte die Rollen, Verantwortlichkeiten und Ressourcen für das Risiko- und Compliance-Management festlegen und koordinieren. Die Kultur sollte die Werte, Prinzipien und Verhaltensweisen fördern, die das Risiko- und Compliance-Bewusstsein und das Engagement aller Mitarbeiter unterstützen.

Implementieren Sie ein Risikomanagement-System, das die Identifizierung, Bewertung und Überwachung von Risiken umfasst. Auf diese Weise können Sie potenzielle Risiken identifizieren und geeignete Maßnahmen ergreifen, um sie zu minimieren oder zu vermeiden. Ein Compliance-Management-System hilft Ihnen, sicherzustellen, dass alle geltenden Vorschriften eingehalten werden. Ein Überwachungssystem hilft sicherzustellen, dass Risiken und Compliance regelmäßig überwacht und bewertet werden können.

Wenn Sie zum Beispiel ein Unternehmen in der Lebensmittelindustrie betreiben, müssen Sie die Risiken identifizieren, die mit der Lebensmittelsicherheit verbunden sind. Dazu gehören beispielsweise Kontamination, Produktrückrufe und Allergien. Sie müssen auch die geltenden Vorschriften kennen, die für Ihre Branche gelten, wie z. B. in Deutschland das Lebensmittel- und Futtermittelgesetzbuch (LFGB) oder die Verordnung (EG) Nr. 852/2004. Nachdem Sie die Risiken und Compliance-Anforderungen identifiziert haben, müssen Sie sie bewerten, um zu verstehen, welche Risiken die größten Auswirkungen auf Ihr Unternehmen haben und welche Vorschriften am wichtigsten sind. Beispielsweise kann das Risiko einer Kontamination Ihrer Produkte schwerwiegendere Auswirkungen haben als das Risiko einer verzögerten Lieferung.

Um sicherzustellen, dass das System effektiv funktioniert und den sich ändernden Anforderungen Ihres Unternehmens und den Vorschriften entspricht, sollten Sie das System regelmäßig überprüfen und aktualisieren. Möglicherweise müssen Sie Ihre Strategien anpassen oder neue Vorschriften berücksichtigen, die Ihre Branche betreffen.

Risiko- und Compliance-Management sind also keine isolierten oder einmaligen Aktivitäten, sondern ein kontinuierlicher und integrierter Prozess, der ständige Anpassung und Verbesserung erfordert. Sie sollten daher Risiko- und Compliance-Management als einen integralen Bestandteil Ihrer Geschäftsentwicklung betrachten und sich dafür einsetzen, eine risiko- und compliance-freundliche Unternehmenskultur zu schaffen.

Das Risiko- und Compliance-Management hat in den letzten Jahren stark an Bedeutung gewonnen. Dies liegt daran, dass Unternehmen zunehmend mit komplexen Risiken konfrontiert sind, die sich aus einer Vielzahl von Quellen wie Naturkatastrophen, Finanzkrisen, politischen Unruhen und Cyberangriffen ergeben können. Darüber hinaus sind Unternehmen zunehmend mit strengen Gesetzen und Vorschriften konfrontiert, die sie einhalten müssen.

Internes Kontrollsystem (IKS)

Ein Internes Kontrollsystem (IKS) ist mehr als nur ein lästiges Übel für Unternehmer. Es ist eine wichtige Voraussetzung für den Erfolg und die Sicherheit eines jeden Unternehmens. Die Dokumentation des IKS ist darüber hinaus für alle Unternehmen, die der Offenlegungspflicht unterliegen, gesetzlich vorgeschrieben. Richtig umgesetzt hilft es Ihnen, Risiken zu erkennen und zu minimieren, Fehler zu vermeiden und zu korrigieren, Prozesse zu optimieren und die Qualität Ihrer Produkte und Dienstleistungen zu steigern. Das IKS umfasst die Gesamtheit der organisatorischen Maßnahmen, die zur Sicherstellung eines ordnungsgemäßen Geschäftsbetriebs und zur Verhinderung von Fehlern und Betrug beitragen.

Das IKS setzt sich aus verschiedenen Komponenten zusammen, wie der Risikoanalyse, der Kontrollumgebung, der Kontrollaktivitäten, der Informations- und Kommunikationsmaßnahmen sowie der Überwachung. Ziel des IKS ist es, Geschäftsprozesse zu verbessern, die Einhaltung von Gesetzen und Vorschriften zu gewährleisten sowie das Vertrauen von Kunden, Lieferanten und Investoren in das Unternehmen zu stärken.

Die Implementierung eines IKS kann wie folgt durchgeführt werden:

1. Bestandsaufnahme: Eine umfassende Bestandsaufnahme der bestehenden Prozesse, Kontrollen und Verfahren sollte durchgeführt werden, um die Schwachstellen und Risiken im Unternehmen zu identifizieren (z. B.Rechnungslegungs- und Finanzierungsprozesse, Bestell- und Lieferprozesse, Lagerverwaltung, unklare Verantwortlichkeiten usw.)

2. Risikobewertung: Eine Risikobewertung sollte durchgeführt werden, um die Risiken im Unternehmen zu priorisieren und zu bestimmen, welche Kontrollen und Verfahren implementiert werden müssen, um diese Risiken zu minimieren. Dazu zählen beispielsweise finanzielle Risiken (z. B. Fehlbuchungen, Verluste, Betrug), Compliance-Risiken (z. B. Verletzung von Gesetzen und Vorschriften), IT-Risiken (z. B. Datenschutz, Cyber-Angriffe) usw.

3. Kontrollen und Verfahren implementieren: Basierend auf der Risikobewertung sollten geeignete Kontrollen und Verfahren implementiert werden, um die Risiken zu minimieren. Diese Kontrollen und Verfahren können die Bereiche Finanzberichterstattung, interne Audit- und Compliance-Aktivitäten, IT-Sicherheit, Datenschutz und Arbeitsplatzsicherheit abdecken. Eine Möglichkeit ist die Implementierung von IT-Tools und -Systemen zur Unterstützung der Kontrollen und Verfahren, z. B. Buchhaltungssoftware, IT-Sicherheitslösungen, elektronische Genehmigungs- und Überwachungssysteme usw.

4. Schulung und Schulung der Mitarbeiter: Die Mitarbeiter sollten geschult werden, um sicherzustellen, dass sie die Kontrollen und Verfahren verstehen und in der Lage sind, sie korrekt anzuwenden. Schulen Sie Ihre Mitarbeiter regelmäßig, um sicherzustellen, dass sie die Kontrollen und Verfahren verstehen und korrekt anwenden können, z. B. in den Bereichen Buchhaltung, IT-Sicherheit, Compliance usw.

5. Überwachung und Bewertung: Das IKS sollte regelmäßig überwacht und bewertet werden, um sicherzustellen, dass es effektiv ist und den sich ändernden Risiken und Bedürfnissen des Unternehmens gerecht wird. Die Wirksamkeit der Kontrollen und Verfahren kann durch interne und/oder externe Prüfungen überwacht werden, z. B. durch interne Kontrollprüfungen, externe Prüfungen durch Wirtschaftsprüfer oder andere Prüfer.

6. Berichterstattung: Die Ergebnisse der Überwachung und Bewertung (Risiken, Kontrollmängel, Verbesserungsvorschläge usw.) sollten regelmäßig an das Management und den Vorstand berichtet werden, um sicherzustellen, dass sie über die Wirksamkeit des IKS informiert sind und gegebenenfalls Maßnahmen ergreifen können, um es zu verbessern.

Es ist wichtig zu betonen, dass die Implementierung eines IKS ein fortlaufender Prozess ist und ständig überwacht und verbessert werden muss, um sicherzustellen, dass es den Bedürfnissen und Risiken des Unternehmens gerecht wird.

VI. Betriebliches Risikomanagement

Betriebliches Risikomanagement (Business Risk Management – BRM) bzw. Enterprise Risk Management (ERM) ist ein systematischer Ansatz zur Identifizierung, Bewertung, Steuerung und Berichterstattung über Risiken, die die Erreichung der Unternehmensziele gefährden können. BRM hilft Unternehmen, Risiken zu identifizieren und zu bewerten, um angemessene Maßnahmen zu ergreifen, um diese Risiken zu mindern.

Ein effektives Risikomanagementverfahren, das richtig integriert ist, kann zu erheblichen Kosteneinsparungen für das Unternehmen führen. BRM unterstützt Sie beim Management, bei der Minimierung und in einigen Fällen bei der Beseitigung von Risiken, um die Sicherheit und den Fortbestand Ihres Unternehmens zu gewährleisten.

BRM kann auch die menschliche Produktivität, Kundenbeziehungen und Ihre Compliance-Position verbessern. In vielen Branchen ermöglicht BRM den Unternehmen, die Beziehung zwischen Risiko und Wertschöpfung zu verstehen. Ein BRM-Programm kann Ihre Lieferkette verbessern, so dass Sie Ihre Lagerbestände besser planen, die Kundennachfrage vorhersagen, Ihre Betriebskosten senken und Ihre Gewinne steigern können.

Betriebliches Risikomanagement kann Ihnen helfen, bessere Entscheidungen zu treffen. Es liefert Ihnen Informationen über die Risiken, denen Sie ausgesetzt sind, und über die Auswirkungen dieser Risiken auf Ihre Ziele. Durch die Vermeidung oder Verringerung von Risiken, die zu Schäden oder Verlusten führen, kann das operative Risikomanagement auch Kosten sparen. Darüber hinaus unterstützt es die Einhaltung gesetzlicher und behördlicher Auflagen: Es hilft, Risiken zu identifizieren und zu managen, die zu Verstößen führen könnten. Und nicht zuletzt kann es das Vertrauen von Kunden, Investoren und anderen Stakeholdern in ein Unternehmen stärken. Denn es zeigt, dass Sie Ihre Risiken verstehen und beherrschen.

Als Geschäftsführer ist es Ihre Aufgabe, ein effektives BRM zu implementieren. Hier sind einige Schritte, die Sie als Geschäftsführer unternehmen können, um ein wirksames BRM-System aufzubauen:

1. Identifizierung von Risiken: Identifizieren Sie alle potenziellen Risiken, denen Ihr Unternehmen ausgesetzt ist. Dazu gehört die Analyse von internen und externen Faktoren wie Wirtschaftslage, Kundenbedürfnisse, Wettbewerbsdruck und politische Veränderungen.

2. Bewertung der Risiken: Bewerten Sie die identifizierten Risiken nach Eintrittswahrscheinlichkeit und Auswirkung auf Ihr Unternehmen. Priorisieren Sie die Risiken nach ihrer Relevanz, um sich auf die wesentlichen Risiken zu konzentrieren.

3. Entwicklung von Risiko-Management-Strategien: Entwickeln Sie Strategien, um die identifizierten Risiken zu minimieren oder zu eliminieren. Zu den Strategien können Maßnahmen wie Sicherheitsvorkehrungen, Versicherungen, Schulungen für Mitarbeiter und Überwachungssysteme gehören.

4. Implementierung des Risikomanagementsystems: Stellen Sie sicher, dass alle Mitarbeiter Ihres Unternehmens über das Risikomanagementsystem informiert und geschult sind, um sicherzustellen, dass alle Risikomanagement-Maßnahmen effektiv umgesetzt werden.

5. Überprüfung und Überwachung: Überprüfen Sie das Risikomanagementsystem regelmäßig, um sicherzustellen, dass es immer auf dem neuesten Stand ist und den sich ändernden Bedürfnissen Ihres Unternehmens gerecht wird. Überwachen Sie auch, ob die implementierten Strategien zur Risikominimierung tatsächlich wirksam sind.

6. Anpassung und Optimierung: Passen Sie das Risikomanagement-System an, um sich auf neue oder veränderte Risiken zu konzentrieren, die sich auf das Unternehmen auswirken könnten. Optimieren Sie die Strategien zur Risikominimierung, um sicherzustellen, dass sie immer effektiv sind.

BRM muss in das operative Geschäft verankert werden, um erfolgreich zu sein. Das bedeutet, dass die Prinzipien und Praktiken des BRM in alle betrieblichen Prozesse integriert werden müssen. BRM ist ein kontinuierlicher Prozess, der überwacht und angepasst werden muss. Das BRM-System muss darüber hinaus den sich laufend ändernden Risiken entsprechen. Durch die Implementierung eines effektiven BRM-Systems können Sie potenzielle Risiken minimieren und sicherstellen, dass Ihr Unternehmen langfristig erfolgreich ist.

Versicherungen

Darüber hinaus kann ein Unternehmen auch durch den Abschluss von Versicherungen gegen bestimmte Risiken vorsorgen. Versicherungen können ein wichtiger Bestandteil des betrieblichen Risikomanagements sein, um das Unternehmen vor möglichen finanziellen Schäden zu schützen. Es gibt verschiedene Arten von Versicherungen, die Unternehmen gegen betriebliche Risiken absichern können. Eine Möglichkeit ist die Betriebsunterbrechungsversicherung, die ein Unternehmen bei Ausfallzeiten aufgrund von unvorhergesehenen Ereignissen wie Naturkatastrophen, Cyber-Angriffen oder sonstigen Schäden absichert. Die Versicherung deckt dann die Kosten für Betriebsunterbrechungen und mögliche Einkommensverluste ab.

Eine weitere wichtige Versicherung ist die Haftpflichtversicherung, die Unternehmen bei Schäden gegenüber Dritten absichert. Diese Versicherung ist insbesondere wichtig, um mögliche Schadenersatzansprüche von Kunden oder Geschäftspartnern abzudecken.

Für Unternehmen, die im Bereich IT und Datenverarbeitung tätig sind, ist eine Cyber-Versicherung von großer Bedeutung. Diese Versicherung deckt mögliche finanzielle Schäden durch Hackerangriffe, Datenverlusten oder andere IT-Sicherheitsrisiken ab.

Neben diesen Versicherungen gibt es auch spezielle Versicherungen für bestimmte Branchen oder Berufszweige. So können beispielsweise Ärzte und Rechtsanwälte eine Berufshaftpflichtversicherung abschließen, um mögliche Schadenersatzforderungen von Patienten oder Mandanten abzudecken.

Bei der Auswahl der richtigen Versicherung ist es ratsam, eine Risikoanalyse durchzuführen und die individuellen Bedürfnisse des Unternehmens zu berücksichtigen. Eine gute Versicherung kann Unternehmen vor möglichen finanziellen Schäden schützen und somit zur Stabilität des Geschäfts beitragen.

Vertragsgestaltung

Darüber hinaus ist es wichtig, klare Verträge mit Kunden, Lieferanten und Partnern abzuschließen, um Risiken und Haftungsfragen von vornherein zu klären. In diesen Verträgen sollten alle relevanten Aspekte wie Haftung, Gewährleistung, Geheimhaltung, Datenschutz und Nutzungsrechte geregelt sein. Durch eine klare und eindeutige Vertragsgestaltung können Streitigkeiten und Risiken minimiert werden. Wenn ein Satz zweideutig interpretiert werden kann, schreiben Sie ihn um!

Ein mittelständisches Softwareunternehmen aus Wien schloss Ende 2021 einen Vertrag über die Implementierung seiner Betriebssoftware ab. Ein Jahr später, kurz vor Abschluss der Implementierung, traf jedoch eine unerwartete Nachricht ein: Beim Kunden gab es größere Veränderungen im Management und alle laufenden IT-Projekte wurden mit sofortiger Wirkung gestoppt. Das bedeutete, dass der Kunde nach einem Jahr Implementierungsarbeit keinen Nutzen mehr von der Software haben würde, da sie nie in Betrieb gehen würde. Nicht unbedingt überraschend suchte der Kunde nach Möglichkeiten, die geleistete Implementierungsarbeit nicht bezahlen zu müssen. Das Softwareunternehmen sah sich jedoch durch einen klaren Vertrag geschützt, in dem die Bedingungen für die Implementierung der Software sowie die Bezahlung eindeutig geregelt waren. Trotz langwieriger Diskussionen gelang es dem Unternehmen schließlich, sein Geld ohne gerichtliche Auseinandersetzung zu erhalten.

Die Situation war für das Softwareunternehmen eine harte Lektion in puncto Risikomanagement und Vertragsabschluss. Es zeigte sich jedoch auch, dass es in solchen Fällen unerlässlich ist, klare Verträge zu haben und auf seine Rechte zu pochen, um sich vor Verlusten zu schützen. So konnte das Unternehmen seine Verluste begrenzen und weiterhin erfolgreich am Markt agieren.

VII. Finanzen

Finanzen sind für jeden Unternehmer ein wichtiges Thema, aber auch ein komplexes und manchmal langweiliges. Aber was sind Finanzen eigentlich? Sind es die Zahlen auf dem Kontoauszug? Sind es Aktien und ETFs? Oder sind es einfach nur langweilige Tabellen und Diagramme? In diesem Kapitel werden wir uns mit dem spannenden Thema Finanzen beschäftigen und Ihnen zeigen, wie Sie als Unternehmer Ihre Finanzen im Griff haben und optimieren können. Ich werde Ihnen erklären, was ein Jahresabschluss ist, wie Sie Ihre Liquidität sichern und verbessern, wie Sie vernünftige Budgets erstellen und welche Fallstricke Sie unbedingt vermeiden sollten. Sie werden sehen: Finanzen sind gar nicht so kompliziert und langweilig, wie Sie vielleicht denken. Im Gegenteil: Finanzen können Spaß machen und Ihnen helfen, Ihre unternehmerischen Ziele zu erreichen.

Die richtige Finanzplanung

Um eine umfassende Analyse der aktuellen Finanzlage Ihres Unternehmens zu erstellen, können Sie Finanzdaten aus Saldenlisten, Gewinn- und Verlustrechnungen sowie der Cashflow-Statements benutzen. Die Saldenlisten enthalten detaillierte Informationen zu den Konten des Unternehmens, einschließlich Kontonummer, Bezeichnung und Salden. Durch die Überwachung der Saldenlisten kann das Unternehmen sicherstellen, dass es über ausreichend liquide Mittel verfügt, um seine laufenden Geschäftstätigkeiten zu finanzieren, und gegebenenfalls Maßnahmen ergreifen, um die Finanzsituation zu verbessern.

Die Gewinn- und Verlustrechnung (GuV) ist eine finanzielle Zusammenfassung der Einnahmen, Kosten und Ausgaben eines Unternehmens über einen bestimmten Zeitraum. Sie zeigt den Gewinn oder Verlust des Unternehmens auf und gibt Auskunft über dessen finanzielle Performance.

Das Cashflow-Statement, auch Kapitalflussrechnung genannt, gibt Auskunft über die Bewegungen von Barmitteln und Zahlungsmitteln innerhalb eines Unternehmens über einen bestimmten Zeitraum. Es zeigt auf, wie viel Geld in das Unternehmen fließt und wie viel Geld aus dem Unternehmen abfließt. Es wird in drei Kategorien unterteilt: operativer Cashflow, investiver Cashflow und finanzieller Cashflow. Das Cashflow-Statement ist ein wichtiger Indikator für die Liquidität eines Unternehmens und gibt Hinweise darauf, ob es in der Lage ist, seine laufenden Geschäftstätigkeiten zu finanzieren, seine Schulden zu bedienen und langfristige Investitionen zu tätigen.

Der Prozess der Budgetierung beginnt mit der Festlegung von Zielen und Annahmen für den kommenden Zeitraum, wie z. B. Umsatzprognosen, Kostenstruktur und Investitionsbedarf. Auf Basis dieser Annahmen wird ein Budget erstellt, das die erwarteten Einnahmen und Ausgaben für den Zeitraum abbildet. Das Budget dient als Leitfaden für die Entscheidungsfindung und ermöglicht es dem Unternehmen, die Finanzsituation im Voraus zu planen und zu steuern.

Die Budgetüberwachung ist ein fortlaufender Prozess, bei dem das Unternehmen die tatsächlichen Finanzergebnisse mit den im Budget festgelegten Werten vergleicht. Abweichungen werden identifiziert und analysiert, um festzustellen, welche Maßnahmen erforderlich sind, um wieder auf Kurs zu kommen. Wenn das Unternehmen beispielsweise höhere Kosten als erwartet hat, kann es erforderlich sein, die Kostenstruktur zu überprüfen und Maßnahmen zur Kostensenkung zu ergreifen. Die Budgetüberwachung umfasst auch die Bewertung der Finanzprognosen und der Annahmen, die dem Budget zugrunde liegen. Wenn sich die Geschäftsumgebung oder die Marktbedingungen ändern, kann es notwendig sein, die Annahmen und Prognosen im Budget zu überarbeiten und das Budget entsprechend anzupassen.

Die Liquiditätsplanung bezieht sich – im Unterschied zur Kapitalflussrechnung, die die historische Entwicklung des Cashflows im Unternehmen analysiert – auf den Prozess der Planung und Überwachung des Cashflows eines Unternehmens. Sie wird in Einzahlungen und Auszahlungen unterteilt. Eine Liquiditätsplanung kann helfen, die Liquiditätsanforderungen des Unternehmens zu ermitteln und zu planen, indem es die erwarteten Einnahmen und Ausgaben des Unternehmens im Voraus berücksichtigt. Eine Liquiditätsplanung kann auch dazu beitragen, potenzielle Engpässe im Cashflow frühzeitig zu erkennen und entsprechende Maßnahmen zu ergreifen, um Liquiditätsprobleme zu vermeiden. Die Liquiditätsplanung kann monatlich oder quartalsweise erstellt werden, während die Kapitalflussrechnung in der Regel jährlich erstellt wird.

Eine ausreichende Liquidität ist für den Erfolg und die Zukunftsfähigkeit Ihres Unternehmens unerlässlich, vor allem in Krisenzeiten. Doch wie können Sie Ihre Liquidität verbessern und sicherstellen, dass Sie jederzeit genügend Geld auf dem Konto haben?

1. Halten Sie Ihre Planung genau und aktuell.

   Eine genaue und aktuelle Planung ist die Basis für ein gutes Liquiditätsmanagement. Sie sollten Ihre Ein- und Auszahlungen aus der laufenden Geschäftstätigkeit sowie Ihren Investitions- und Finanzierungsbedarf regelmäßig erfassen und prognostizieren. So können Sie frühzeitig mögliche

Liquiditätslücken oder -überschüsse erkennen und entsprechend reagieren. Für die Planung können Sie einfache Excel-Kalkulationen oder spezialisierte Software-Lösungen nutzen, je nach Größe und Komplexität Ihres Betriebs.

2. Nutzen Sie E-Banking: für einen besseren Überblick und Ausblick

E-Banking ist ein wichtiges Tool, um Ihre Liquidität zu überwachen und zu steuern. Mit E-Banking haben Sie einen aktuellen Überblick über Ihre Kontobewegungen in der Vergangenheit sowie über den aktuellen Stand aller Konten. Außerdem können Sie zukünftig erwartete Transaktionen sowie Ihre Kreditlimiten einsehen. Einige E-Banking-Lösungen bieten auch die Möglichkeit, Ihre Konten bei verschiedenen Banken zu verknüpfen oder Ihre Buchhaltungsdaten automatisch abzugleichen. So erhalten Sie ein umfassendes Bild Ihrer finanziellen Situation und können besser planen.

3. Optimieren Sie Ihr Debitorenmanagement

Unter Debitorenmanagement versteht man die Maßnahmen, die Sie ergreifen, um Ihre Forderungen gegenüber Ihren Kunden einzutreiben. Ein effizientes Debitorenmanagement kann Ihnen helfen, Ihre Liquidität zu verbessern, indem Sie Ihre Zahlungseingänge beschleunigen und Ihre Zahlungsausfälle reduzieren.

Dazu gehören unter anderem:

- Klare Zahlungsbedingungen vereinbaren und kommunizieren
- Rechnungen rechtzeitig und korrekt ausstellen
- Zahlungserinnerungen und Mahnungen konsequent versenden
- Bonität Ihrer Kunden prüfen und ggf. Vorauszahlungen oder Sicherheiten verlangen

- Forderungen an Dritte abtreten oder verkaufen (Factoring)

4. Steuern Sie Ihr Kreditorenmanagement

Kreditorenmanagement bezeichnet die Maßnahmen, die Sie ergreifen, um Ihre Verbindlichkeiten gegenüber Ihren Lieferanten oder anderen Gläubigern zu begleichen. Ein gutes Kreditorenmanagement kann Ihnen helfen, Ihre Liquidität zu verbessern, indem Sie Ihre Zahlungsfristen optimal nutzen und Ihre Kreditkosten senken.

Dazu gehören unter anderem:

- Günstige Zahlungsbedingungen aushandeln oder Skonti nutzen
- Rechnungen prüfen und ggf. reklamieren
- Verwendung eines Systems zur Verwaltung von Rechnungen
- Zahlungen termingerecht ausführen oder ggf. stunden lassen
- Kredite vergleichen und ggf. umschulden

5. Identifizieren Sie überschüssige Liquidität

Neben der Vermeidung von Liquiditätsengpässen sollten Sie auch darauf achten, dass Sie nicht zu viel Liquidität auf Ihrem Konto haben, die ungenutzt bleibt oder sogar Zinsen kostet. Überschüssige Liquidität können Sie sinnvoll anlegen oder investieren, um Ihre Rendite zu erhöhen oder Ihr Geschäft auszubauen. Zum Beispiel könnten Sie Ihr Geld in neue Maschinen, Mitarbeiter oder Marketing stecken, um Ihr Geschäft zu erweitern. Oder Sie investieren in Aktien, Anleihen oder andere Anlageformen, um Rendite zu erzielen. Bevor Sie sich für eine Investition entscheiden, sollten Sie jedoch die Risiken und die Rentabilität abwägen.

Auf der folgenden Seite finden Sie ein Beispiel für einen sehr einfachen Liquiditätsplan. Sie können und sollten ihn an Ihre Gegebenheiten und Ihre Bedürfnisse anpassen. Am Monatsende bzw. Monatsanfang sollten Sie die tatsächlichen Kontobewegungen dem Liquiditätsplan gegenüberstellen. Die errechnete Liquidität am Monatsende sollte genau dem Stand Ihres Bankkontos entsprechen. Bitte beachten Sie, dass im Liquiditätsplan die Beträge jeweils inklusive Umsatzsteuer (Bruttobeträge), in der Budgetplanung hingegen exklusive Umsatzsteuer (Nettobeträge) angegeben sind, sofern Ihr Unternehmen vorsteuerabzugsberechtigt ist.

Liquiditätsplan

	Jan	Feb	Mär	Apr	Mai	Jun	Jul	Aug	Sep	Okt	Nov	Dez	Summe
Erlöse (€ Brutto)													-
Kunde 1													-
Kunde 2													-
...													-
Ausgaben (€ Brutto)													-
Betriebskosten													-
Material-/Warenkosten													-
Büro/Geschäftsräume													-
Instandhaltung													-
Versicherungen													-
KFZ													-
Marketing/Werbung													-
Sonstige													-
Mitarbeiter													-
Gehälter													-
Abgaben													-
Sonstige													-
Steuern													-
Vorauszahlung ESt/KöSt													-
Umsatzsteuer													-
Summe der Einnahmen	-	-	-	-	-	-	-	-	-	-	-	-	-
Summe der Ausgaben	-	-	-	-	-	-	-	-	-	-	-	-	-
Liquidität am Monatsende	-	-	-	-	-	-	-	-	-	-	-	-	-

Finanzkennzahlen

Finanzkennzahlen (auch finanzielle Kennzahlen oder Key Performance Indicators bzw. KPIs genannt) sind ein wichtiger Bestandteil der Finanzanalyse und helfen, die finanzielle Gesundheit und Leistungsfähigkeit eines Unternehmens zu bewerten. Im Folgenden sind einige der gängigsten Finanzkennzahlen und ihre Bedeutung aufgeführt:

Current Ratio

Die Current Ratio (Liquide Mittel-Quote) ist eine Liquiditätskennzahl, die angibt, wie gut ein Unternehmen in der Lage ist, seine kurzfristigen Verpflichtungen zu erfüllen. Sie wird berechnet, indem die kurzfristigen Vermögenswerte des Unternehmens (wie Bargeld, Forderungen und Vorräte) durch die kurzfristigen Verbindlichkeiten (wie ausstehende Rechnungen und kurzfristige Darlehen) dividiert werden. Eine Current Ratio von 1 bedeutet, dass das Unternehmen genau genug liquide Mittel hat, um seine kurzfristigen Verpflichtungen zu erfüllen. Eine Kennzahl über 1 wird als gut angesehen, da das Unternehmen über mehr liquide Mittel verfügt, als es benötigt, während eine Kennzahl unter 1 als schlecht angesehen wird, da das Unternehmen Schwierigkeiten haben könnte, seine Verpflichtungen zu erfüllen. In der Regel wird eine Kennzahl von 2 als optimal angesehen, aber dies kann je nach Branche und Unternehmensgröße variieren.

Ein typischer Durchschnittswert im Einzelhandel wäre eine Current Ratio zwischen 1,5 und 2,0, im Dienstleistungssektor hingegen wäre ein Wert zwischen 1,0 und 1,5 üblich, und im verarbeitenden Gewerbe wird ein Wert von 1,2 bis 1,8 als normal angesehen.

<u>Berechnung anhand eines Beispiels</u>: Ein Unternehmen hat 100.000 Euro an kurzfristigen Vermögenswerten, darunter 50.000 Euro an Bargeld, 30.000 Euro an Forderungen und 20.000 Euro an Vorräten. Das Unternehmen hat auch 80.000 Euro an kurzfristigen Verbindlichkeiten, darunter 50.000 Euro an ausstehenden Rechnungen und 30.000 Euro an kurzfristigen Darlehen. Die Current Ratio würde wie folgt berechnet werden:

(Current Assets ÷ Current Liabilities) = (100.000 Euro ÷ 80.000 Euro) = 1,25

Dies bedeutet, dass das Unternehmen für jeden Euro an kurzfristigen Verbindlichkeiten 1,25 Euro an liquiden Mitteln oder kurzfristigen Forderungen besitzt, die innerhalb eines Jahres in Bargeld umgewandelt werden können.

Equity Ratio

Die Equity Ratio (Eigenkapitalquote) ist eine Kennzahl, die den Anteil des Eigenkapitals am Gesamtkapital eines Unternehmens angibt. Sie wird in Prozent ausgedrückt und berechnet sich nach folgender Formel:

Eigenkapitalquote = Eigenkapital ÷ Gesamtkapital × 100.

Die Eigenkapitalquote ist ein Indikator für das Risiko und die Bonität eines Unternehmens. Je höher die Eigenkapitalquote, desto unabhängiger ist das Unternehmen von fremden Geldgebern und desto geringer ist das Insolvenzrisiko. Allerdings kann eine zu hohe Eigenkapitalquote auch die Rentabilität des Eigenkapitals verringern. Solide Unternehmen haben eine Eigenkapitalquote von mehr als 30%, was bedeutet, dass sie mehr Eigenkapital als Fremdkapital haben. Wenn ein Unternehmen eine Eigenkapitalquote zwischen 20% und 30% hat, bedeutet dies, dass es einen höheren Anteil an Fremdkapital hat. Dies kann ein Anzeichen für eine höhere Verschuldung sein, was das Risiko für das Unternehmen erhöht. Allerdings bedeutet dies nicht zwangsläufig, dass das Unternehmen in finanziellen Schwierigkeiten steckt.

Ein Beispiel für ein Unternehmen mit einer hohen Eigenkapitalquote ist die SAP SE, ein Softwarekonzern mit Sitz in Walldorf. Laut dem Geschäftsbericht 2020 betrug das Eigenkapital der SAP SE zum 31. Dezember 2020 rund 35,5 Milliarden Euro bei einer Bilanzsumme von rund 71,1 Milliarden Euro. Die Eigenkapitalquote lag somit bei etwa 49,9 Prozent. Das bedeutet, dass fast die Hälfte des Gesamtkapitals aus eigenen Mitteln finanziert wurde. Dies zeigt die finanzielle Stärke und Unabhängigkeit der SAP SE.

Debt-to-Equity Ratio

Die Debt-to-Equity Ratio (Verschuldungsgrad) gibt an, wie hoch das Fremdkapital ist, das ein Unternehmen im Verhältnis zu seinem Eigenkapital aufgenommen hat. Sie wird berechnet, indem die Summe des Fremdkapitals des Unternehmens durch die Summe des Eigenkapitals des Unternehmens dividiert wird. Eine hohe Debt-to-Equity Ratio bedeutet, dass das Unternehmen mehr Fremdkapital verwendet, was zu höheren Zinszahlungen und höheren finanziellen Risiken führen kann. Eine niedrige Ratio bedeutet, dass das Unternehmen mehr Eigenkapital verwendet, was als sicherer angesehen wird, da das Unternehmen weniger abhängig von Fremdkapitalgebern ist.

Ein typischer Durchschnittswert im Technologiesektor wäre eine Debt-to-Equity Ratio von 0,5 bis 1,0, im Gesundheitswesen hingegen wäre ein Wert von 0,7 bis 1,5 üblich und für Versorger gilt ein Wert von 1,5 bis 2,0 als normal.

Berechnung anhand eines Beispiels: Ein Unternehmen hat ein Eigenkapital von 500.000 Euro und ein Fremdkapital von 250.000 Euro. Die Debt-to-Equity Ratio würde wie folgt berechnet werden:

(Total Debt ÷ Total Equity) = (250.000 Euro ÷ 500.000 Euro) = 0,5

Dies bedeutet, dass das Unternehmen das 0,5-Fache des Fremdkapitals im Verhältnis zum Eigenkapital einsetzt.

Die Gross Margin Ratio

Die Gross Margin Ratio (Bruttomarge) gibt an, wie viel Gewinn ein Unternehmen aus seinen Verkäufen erzielt, nachdem die direkten Kosten für die Herstellung seiner Produkte oder Dienstleistungen abgezogen wurden. Sie wird berechnet, indem der Bruttogewinn des Unternehmens (d.h. den Umsatz abzüglich der direkten Kosten) durch seinen Umsatz dividiert wird. Eine hohe Gross Margin

Ratio bedeutet, dass das Unternehmen seine Produkte oder Dienstleistungen mit einem höheren Gewinn verkaufen kann, was darauf hinweist, dass es wettbewerbsfähig ist und seine Kosten gut unter Kontrolle hat.

Ein typischer Durchschnittswert im Einzelhandel wäre eine Gross Margin Ratio von 20% bis 40%, bei Dienstleistungen hingegen wäre ein Wert von 30% bis 50% üblich und im verarbeitenden Gewerbe wird ein Wert von 20% bis 30% als normal angesehen.

Berechnung anhand eines Beispiels: Ein Unternehmen hat einen Umsatz von 1 Million Euro und direkte Kosten von 700.000 Euro. Die Gross Margin Ratio würde wie folgt berechnet werden:

(Gross Profit ÷ Revenue)
= ((1.000.000 Euro – 700.000 Euro) ÷ 1.000.000 Euro) = 0,3

Dies bedeutet, dass das Unternehmen 30% seines Umsatzes als Bruttogewinn erzielt hat, nachdem die direkten Kosten für die Herstellung seiner Produkte oder Dienstleistungen abgezogen wurden.

Average Days Inventory

Average Days Inventory gibt an, wie viele Tage ein Unternehmen benötigt, um seinen Lagerbestand zu verkaufen. Diese Kennzahl kann berechnet werden, indem man das durchschnittliche Inventar des Unternehmens durch den täglichen Verkauf teilt. Eine hohe „Average days inventory" Kennzahl kann darauf hindeuten, dass das Unternehmen Schwierigkeiten hat, sein Inventar zu verkaufen, was zu einem höheren Lagerbestand und einem höheren Kapitalbedarf führt. Ein niedriger Wert kann darauf hindeuten, dass das Unternehmen schnell verkauft und somit weniger Lagerhaltungskosten hat. Ein typischer Richtwert für diese Kennzahl liegt je nach Branche zwischen 30 und 90 Tagen. Im Einzelhandel wäre ein Wert von 20 bis 60 Tagen üblich, für die Branchen Fertigung wie auch Technologie hingegen wäre ein Wert von 60 bis 90 Tagen üblich und im Großhandel gilt ein Wert von 60 bis 120 Tagen als normal.

Berechnung anhand eines Beispiels: Ein Unternehmen hat ein durchschnittliches Inventar von 100.000 Euro und verkauft im Jahr Waren im Wert von 500.000 Euro. Die durchschnittliche Lagerdauer wäre in diesem Fall 100.000 Euro ÷ (500.000 Euro ÷ 365 Tage) = 73 Tage.

Return On Investment

Return On Investment (ROI) ist eine Kennzahl zur Messung der Rentabilität einer Investition. Sie gibt an, wie viel Gewinn ein Unternehmen im Verhältnis zu den investierten Kosten erzielt hat. Der ROI ermöglicht es Investoren und Unternehmen, die Rentabilität von Investitionen zu vergleichen und zu bewerten. Ein hoher ROI bedeutet, dass eine Investition erfolgreich war und das Unternehmen einen guten Gewinn erzielt hat. Ein niedriger ROI kann hingegen darauf hinweisen, dass eine Investition nicht erfolgreich war und das Unternehmen Geld verloren hat. Es ist jedoch wichtig zu beachten, dass der ROI allein keine umfassende Bewertung der Rentabilität einer Investition darstellt und andere Faktoren berücksichtigt werden müssen, wie z. B. die Risiken und Kosten der Investition sowie die Investitionsdauer. In der Regel streben Unternehmen jedoch einen ROI an, der über dem durchschnittlichen Marktniveau liegt und zumindest die Investitionskosten deckt. Ein ROI von 10-15% gilt oft als solides Ziel, aber es gibt auch Unternehmen, die viel höhere Renditen erzielen, insbesondere in Branchen mit hohen Margen wie Technologie oder Biotech.

Die ROI-Berechnung erfolgt durch Division des Gewinns einer Investition durch die Investitionskosten und Multiplikation des Ergebnisses mit 100, um den Prozentsatz zu erhalten. Die Formel lautet:

ROI = (Gewinn – Investitionskosten) ÷ Investitionskosten × 100%

Berechnung anhand eines Beispiels: Ein Unternehmen investiert 10.000 Euro in ein neues Projekt und erzielt in einem Jahr einen Gewinn von 12.000 Euro. Der ROI wäre dann

(12.000 – 10.000) ÷ 10.000 × 100% = 20%.

Dies bedeutet, dass das Unternehmen eine Rendite von 20% auf seine Investition erzielt hat.

Diese fünf Finanzkennzahlen sind nur einige Beispiele von vielen. Es gibt noch viele weitere Kennzahlen, die bei der Analyse eines Unternehmens herangezogen werden können, je nach Branche und spezifischen Bedürfnissen.

Es ist weiters wichtig zu beachten, dass die genannten Durchschnittswerte nur allgemeine Richtwerte darstellen und dass die tatsächlichen Zahlen je nach Unternehmen und Branche stark variieren können. Daher sollten Sie jedenfalls die Kennzahlen des Unternehmens mit seinen Konkurrenten und dem Branchendurchschnitt vergleichen, um eine bessere Vorstellung davon zu erhalten, wie das Unternehmen abschneidet.

Der Jahresabschluss

Der Jahresabschluss stellt die finanzielle Situation einer Kapitalgesellschaft am Ende eines Geschäftsjahres dar und ermöglicht es, die Erfolgsaussichten des Unternehmens zu beurteilen. Er besteht aus der Bilanz, der Gewinn- und Verlustrechnung und dem Anhang. Die Bilanz zeigt die Vermögenswerte (Aktiva) und die Schulden (Passiva) des Unternehmens sowie das Eigenkapital der Eigentümer. Die Gewinn- und Verlustrechnung zeigt die Einnahmen und Ausgaben des Unternehmens sowie den Gewinn oder Verlust, der im Geschäftsjahr erzielt wurde. Der Anhang enthält zusätzliche Informationen zu den Bilanzposten, den Rechnungslegungsgrundsätzen und den Ereignissen im Berichtsjahr bzw. nach dem Bilanzstichtag. Der Anhang kann auch Informationen zu den Risiken und Ungewissheiten enthalten, denen das Unternehmen ausgesetzt ist.

In Deutschland sind Kapitalgesellschaften generell und Einzelunternehmen ab einem Umsatz und Gewinn von 600.000 € bzw. 60.000 € in zwei aufeinanderfolgenden Geschäftsjahren verpflichtet, einen Jahresabschluss zu erstellen und diesen spätestens am 31. Dezember des Folgejahres beim Betreiber des Bundesanzeigers einzureichen. In Österreich ist der Jahresabschluss nach Behandlung in der Hauptversammlung (Generalversammlung) spätestens neun Monate nach dem Bilanzstichtag beim Firmenbuchgericht einzureichen. In der Schweiz ist die Jahresrechnung im Anschluss an die Feststellung der Jahresrechnung zu veröffentlichen. Die Unterlagen müssen beim elektronischen Bundesanzeiger eingereicht werden und sind über das Internetportal des Unternehmensregisters öffentlich zugänglich.

Um einen Jahresabschluss zu lesen, sollte man zunächst einen Überblick über die Struktur und den Inhalt des Dokuments bekommen. Dann sollte man sich auf die wichtigsten Kennzahlen konzentrieren, die etwas über die Rentabilität, Liquidität und Zahlungsfähigkeit des Unternehmens aussagen. Dazu zählen zum Beispiel:

- Die Umsatzentwicklung: Wie haben sich die Einnahmen aus dem Verkauf von Produkten oder Dienstleistungen verändert?

- Die operative Marge: Wie viel vom Umsatz bleibt als Gewinn vor Zinsen und Steuern übrig?
- Das Ergebnis je Aktie: Wie viel Gewinn entfällt auf jede Aktie des Unternehmens?
- Die Eigenkapitalquote: Wie hoch ist der Anteil des Eigenkapitals am Gesamtkapital des Unternehmens?
- Die Verschuldungsquote: Wie hoch ist der Anteil der Fremdkapitalzinsen am operativen Gewinn?

Diese Kennzahlen sollten immer im Vergleich zu den Vorjahren oder zu anderen Unternehmen der gleichen Branche betrachtet werden, um eine bessere Einschätzung der Leistungsfähigkeit und der Risiken des Unternehmens zu erhalten.

Die Bilanz ist eine Vermögensaufstellung eines Unternehmens zu einem bestimmten Stichtag (oft der letzte Tag des Kalenderjahres). Sie zeigt, welche Vermögenswerte das Unternehmen besitzt und wie es diese finanziert hat.

Eine Bilanz besteht aus zwei Seiten: der Aktivseite und der Passivseite. Die Aktivseite enthält die Vermögenswerte des Unternehmens, wie zum Beispiel Kassenbestände, Forderungen, Anlagevermögen oder immaterielle Werte. Die Passivseite enthält die Finanzierungsquellen des Unternehmens, wie zum Beispiel Eigenkapital, Rückstellungen oder Verbindlichkeiten. Die Summe der Aktiva muss immer gleich der Summe der Passiva sein. Um eine Bilanz lesen und verstehen zu können, muss man einige Kennzahlen und Begriffe kennen. Zum Beispiel kann man den Verschuldungsgrad berechnen, indem man das Fremdkapital durch das Eigenkapital teilt. Dieser Wert gibt an, wie stark das Unternehmen von externen Geldgebern abhängig ist. Ein hoher Verschuldungsgrad kann ein Risiko darstellen, wenn das Unternehmen seine Zins- und Tilgungszahlungen nicht mehr leisten kann. Ein anderer wichtiger Begriff ist der Goodwill, der den Aufpreis bezeichnet, den ein

Unternehmen bei einer Übernahme für ein anderes Unternehmen zahlt. Der Goodwill wird auf der Aktivseite der Bilanz ausgewiesen und kann im Falle einer Wertminderung abgeschrieben werden.

Die Bilanz muss in Kontoform aufgestellt werden. Kleine Kapitalgesellschaften müssen eine verkürzte Bilanz aufstellen, in die nur bestimmte Posten enthalten sind. Kleinstkapitalgesellschaften müssen ebenfalls nur eine verkürzte Bilanz aufstellen, in die noch weniger Posten aufgenommen werden.

Auf der Aktivseite wird das Vermögen in Anlage- und Umlaufvermögen unterteilt. Das Anlagevermögen umfasst immaterielle Vermögensgegenstände, Sachanlagen und Finanzanlagen. Zum Umlaufvermögen gehören Vorräte, Forderungen und sonstige Vermögensgegenstände, Wertpapiere und Kassenbestand. Zudem gibt es noch Rechnungsabgrenzungsposten, aktive latente Steuern und einen aktiven Unterschiedsbetrag aus der Vermögensverrechnung.

Auf der Passivseite werden die Verbindlichkeiten und das Eigenkapital ausgewiesen. Zum Eigenkapital gehören das Grundkapital, die Kapitalrücklage, die Gewinnrücklagen, der Gewinnvortrag/Verlustvortrag und der Jahresüberschuss/Jahresfehlbetrag. Zu den Verbindlichkeiten zählen unter anderem Anleihen, Verbindlichkeiten gegenüber Kreditinstituten, Verbindlichkeiten aus Lieferungen und Leistungen, sowie Steuerrückstellungen. Hinzu kommen noch Rückstellungen, Rechnungsabgrenzungsposten und passive latente Steuern.

Eine Bilanz kann viele Informationen über die finanzielle Situation und die Strategie eines Unternehmens liefern. Allerdings muss man auch beachten, dass eine Bilanz nur eine Momentaufnahme darstellt und nicht alle Aspekte des Geschäftsmodells abbildet. Außerdem kann es zu Manipulationen oder Fehlbewertungen kommen, die das wahre Bild verzerren können. Deshalb sollten immer mehrere Quellen herangezogen und kritisch hinterfragt werden, um sich ein fundiertes Urteil bilden zu können. Um das Lesen und Verstehen von Bilanzen zu üben und zu vertiefen, kann man sich anhand von Fallbeispielen mit realen Geschäftsberichten auseinandersetzen. Dabei sollte sowohl eine quantitative als auch eine qualitative Analyse durchgeführt werden, um Stärken und Schwächen des Unternehmens zu identifizieren. Außerdem sollte immer ein Vergleich mit anderen Unternehmen derselben Branche oder desselben Marktes angestellt werden, um die relative Position des Unternehmens beurteilen zu können.

Schließlich sollte man auch den Anhang im Jahresabschluss lesen, um mehr Details über die Bilanzierungsmethoden, die Bewertung von Vermögenswerten und Schulden, die Eventualverbindlichkeiten oder -forderungen sowie andere wichtige Aspekte zu erfahren. Der Anhang kann auch Hinweise auf mögliche Chancen oder Bedrohungen für das Unternehmen enthalten.

Prozess der Budgetierung und Budgetüberwachung

Die Budgetierung ist ein Prozess, bei dem eine Organisation ihre Einnahmen und Ausgaben plant und vorhersagt, wie viel Geld sie in einem bestimmten Zeitraum ausgeben wird. Dies ist eine wichtige Funktion, um sicherzustellen, dass eine Organisation finanziell stabil bleibt und ihre Ziele erreichen kann.

Der Prozess der Budgetierung umfasst in der Regel die folgenden Schritte:

1. Sammeln von Daten: Die Organisation sammelt Informationen über ihre bisherigen Einnahmen und Ausgaben sowie über erwartete Veränderungen, wie z. B. neue Projekte oder höhere Ausgaben. Diese Daten können Sie zum Beispiel der laufenden Buchhaltung bzw. der monatlichen Saldenliste entnehmen.

2. Prognose der Einnahmen: Basierend auf historischen Daten und erwarteten Veränderungen prognostiziert die Organisation ihre Einnahmen für die kommende Periode.

3. Schätzung der Ausgaben: Die Organisation schätzt, wie viel sie für verschiedene Kosten ausgeben wird, z. B. Löhne und Gehälter, Miete, Versorgungsunternehmen, Ausrüstung und andere Ausgaben.

4. Erstellen eines Budgetplans: Basierend auf den Prognosen und Schätzungen erstellt die Organisation einen Plan, der darstellt, wie viel Geld sie in jedem Monat oder Quartal ausgeben wird.

5. Genehmigung des Budgetplans: Der Budgetplan wird von der Führungsebene der Organisation genehmigt.

Nachdem der Budgetplan genehmigt wurde, beginnt die Budgetüberwachung, die sicherstellt, dass die Organisation innerhalb ihres Budgets bleibt. Der Prozess der Budgetüberwachung umfasst in der Regel die folgenden Schritte:

1. Überwachung von Einnahmen und Ausgaben: Die Organisation überwacht ihre tatsächlichen Einnahmen und Ausgaben und vergleicht sie mit den Prognosen und Schätzungen im Budgetplan. Auch hierfür können Sie die Daten aus der laufenden Buchhaltung heranziehen.

2. Feststellung von Abweichungen: Wenn tatsächliche Einnahmen und Ausgaben von den Prognosen und Schätzungen im Budgetplan abweichen, identifiziert die Organisation die Gründe für die Abweichungen.

3. Anpassung des Budgetplans: Basierend auf den Abweichungen kann die Organisation den Budgetplan anpassen, um sicherzustellen, dass sie innerhalb ihres Budgets bleibt.

4. Berichterstattung: Die Organisation erstellt regelmäßig Berichte über ihre finanzielle Leistung und teilt diese Informationen mit der Führungsebene und anderen relevanten Parteien.

Spätestens mit Ende des Geschäftsjahres sollten Sie Ihre tatsächlichen Einnahmen und Ausgaben mit den ursprünglich budgetierten Einnahmen und Ausgaben vergleichen. Hierfür können Sie auch die Zahlen aus der Buchhaltung bzw. aus den Saldenlisten heranziehen. Größere Abweichungen können auch auf Fehler in der Buchhaltung hinweisen!

VIII. Forschung und Entwicklung

Forschung und Entwicklung (kurz F&E) sind zwei Begriffe, die oft zusammen genannt werden, aber eigentlich nicht viel miteinander zu tun haben. Forschung ist das, was man macht, wenn man neugierig ist und etwas herausfinden will. Entwicklung ist das, was man macht, wenn man Geld verdienen und etwas verkaufen will. In diesem Kapitel werden wir uns mit beiden Aspekten beschäftigen und zeigen, wie sie sich gegenseitig beeinflussen können.

Forschung und Entwicklung sind wesentliche Bestandteile des Innovationsprozesses, da sie dazu beitragen, dass Unternehmen wettbewerbsfähig bleiben. Dabei geht es nicht nur um die Erfindung neuer Produkte, sondern auch um die Verbesserung von bestehenden Produkten oder die Optimierung von Produktionsprozessen.

Forschung kann dabei auf unterschiedlichen Gebieten stattfinden, wie zum Beispiel in den Naturwissenschaften, der Technologie oder auch den Sozialwissenschaften. Es geht darum, neues Wissen und Erkenntnisse zu gewinnen, um darauf aufbauend innovative Produkte oder Prozesse entwickeln zu können.

Die Entwicklung ist dann der nächste Schritt. Hierbei geht es darum, die gewonnenen Erkenntnisse in die Praxis umzusetzen und neue Produkte oder Prozesse zu kreieren. Es ist wichtig, dabei auch die Bedürfnisse und Wünsche der Kunden im Blick zu behalten, um innovative Lösungen zu entwickeln, die einen Mehrwert bieten und sich am Markt durchsetzen können.

Forschung und Entwicklung sind wesentliche Treiber für Innovationen und Wettbewerbsfähigkeit in vielen Branchen. Doch F&E ist auch mit Herausforderungen und Risiken verbunden, die sorgfältig analysiert und bewältigt werden müssen. Zu diesen Herausforderungen und Risiken gehören unter anderem:

- Ethische Fragen: F&E kann zu neuen Erkenntnissen und Anwendungen führen, die ethische Dilemmas oder Konflikte mit bestehenden Werten und Normen aufwerfen. Zum Beispiel können Fragen der Privatsphäre, des

Datenschutzes, der Menschenwürde oder der Nachhaltigkeit betroffen sein. F&E muss daher ethische Prinzipien und Normen berücksichtigen und einen verantwortungsvollen Umgang mit den Ergebnissen sicherstellen.

- Rechtliche Probleme: F&E kann zu neuen Produkten oder Verfahren führen, die rechtlich geschützt oder reguliert werden müssen. Zum Beispiel können Fragen des Patentrechts, des Haftungsrechts, des Vertragsrechts oder des Umweltrechts relevant sein. F&E muss daher die rechtlichen Rahmenbedingungen kennen und einhalten, um mögliche Rechtsstreitigkeiten oder Sanktionen zu vermeiden.

- Technische Schwierigkeiten: F&E ist ein komplexer und unsicherer Prozess, der technische Herausforderungen und Hindernisse mit sich bringt. Zum Beispiel können Fragen der Machbarkeit, der Zuverlässigkeit, der Sicherheit oder der Qualität auftreten. F&E muss daher hohe Anforderungen an die Planung, Organisation, Durchführung und Kontrolle der F&E-Aktivitäten stellen, um mögliche Fehler oder Verzögerungen zu minimieren.

Um erfolgreich in Forschung und Entwicklung zu investieren, gibt es in Deutschland auch steuerliche Möglichkeiten wie beispielsweise die Forschungszulage oder den Forschungsfreibetrag. Auch in Österreich gibt es steuerliche Anreize und Förderungen, Details dazu finden Sie auf der Website der Wirtschaftskammer Österreich (WKÖ). Unternehmen sollten diese Möglichkeiten nutzen, um die finanzielle Belastung zu reduzieren und somit auch langfristig wettbewerbsfähig zu bleiben.

Ein anschauliches Beispiel für Forschung und Entwicklung ist die Entwicklung von Impfstoffen gegen COVID-19. Die Forschung begann kurz nach der Entdeckung des neuen Coronavirus im Dezember 2019. Die Entwicklung umfasste mehrere Phasen, darunter die Prüfung der Sicherheit und Wirksamkeit der Impfstoffe an Tieren und Menschen. Dieser Prozess dauert normalerweise mehrere Jahre, wurde aber bei COVID-19 beschleunigt. Zunächst musste der Erreger, in diesem Fall das Coronavirus SARS-CoV-2, identifiziert und charakterisiert werden. Dazu wurde seine Erbinformation entschlüsselt und seine Struktur analysiert. Im nächsten Schritt galt es herauszufinden, welche Bestandteile des Erregers geeignet sind, eine Immunantwort auszulösen. Diese Bestandteile werden Antigene genannt. Anschließend wurden Impfstoffkandidaten entwickelt, die auf verschiedenen Technologien wie mRNA, Vektorviren oder Proteinen basieren können. Diese wurden zunächst in der so genannten präklinischen Entwicklung im Labor und in Tierversuchen getestet. Danach folgte die klinische Entwicklung, in der die Impfstoffe in drei Phasen zunächst an wenigen, später an mehreren tausend Probanden auf Wirksamkeit und Sicherheit getestet wurden. Damit der Impfstoff zugelassen werden konnte, mussten im Rahmen des Zulassungsverfahrens Qualität, Wirksamkeit und Sicherheit (Unbedenklichkeit) nachgewiesen werden. Der Nutzen musste die Risiken bei weitem überwiegen, um zugelassen zu werden. In Europa wird dieser Prozess von der Europäischen Zulassungsbehörde EMA (European Medicines Agency) koordiniert und von den nationalen Arzneimittelbehörden der EU-Mitgliedstaaten bewertet.

IX. Digitalisierung

Die Digitalisierung in Unternehmen hat sich in den letzten Jahrzehnten rasant entwickelt. Die ersten Computer wurden in den 1950er Jahren in Unternehmen eingesetzt. Sie wurden vor allem für administrative Aufgaben wie Buchhaltung und Rechnungswesen eingesetzt. In den 1980er Jahren begann die Ära der Personalcomputer. Diese Computer wurden für eine Vielzahl von Aufgaben eingesetzt, darunter Textverarbeitung, Tabellenkalkulation, Grafikdesign und Videobearbeitung. In den 1990er Jahren wurde das Internet für Unternehmen immer wichtiger. Unternehmen begannen, das Internet für E-Mail, Web-Auftritte und Online-Shops zu nutzen. Heute nutzen Unternehmen eine Vielzahl von Technologien, um ihre Geschäftsprozesse zu verbessern, ihre Kunden besser zu verstehen und neue Produkte und Dienstleistungen zu entwickeln. Die COVID-19-Pandemie hat die Digitalisierung in Unternehmen weltweit massiv beschleunigt. Neue Technologien wie Cloud Computing, künstliche Intelligenz und virtuelle Zusammenarbeit wurden schnell zu unverzichtbaren Werkzeugen, da viele Unternehmen gezwungen waren, auf Telearbeit umzustellen und physische Geschäftsmodelle in digitale umzuwandeln.

Auch die Einführung von digitalen Bezahlmethoden und Online-Plattformen wurde forciert und hat in vielen Fällen zu einem Anstieg des Online-Handels geführt. Trotz der Schwierigkeiten, die die Pandemie mit sich brachte, haben viele Unternehmen durch die Digitalisierung auch neue Möglichkeiten und Geschäftsfelder erschlossen. Neue technologische Entwicklungen und Trends können dabei helfen, Prozesse zu optimieren, Kosten zu senken und die Effizienz zu steigern. Gleichzeitig können Unternehmen, die nicht mit der neuesten Technologie Schritt halten, schnell ins Hintertreffen geraten. In der Geschäftsführung bedeutet die Nutzung von Technologie oft den Einsatz von Software und digitalen Tools zur Automatisierung von Geschäftsprozessen und zur Unterstützung von Entscheidungsprozessen. CRM-Systeme, Projektmanagement-Tools, Online-Marketing-Plattformen und Business Intelligence-Software sind nur einige Beispiele für Technologien, die in vielen Unternehmen eingesetzt werden. Eine absolute Mindestanforderung ist heutzutage die elektronische Ablage sämtlicher Unterlagen. Dazu zählen Verträge genauso wie Buchhaltungs-Unterlagen (Rechnungen, Kontoauszüge) und Visitenkarten mit Zusatzinformation wie „wo und wann erhalten" und „worüber gesprochen".

Ein weiterer wichtiger Bereich ist die Digitalisierung von Produkten und Dienstleistungen. Viele Unternehmen sehen hier ein großes Potenzial, um neue Kunden zu gewinnen und ihre bestehenden Kundenbeziehungen zu stärken. Die Umstellung auf eine digitale Strategie erfordert jedoch oft eine grundlegende Veränderung der Geschäftsmodelle und -prozesse.

Ein weiterer Trend, der die Geschäftsführung beeinflusst, ist die Nutzung von künstlicher Intelligenz und Machine Learning. Diese Technologien ermöglichen es Unternehmen, große Datenmengen zu analysieren und fundierte Entscheidungen zu treffen. Ein Beispiel ist die Verwendung von Predictive Analytics zur Vorhersage von Trends und Verhaltensweisen von Kunden.

Insgesamt ist es für Unternehmen in der heutigen Zeit unerlässlich, sich mit neuen Technologien auseinanderzusetzen und diese in ihre Geschäftsprozesse zu integrieren, um wettbewerbsfähig zu bleiben und erfolgreich zu wachsen. Diese Trends werden uns in den kommenden Jahren jedenfalls beschäftigen:

1. Künstliche Intelligenz (KI) und maschinelles Lernen. Dabei handelt es sich um Systeme, die ohne explizite Programmierung lernen und mit ihrer Umwelt agieren können.

2. Internet der Dinge (IoT). IoT beschreibt die Vernetzung von physischen Geräten, Fahrzeugen, Gebäuden und anderen Objekten durch das Internet. Dazu zählen intelligente Geräte im Haushalt ebenso wie Industriemaschinen und Sensoren in Landwirtschaft und Logistik.

3. Cloud-Computing. Cloud-Computing ist eine Technologie, bei der IT-Ressourcen (wie beispielsweise Server, Speicher oder Anwendungen) über das Internet bereitgestellt werden.

4. Cyber-Sicherheit. Cybersicherheit ist die Praxis des Schutzes von Computersystemen, Netzwerken und Daten vor unbefugtem Zugriff, Verwendung, Offenlegung, Veränderung oder Zerstörung.

5. 5G-Netze. Dies ist die fünfte Generation von Mobilfunknetzen, die wesentlich schnellere Datenübertragungsraten und geringere Latenzzeiten bietet. 5G ermöglicht neue Anwendungen wie Virtual und Augmented Reality, autonomes Fahren und das Internet der Dinge.

Diese Trends werden die Geschäftsführung vor Herausforderungen stellen, aber auch neue Chancen und Möglichkeiten bieten, um ihr Geschäft zu optimieren und weiterzuentwickeln.

E-Mails effizient nutzen

E-Mail ist eine kostengünstige und effiziente Möglichkeit, mit anderen über das Internet zu kommunizieren. Sowohl Unternehmen als auch Einzelpersonen können E-Mail nutzen, um wichtige Informationen zu übermitteln. Wenn Sie E-Mails effizient nutzen, können Sie schnell und prägnant mit Teams kommunizieren und Unternehmensinhalte einfach an Ihre Kunden und Kontakte verteilen.

Hier sind einige Tipps für effizientes Lesen von E-Mails:

1. Vermeiden Sie Multitasking: Lesen Sie E-Mails nicht während Sie andere Aufgaben erledigen, um Ablenkungen zu vermeiden und Ihre Konzentration zu erhöhen.

2. Planen Sie Zeit für E-Mails ein: Planen Sie bestimmte Zeiten für das Lesen und Beantworten von E-Mails ein, anstatt sie den ganzen Tag über zu überwachen.

3. Stellen Sie Klingeltöne, Pop-up Fenster und Benachrichtigungen ab (das gilt auch für die sozialen Medien am Handy)

4. Priorisieren Sie Ihre E-Mails: Lesen Sie zuerst die E-Mails, die am wichtigsten sind oder eine schnelle Antwort erfordern.

5. Scannen Sie die E-Mail schnell: Überfliegen Sie die E-Mail, um schnell zu verstehen, worum es geht. Konzentrieren Sie sich auf die wichtigsten Informationen wie Betreff, Absender und Schlüsselwörter im Text.

6. Verwenden Sie Filter und Ordner: Nutzen Sie Filter und Ordner, um E-Mails zu sortieren und Prioritäten zu setzen. Legen Sie beispielsweise Ordner für wichtige E-Mails, Newsletter und Spam an.

7. Löschen Sie unnötige E-Mails: Löschen Sie E-Mails, die nicht wichtig sind, um Ihren Posteingang übersichtlicher zu gestalten.

8. Verwenden Sie Tools zur Automatisierung: Nutzen Sie Tools zur Automatisierung wie Autoresponder und Kalenderintegrationen, um Zeit zu sparen und die Effizienz zu steigern.

9. Verwenden Sie Tastaturkürzel: Nutzen Sie Shortcuts und Tastenkombinationen, um schneller durch Ihre E-Mails zu navigieren und Aufgaben zu erledigen.

10. Stellen Sie den Abwesenheitsassistenten für Ihren E-Mail-Posteingang ein, während Sie in den Urlaub fahren. Informieren Sie darin über Ihre Vertretung oder wann und wie man Sie im Notfall erreichen kann.

Wenn Sie diese Tipps befolgen, können Sie Ihre E-Mails effizienter und effektiver nutzen. So können Sie Zeit sparen, organisiert bleiben und effektiver mit anderen kommunizieren.

IT-Management

Das IT-Management stellt sicher, dass die für Ihr Unternehmen wichtigen Technologien sicher und leistungsfähig sind. Es umfasst verschiedene Aufgaben, einschließlich der Planung und Umsetzung von IT-Strategien, der Überwachung und Wartung der IT-Systeme, der Gewährleistung der IT-Sicherheit und des Datenschutzes, der Unterstützung der Mitarbeiter bei der Nutzung von IT-Tools und -Anwendungen und der Sicherstellung der Einhaltung von IT-Compliance-Anforderungen.

In kleineren Unternehmen kann das IT-Management oft von einem oder wenigen Mitarbeitern übernommen werden, die sich um die IT-Infrastruktur und -Systeme des Unternehmens kümmern. Wenn das Unternehmen jedoch stark wächst oder die IT-Systeme sehr komplex werden, kann es sinnvoll sein, einen dedizierten IT-Manager einzustellen oder eine IT-Abteilung aufzubauen. Auch IT-Dienstleistungen von externen Anbietern können heutzutage relativ problemlos in Anspruch genommen werden, um die IT-Infrastruktur zu verwalten und die IT-Systeme zu warten.

Eine der wichtigsten Aufgaben des IT-Managements ist die Entwicklung einer umfassenden IT-Strategie, die die Geschäftsziele und -anforderungen des Unternehmens berücksichtigt. Dies umfasst die Auswahl der richtigen IT-Infrastruktur, -Systeme und -Anwendungen sowie die Implementierung von Maßnahmen zur Verbesserung der IT-Sicherheit und des Datenschutzes.

Eine weitere wichtige Aufgabe ist die Überwachung und Wartung der IT-Systeme. Dies umfasst die Verwaltung von Hardware und Software, die Behebung von technischen Problemen und die Durchführung von Upgrades und Updates, um sicherzustellen, dass die IT-Systeme des Unternehmens reibungslos funktionieren.

Ein weiterer wichtiger Aspekt des IT-Managements ist die Gewährleistung der IT-Sicherheit und des Datenschutzes. Dies umfasst die Implementierung von Sicherheitsmaßnahmen wie Firewalls, Verschlüsselung und Zugriffskontrollen sowie die Schulung der Mitarbeiter in Bezug auf IT-Sicherheit und Datenschutz.

Schließlich muss das IT-Management sicherstellen, dass das Unternehmen die IT-Compliance-Anforderungen erfüllt. Dazu gehört die Einhaltung von Datenschutzgesetzen, -verordnungen und -richtlinien sowie anderer Vorschriften, die für das Unternehmen relevant sind.

Insgesamt ist ein effektives IT-Management unerlässlich, um sicherzustellen, dass die IT-Systeme eines Unternehmens reibungslos funktionieren und die Geschäftsziele und -anforderungen erfüllen. Es ist wichtig, dass die Geschäftsführung die Bedeutung des IT-Managements erkennt und sicherstellt, dass die IT-Strategie und -Infrastruktur des Unternehmens kontinuierlich verbessert und aktualisiert werden.

Sicherheit

Mit dem russischen Angriff auf die Ukraine und der anschließenden hybriden Kriegsführung, auch im digitalen Bereich, ist die Bedrohung durch Cyberangriffe sowohl für Unternehmen als auch für Politiker zu einem Schwerpunktthema geworden. Die Bedrohungssituation ist jedoch auch unabhängig von konkreten geopolitischen Ereignissen hoch. Es gehört zu Ihren Aufgaben als Geschäftsführer, ein Bewusstsein für die Sicherheitsrisiken im Zusammenhang mit der Digitalisierung zu haben und geeignete Maßnahmen zu ergreifen, um diese Risiken zu minimieren und das Unternehmen vor Schaden zu bewahren. Implementieren Sie in Ihrer IT-Infrastruktur geeignete Sicherheitsmaßnahmen wie eine starke Authentifizierung, Verschlüsselung und regelmäßige Backups, um die Daten des Unternehmens zu schützen.

Die zunehmende Nutzung von mobilen Geräten ermöglicht eine flexible Arbeitsweise im Geschäftsalltag. Sie kann aber auch zu einem erhöhten Risiko von Datenverlusten führen. Es ist daher wichtig, geeignete Maßnahmen wie Passwortschutz, Fernlöschung und Verschlüsselung zu implementieren, um die Daten auf diesen Geräten zu schützen.

Darüber hinaus sollten Sie bei der Digitalisierung auch darauf achten, dass die verwendeten Technologien den geltenden Datenschutzrichtlinien entsprechen und die Privatsphäre der Kunden respektieren. Ein Beispiel hierfür ist die Datenschutz-Grundverordnung (DSGVO) der Europäischen Union, die Unternehmen dazu verpflichtet, personenbezogene Daten auf sichere Weise zu speichern und zu verarbeiten.

Stellen Sie sicher, dass nur autorisierte Benutzer auf sensible Daten zugreifen können, um Datenmissbrauch und Datenschutzverletzungen zu vermeiden. Eine ordnungsgemäße Dokumentation der Benutzerberechtigungen kann auch dazu beitragen, interne Audits und Compliance-Prüfungen zu erleichtern.

Wie kostspielig das Fehlen angemessener Sicherheitsmaßnahmen sein kann, zeigt das Beispiel des Bundeslandes Kärnten (Österreich) aus dem Jahr 2022. Am 24. Mai 2022 wurde das Computersystem des österreichischen Bundeslandes Kärnten durch einen Hackerangriff lahmgelegt, was zu einer weitreichenden Störung der öffentlichen Dienste führte, einschließlich des Katastrophenschutzes, der Straßenverkehrsüberwachung und des öffentlichen Nahverkehrs. Die direkten und indirekten Kosten des Angriffs, einschließlich der Kosten für die Wiederherstellung und Verbesserung der Sicherheitssysteme, werden auf mehrere Millionen Euro geschätzt.

X. Innovation

Innovation kann dazu beitragen, sich von anderen abzuheben und in Zeiten von Unsicherheiten und Widrigkeiten relevant zu bleiben. Innovation hilft Unternehmen auch, sich an Veränderungen anzupassen und ihr Wachstum zu fördern.

Als Geschäftsführer ist es für Ihren Erfolg entscheidend, Innovationen zu fördern und voranzutreiben, indem Sie neue Produkte und Dienstleistungen entwickeln und neue Geschäftsmöglichkeiten erschließen. Innovative Ansätze und Ideen helfen Unternehmen, wettbewerbsfähig zu bleiben und sich schnell an veränderte Marktbedingungen anzupassen.

Ein innovatives Unternehmen kann sich von der Konkurrenz abheben, indem es Produkte und Dienstleistungen anbietet, die anders und besser sind als das, was bereits auf dem Markt erhältlich ist. Bleiben Sie immer auf dem neuesten Stand, was die aktuellen Trends und Entwicklungen in Ihrer Branche betrifft. Durch die Identifizierung von Trends können Sie mögliche neue Geschäftsmöglichkeiten erkennen und neue Technologien können Ihnen helfen, Ihre Geschäftsprozesse zu optimieren.

Innovation ermöglicht es Unternehmen auch, Geschäftsprozesse und Technologien zu optimieren, um Effizienzsteigerungen und Kosteneinsparungen zu erzielen.

Durch eine enge Zusammenarbeit mit den Kunden kann ein Unternehmen auch deren Bedürfnisse und Wünsche besser verstehen und darauf eingehen. Es kann Produkte und Dienstleistungen entwickeln, die auf die Bedürfnisse und Wünsche der Kunden zugeschnitten sind, wodurch langfristige Kundenbeziehungen aufgebaut und die Kundenzufriedenheit gesteigert werden können. Innovation entsteht oft durch den Austausch von Ideen und Zusammenarbeit. Fördern Sie daher eine Kultur der Zusammenarbeit und des Austauschs nicht nur innerhalb Ihres Unternehmens, sondern auch mit Ihren Kunden.

Innovation kann auch die Motivation und das Engagement der Mitarbeiter steigern. Ein innovatives Unternehmen bietet eine Umgebung, in der Mitarbeiter kreativ sein und sich entwickeln können, was zu einer höheren Mitarbeiterzufriedenheit und -motivation führen kann. Schaffen Sie ein Umfeld, das Kreativität, offene Kommunikation und Experimentierfreude fördert. Es ist wichtig, dass Mitarbeiter das Gefühl haben, dass ihre Ideen und Vorschläge geschätzt und unterstützt werden. Sie können dies erreichen, indem Sie regelmäßig Innovationsworkshops und Brainstorming-Sitzungen organisieren und die Mitarbeiter ermutigen, neue Ideen einzubringen.

Allerdings beinhaltet Innovation oft Risiken und Ungewissheiten. Als Geschäftsführer sollten Sie bereit sein, Risiken einzugehen und auch Fehlschläge zu akzeptieren. Fehlschläge können auch wertvolle Lernerfahrungen sein, die Sie bei zukünftigen Innovationen nutzen können.

XI. Kommunikation

Ob es darum geht, Kunden zu gewinnen, Mitarbeiter zu motivieren, Investoren zu überzeugen oder Partner zu finden, eine gute Kommunikation kann den Unterschied zwischen Erfolg und Misserfolg ausmachen. Aber was macht eine gute Kommunikation aus? Wie kann man seine Botschaft klar und überzeugend vermitteln? Und wie kann man die Kommunikation in verschiedenen Situationen und Medien anpassen? In diesem Kapitel werde ich Ihnen einige Tipps und Tricks für eine effektive Kommunikation vorstellen. Wir werden uns anschauen, wie man seine Körpersprache richtig einsetzt, Networking betreibt, mit Konflikten umgeht und was bei schriftlicher Kommunikation zu beachten ist.

Kommunikation ist die Kunst, die richtigen Worte zur richtigen Zeit am richtigen Ort zu finden. Als Geschäftsführer sollten Sie effektiv mit internen und externen Stakeholdern des Unternehmens kommunizieren. Eine effektive Kommunikation kann dazu beitragen, dass Geschäftsziele erreicht werden, während eine schlechte Kommunikation zu Missverständnissen, Fehlern und sogar zum Verlust von Geschäftsbeziehungen führen kann.

Es gibt verschiedene Arten der Geschäftskommunikation, einschließlich mündlicher, schriftlicher und nonverbaler Kommunikation. Eine effektive Kommunikation erfordert, dass die Botschaft klar und präzise übermittelt wird, so dass der Empfänger sie richtig versteht. Eine klare und präzise Kommunikation erfordert auch eine gute Vorbereitung, sowie die Verwendung geeigneter Technologien und Werkzeuge, um die Kommunikation effektiver zu gestalten.

Zu den wichtigsten Fähigkeiten in der Geschäftskommunikation gehören das Zuhören, das Verständnis der kulturellen Unterschiede und der Umgang mit Konflikten. Es ist auch wichtig, Feedback zu geben und Feedback anzunehmen, um sicherzustellen, dass die Kommunikation effektiv ist und alle Beteiligten zufrieden sind.

Kommen Sie nicht nur pünktlich zu Ihren Terminen, sondern seien Sie sogar ein paar Minuten früher da. Das zeigt Engagement und Wertschätzung gegenüber dem Kunden. Sollten Sie es dennoch nicht rechtzeitig schaffen, informieren Sie Ihren Gesprächspartner im Voraus, dass Sie sich um einige Minuten verspäten werden (mehr sollte es auch wirklich nicht werden!). Auch Ihr äußeres Erscheinungsbild spielt eine wichtige Rolle. Achten Sie darauf, gepflegt und angemessen gekleidet zu sein, um Professionalität und Respekt auszustrahlen.

Zeigen Sie gute Umgangsformen und seien Sie freundlich, motiviert und begeisterungsfähig. Zeigen Sie echtes Interesse an Ihrem Kunden und hören Sie aktiv zu. Eine klare und positive Ausdrucks- und Kommunikationsfähigkeit sowie ein selbstbewusstes und natürliches Auftreten sind ebenfalls von Bedeutung.

Schaffen Sie eine Atmosphäre, die den Kunden begeistert und ihn in den Bann zieht, indem Sie etwa eine gehobene Sprache verwenden und mit Metaphern oder bildhaften Beschreibungen arbeiten.

Letztendlich kommt es darauf an, eine emotionale Bindung zum Kunden aufzubauen und ihn von Ihrem Unternehmen und Ihren Leistungen zu überzeugen. Seien Sie daher authentisch, einfühlsam und zeigen Sie Eigeninitiative. Mit einer positiven Ausstrahlung und einem professionellen Auftreten können Sie im Kundenkontakt einen bleibenden Eindruck hinterlassen.

Die Macht der Körpersprache

Körpersprache ist eine Form der nonverbalen Kommunikation, die durch Gesten, Mimik, Haltung und Körperkontakt zum Ausdruck kommt. Sie kann verwendet werden, um Emotionen zu vermitteln, Beziehungen aufzubauen, Konflikte zu lösen und Überzeugungskraft zu erlangen. Es wird oft gesagt, dass unsere Körpersprache lauter spricht als unsere Worte. Sie kann bis zu 93 % der gesamten Kommunikation ausmachen. Das liegt daran, dass Menschen in der Regel intuitiv die Körpersprache anderer Menschen lesen und interpretieren. Das ist insbesondere im Geschäftsleben wichtig, wo eine falsche Geste oder ein unangebrachter Tonfall eine wichtige Geschäftsbeziehung zerstören kann.

Hier sind einige Tipps, wie Sie Ihre Körpersprache nutzen können, um erfolgreicher zu sein.

1. Augenkontakt: Augenkontakt ist einer der wichtigsten Aspekte der Körpersprache. Wenn Sie mit jemandem sprechen, sollten Sie ihn oder sie direkt ansehen, um Vertrauen und Glaubwürdigkeit zu vermitteln.

2. Körperhaltung: Eine aufrechte und selbstbewusste Körperhaltung kann Ihnen helfen, in Verhandlungen und Besprechungen sicher und kompetent zu wirken. Stellen Sie sich gerade hin, halten Sie Ihre Schultern zurück und zeigen Sie eine offene Körperhaltung, um Vertrauen und Respekt auszustrahlen.

3. Gesten: Ihre Gesten können viel über Ihre Gedanken und Gefühle aussagen. Vermeiden Sie nervöse oder unsichere Gesten wie das Herumspielen mit Stiften oder das Zupfen an der Kleidung. Verwenden Sie stattdessen gezielte und selbstbewusste Gesten, um Ihre Worte zu unterstützen.

4. Tonfall: Auch der Tonfall Ihrer Stimme kann viel über Ihre Haltung und Gefühle aussagen. Vermeiden Sie monotones oder leises Sprechen, um sicherzustellen, dass Sie gehört werden. Achten Sie auch darauf, dass Sie nicht zu laut oder aggressiv wirken.

Wenn Sie lernen, Ihre Körpersprache bewusst einzusetzen, können Sie in Verhandlungen, Besprechungen und anderen Situationen erfolgreicher und überzeugender auftreten. Außerdem können Sie Konflikte vermeiden und Beziehungen zu anderen Menschen aufbauen. Nutzen Sie diese Tipps, um Ihre Körpersprache zu verbessern und erfolgreichere Geschäftsbeziehungen einzugehen.

Sprachformulierung

Sprachformulierung ist die Kunst, einen Satz oder eine Aussage so zu formulieren, dass sie klar, verständlich und überzeugend ist. Sie ist eine Schlüsselkompetenz für den beruflichen Erfolg, da sie es ermöglicht, Ideen und Informationen effektiv zu vermitteln und zu argumentieren.

Die Geschichte der Sprachformulierung reicht bis in die Antike zurück. Die ersten Schriften über Rhetorik stammen aus dem 5. Jahrhundert v. Chr. und wurden von griechischen und römischen Philosophen wie Aristoteles und Cicero verfasst. In diesen Schriften wird Rhetorik die als Kunst der Rede definiert, die darauf abzielt, die Zuhörer zu überzeugen oder zu bewegen. In den letzten Jahrhunderten hat sich die Sprachformulierung stark weiterentwickelt. Dies ist vor allem auf die Entwicklung neuer Kommunikationstechnologien wie dem Buchdruck und das Internet zurückzuführen. Diese Technologien haben es möglich gemacht, Informationen in großem Umfang zu verbreiten und zu konsumieren. Dadurch ist die Bedeutung der Sprachformulierung als Schlüsselkompetenz für den beruflichen Erfolg weiter gestiegen.

Moderne Erkenntnisse zur Sprachformulierung beruhen auf Erkenntnissen aus der Psychologie, der Linguistik und der Kommunikationswissenschaft. Diese Erkenntnisse zeigen, dass erfolgreiche Kommunikation nicht nur von der Verwendung klarer und präziser Sprache abhängt. Vielmehr ist es auch wichtig, die Bedürfnisse und Erwartungen des Empfängers zu berücksichtigen und die Kommunikation auf eine Weise zu gestalten, die Interesse weckt und überzeugt.

Es gibt verschiedene Techniken und Ansätze, die dabei angewendet werden können. Eine Möglichkeit ist, den Spruch oder die Aussage in kurze, prägnante Sätze zu gliedern. Dadurch wird die Botschaft klarer und besser verständlich. Außerdem können bestimmte Wörter oder Phrasen verwendet werden, die die Aussage verstärken und die Aufmerksamkeit des Zuhörers oder Lesers auf sich ziehen. Hierzu können beispielsweise Metaphern, Analogien oder rhetorische Fragen eingesetzt werden.

Eine weitere wichtige Technik ist die Anpassung der Sprache an das Publikum. Je nach Zielgruppe und Kontext kann die Sprache angepasst werden, um die Botschaft besser zu vermitteln. So kann beispielsweise eine informelle und emotionale Sprache für ein junges Publikum geeignet sein, während eine formelle und sachliche Sprache für eine Geschäftskommunikation angemessener ist.

Insgesamt geht es bei der Technik der Sprachformulierung darum, die Botschaft klar, verständlich und überzeugend zu vermitteln. Dabei sollten die Bedürfnisse und Erwartungen des Publikums berücksichtigt werden, um eine erfolgreiche Kommunikation zu ermöglichen.

Und noch etwas: Vermeiden Sie Füllwörter wie „äh", „ähm", „hm" und Ähnliches, denn diese können Ihre Rede unprofessionell und unbeholfen klingen lassen. Wenn Sie zu schnell sprechen, erhöht sich die Wahrscheinlichkeit, dass Sie solche Platzhalter verwenden. Versuchen Sie, langsamer zu sprechen und sich Zeit zu nehmen, über das nachzudenken, was Sie sagen wollen. Wenn Ihnen die Worte fehlen, scheuen Sie sich nicht, eine Pause zu machen. Eine kurze Pause ist besser, als sie mit „Ähs" zu füllen. Am schnellsten finden Sie heraus, welche Füllwörter Sie verwenden, wenn Sie einen Freund oder Verwandten fragen oder sich selbst aufnehmen.

Repetition

Eine der wichtigsten Fähigkeiten im Leben ist die Fähigkeit, sich an verschiedene Situationen anzupassen und flexibel zu sein. Doch wie kann man das lernen? Eine Möglichkeit ist, sich „Repetition schafft Sicherheit" zu merken. „Repetition" bezeichnet das wiederholte Verwenden von gleichen oder ähnlichen Aussagen oder Begriffen. Das bedeutet, dass man sich einige Sprüche zurechtlegt, die man in verschiedenen Kontexten verwenden kann, aber auch anpassen kann, je nachdem, was die Situation erfordert. Zum Beispiel kann man sagen: „Ich bin froh, dass Sie mich das fragen, denn ..." oder „Das ist eine interessante Perspektive, aber haben Sie schon mal darüber nachgedacht, dass ...". Diese Sprüche helfen einem, auf spontane Fragestellungen zu reagieren und zeigen, dass man selbstbewusst und kompetent ist. Dies hilft, wenn es auf Improvisierung ankommt, zum Beispiel bei einem Vorstellungsgespräch, einer Präsentation oder einem Date.

Man kann zum Beispiel unterschiedliche Abwandlungen von Werbesprüchen nutzen, um eine spontane Frage nach einem Produkt oder einer Dienstleistung zu beantworten. Das hat den Vorteil, dass man nicht lange nachdenken muss, sondern eine kurze und prägnante Antwort parat hat. Außerdem kann man so das Interesse des Gesprächspartners wecken und seine Aufmerksamkeit auf das Angebot lenken. „Repetition schafft Sicherheit" ist also ein guter Tipp, um seine Kommunikationsfähigkeiten zu verbessern und sich in jeder Situation wohl zu fühlen.

Es kann in der Kommunikation aber auch weitere Gründe für das Wiederholen von Aussagen geben. Zum Beispiel kann durch Wiederholung eine Botschaft verstärkt und somit die Aufmerksamkeit des Zuhörers erhöht werden. Indem eine Aussage oder ein Begriff mehrmals wiederholt wird, kann diese besser im Gedächtnis des Empfängers verankert werden. Diese Technik kann beispielsweise in der Werbung oder politischen Reden verwendet werden, um die gewünschte Botschaft zu vermitteln.

Wiederholung kann überdies ein Gefühl von Vertrautheit und Kontinuität schaffen. Indem bestimmte Begriffe oder Aussagen in verschiedenen Kontexten oder über einen längeren Zeitraum hinweg immer wieder verwendet werden, können sie zu einem festen Bestandteil der Identität einer Organisation oder Marke werden.

Allerdings ist es wichtig zu beachten, dass eine übermäßige Verwendung von Wiederholungen auch dazu führen kann, dass die Aussage an Wirkung verliert oder als langweilig und eintönig empfunden wird. Es ist daher wichtig, das Ausmaß der Wiederholungen sorgfältig zu dosieren und an die jeweilige Situation und Zielgruppe anzupassen.

Smalltalk

Smalltalk mag oberflächlich und überflüssig erscheinen, kann aber eine wichtige Rolle beim Aufbau und der Pflege erfolgreicher Geschäftsbeziehungen spielen.

Ein wichtiger Aspekt von Smalltalk ist, dass er dazu beitragen kann, das Eis zu brechen und eine Verbindung zwischen den Gesprächspartnern aufzubauen. Wenn Sie zu Beginn einer Geschäftsbeziehung über gemeinsame Interessen oder persönliche Erfahrungen sprechen, kann dies das Vertrauen und die Sympathie zwischen Ihnen und Ihrem Geschäftspartner stärken.

Ein weiterer wichtiger Aspekt von Smalltalk ist, dass er dazu beitragen kann, eine positive Atmosphäre zu schaffen. Indem Sie freundlich und offen sind und sich für die Ansichten und Meinungen anderer interessieren, können Sie eine Atmosphäre der Zusammenarbeit und des gegenseitigen Respekts schaffen.

Schließlich kann Smalltalk auch dazu beitragen, wichtige Informationen zu sammeln. Indem Sie sich für die Interessen und Hobbys Ihres Geschäftspartners interessieren, können Sie wertvolle Einblicke in seine Persönlichkeit und Arbeitsweise gewinnen, die Ihnen in zukünftigen Verhandlungen oder Projekten von Nutzen sein können. Lesen Sie hierzu auch das Kapitel Aktives Zuhören! Nur wenn Sie beim Smalltalk auch aktiv zuhören, werden Sie es schaffen, sich die gesammelten Informationen in weiterer Folge auch zu merken und bei Bedarf richtig einzusetzen! Außerdem: Wenn ein potentieller Geschäftspartner bereits beim Smalltalk bemerkt, dass Sie nicht richtig zuhören, wie kann er dann von Ihnen eine effektive Problemlösung erwarten?

Wenn Sie Smalltalk erfolgreich einsetzen möchten, sollten Sie darauf achten, dass er angemessen und nicht aufdringlich ist. Stellen Sie offene Fragen und zeigen Sie echtes Interesse an den Antworten. Es gibt bestimmte Themen, die sich gut für Smalltalk eignen, wie zum Beispiel Freizeitaktivitäten, Familie, Urlaub, Essen, Kultur, Kunst, Sport oder das Wetter. Diese Themen können oft dazu beitragen, Gemeinsamkeiten zu finden und interessante Gespräche zu führen. Gelegentliche Komplimente können ebenfalls ein angenehmer Bestandteil von Smalltalk sein.

Wenn man jedoch ein Kompliment macht, sollte es ernst gemeint und für andere nachvollziehbar sein. Vermeiden Sie Themen wie Religion, Politik, Krankheit, Rassismus oder Witze darüber, und achten Sie darauf, die kulturellen Unterschiede zwischen sich und Ihrem Geschäftspartner zu respektieren.

Aktives Zuhören

Zuhören wird in der Kommunikation immer wieder vergessen! Eine effektive Kommunikation erfordert jedoch nicht nur das Senden von klaren und präzisen Nachrichten, sondern auch das Zuhören und Verstehen der Nachrichten, die von anderen Personen gesendet werden. Wenn Sie nicht aktiv zuhören, kann dies zu Missverständnissen, Fehlern und Frustration führen. Durch aktives Zuhören können Sie die Bedürfnisse, Erwartungen und Perspektiven anderer verstehen und somit eine bessere Zusammenarbeit erreichen. Das Zuhören ermöglicht es auch, Feedback und Kritik zu akzeptieren und darauf zu reagieren, was letztendlich dazu beitragen kann, dass Sie sich als Person und als Organisation verbessern.

In einigen Fällen kann es auch außerordentlich peinlich sein, wenn man nicht aufmerksam zugehört hat, insbesondere wenn es um persönliche oder sensible Informationen geht. In solchen Situationen kann das Fehlen von Empathie oder mangelndes Interesse die andere Person verletzen oder irritieren. Sehr schnell kann so bei einem Gespräch mit potentiellen Kunden der Eindruck von Desinteresse und Inkompetenz entstehen. Ich persönlich werde fuchsteufelswild, wenn mein Gegenüber mir nicht richtig zuhört und mir daraufhin die falschen Fragen stellt oder falsche Handlungen setzt. Wenn ich zum Beispiel einem Geschäftspartner sage, dass ich Vegetarier bin, dann erwarte ich von ihm, dass er mir <u>nicht</u> zwei Minuten später ein Wiener Schnitzel anbietet oder sogar ungefragt bestellt.

Umgang mit Konflikten

Konflikte sind ein fester Bestandteil des Geschäftslebens. Sie können zwischen Mitarbeitern, zwischen Abteilungen oder sogar zwischen Unternehmen auftreten. Konflikte können zu einer Vielzahl von Problemen führen, wie zu einer verminderten Produktivität, zu einer schlechten Arbeitsmoral und sogar zu einem Verlust von Kunden.

Es gibt viele verschiedene Methoden, um mit Konflikten umzugehen. Einige Methoden sind eher traditionell, während andere moderner sind.

Eine traditionelle Methode zur Konfliktlösung ist die Mediation. Bei einer Mediation wird ein neutraler Dritter hinzugezogen, der den Konfliktparteien hilft, eine Lösung zu finden, die für beide Seiten akzeptabel ist.

Eine modernere Methode zur Konfliktlösung ist die Verhandlung. Bei einer Verhandlung versuchen die Konfliktparteien selbst, eine Lösung zu finden, die für beide Seiten vorteilhaft ist.

Die beste Methode zur Konfliktlösung hängt von der jeweiligen Situation ab. In einigen Fällen kann eine Mediation die beste Lösung sein, während in anderen Fällen eine Verhandlung die bessere Option ist.

Konflikte und Meinungsverschiedenheiten können in Geschäftssituationen auch schnell zu persönlichen Angriffen führen. Hier sind einige Punkte zu beachten, um angemessen zu reagieren:

1. Ruhe bewahren: Es ist wichtig, ruhig und besonnen zu bleiben und nicht impulsiv zu reagieren. Eine schnelle und unüberlegte Reaktion kann schnell zu einem unkontrollierbaren Konflikt führen.

2. Klarstellen und zurückweisen: Eine klare und ruhige Antwort auf einen Angriff kann dazu beitragen, Missverständnisse zu beseitigen und den Respekt der Zuhörer zu gewinnen. Es ist wichtig, den Angriff nicht zu ignorieren, sondern darauf zu reagieren, um falsche Aussagen zu korrigieren und Missverständnisse auszuräumen.

3. Auf das eigentliche Thema konzentrieren: Es ist wichtig, den Fokus auf das eigentliche Thema zu richten und sich nicht von persönlichen Angriffen ablenken zu lassen. Eine klare und sachliche Kommunikation kann dazu beitragen, den Dialog offen und konstruktiv zu gestalten und so eine Lösung zu finden.

4. Eine Win-Win-Lösung suchen: Eine konstruktive Herangehensweise ist es, nach einer Win-Win-Lösung zu suchen, bei der beide Seiten ihre Bedürfnisse erfüllen können. Eine Kompromissbereitschaft und ein offenes Gespräch können dazu beitragen, eine Lösung zu finden, die für alle Beteiligten akzeptabel ist.

Es ist wichtig, mit Angriffen immer professionell und konstruktiv umzugehen. Eine klare und ruhige Antwort auf einen Angriff kann dazu beitragen, Missverständnisse auszuräumen und den Respekt der Zuhörer zu gewinnen. Es ist wichtig, sich daran zu erinnern, dass Konflikte nicht immer negativ sein müssen. Konflikte können auch zu einer Verbesserung der Kommunikation und Zusammenarbeit führen. Wenn Konflikte konstruktiv ausgetragen werden, können sie sogar zu einer Steigerung der Produktivität und Innovation führen.

Die Kunst der Schlagfertigkeit

Wir haben alle schon mal in einer Situation gesteckt, in der uns die Worte fehlten. Vielleicht haben Sie in einem Meeting versucht, eine Idee zu präsentieren, aber Ihre Worte kamen nicht so rüber, wie Sie es beabsichtigt hatten. Oder vielleicht haben Sie mit einem Kunden gesprochen und er hat Sie mit einer unerwarteten Frage überrascht, auf die Sie nicht vorbereitet waren. In beiden Fällen kann Schlagfertigkeit der Schlüssel zum Erfolg sein.

Hier sind einige Tipps, wie Sie Ihre Schlagfertigkeit im Geschäftsleben verbessern können.

1. Zuhören: Das Zuhören ist eine der wichtigsten Fähigkeiten in der Kommunikation – ich kann es nicht genug betonen. Vergewissern Sie sich, dass Sie die Worte Ihres Gegenübers wirklich gehört und verstanden haben, bevor Sie antworten. Nur so können Sie sicherstellen, dass Sie auf den Punkt kommen und angemessen reagieren.

2. Planung: Ein weiterer wichtiger Faktor für Schlagfertigkeit ist die Planung. Bevor Sie in ein Gespräch gehen oder eine Präsentation halten, sollten Sie sich überlegen, welche Fragen oder Einwände aufkommen könnten und wie Sie darauf reagieren werden. Wenn Sie vorbereitet sind, sind Sie selbstsicherer und erfolgreicher.

3. Humor: Humor kann ein wirksames Mittel sein, um schwierige Situationen im Geschäftsleben zu lösen. Eine kluge Bemerkung oder ein Witz zur richtigen Zeit kann dazu beitragen, eine angespannte Situation aufzulockern und das Eis zu brechen.

4. Klarheit: Klarheit ist der Schlüssel zu erfolgreicher Kommunikation. Achten Sie darauf, sich klar und prägnant auszudrücken und Ihre Ideen auf den Punkt zu bringen. Wenn Sie verworrene oder unklare Botschaften übermitteln, kann dies zu Missverständnissen und Konflikten führen.

Schlagfertigkeit im Geschäftsleben kann entscheidend für den Erfolg sein. Wenn Sie die Kunst der Schlagfertigkeit beherrschen, können Sie Ihre Kommunikation verbessern und erfolgreichere Geschäftsbeziehungen aufbauen. Es gibt viele verschiedene Möglichkeiten, Schlagfertigkeit zu trainieren. Eine Möglichkeit ist, sich mit anderen Menschen zu unterhalten und dabei darauf zu achten, wie man schnell und clever reagiert. Eine andere Möglichkeit ist, sich mit Literatur zu beschäftigen, die sich mit der Kunst der Rhetorik beschäftigt.

Nutzen Sie diese Tipps, um Ihre Schlagfertigkeit zu verbessern und ein erfolgreicher Geschäftsmann oder eine erfolgreiche Geschäftsfrau zu werden.

Networking

Beim Networking geht es darum, Kontakte zu knüpfen, Beziehungen aufzubauen und letztendlich neue Geschäftsmöglichkeiten zu generieren. Und das Beste daran: es kann sogar richtig unterhaltsam sein! Doch Vorsicht, denn Networking ist nicht einfach nur ein lockeres Smalltalk-Gespräch bei einem Glas Champagner. Es erfordert taktisches Vorgehen, klare Ziele und eine gehörige Portion Selbstbewusstsein. Sie müssen Ihre Persönlichkeit zum Strahlen bringen und mit einer gesunden Portion Charme und Ausstrahlung auf Ihre Gesprächspartner zugehen. Aber das allein reicht nicht aus, denn Networking ist auch ein Geben und Nehmen. Nur wer bereit ist, seinen Kontakten auch etwas zu bieten, wird langfristig erfolgreich sein.

Und was ist mit den richtigen Events, Messen und Konferenzen? Nutzen Sie diese Gelegenheiten, um mit Gleichgesinnten ins Gespräch zu kommen. Aber es geht nicht nur um den Moment. Netzwerken ist wie eine Pflanze, die gepflegt werden muss. Pflegen Sie Ihre Kontakte regelmäßig, halten Sie Kontakt und vermitteln Sie auch anderen Kontakte. Denn Networking ist nicht nur eine Einbahnstraße, sondern ein Netzwerk, in dem jeder von jedem profitieren kann.

Was aber, wenn Sie auf einer wichtigen Geschäftsveranstaltung plötzlich allein dastehen, ohne Kontakte und ohne Gesprächspartner? Am besten atmen Sie tief durch, richten Ihren Kragen und gehen mit entschlossenen Schritten auf eine Gruppe von Personen zu. Sie stellen sich höflich vor, zeigen Interesse an ihrem Geschäft und schon bald kommen Sie ins Gespräch. Versuchen Sie, Gemeinsamkeiten zu finden, die Sie mit den anderen Personen teilen, um eine Basis für ein Gespräch zu schaffen. Wenn Sie während des Events Kontakte geknüpft haben, können Sie sie später auf sozialen Medien hinzufügen und in Kontakt bleiben. Machen Sie sich bewusst, dass alle anderen Teilnehmer ebenfalls gekommen sind, um zu netzwerken. Verlassen Sie also Ihre Komfortzone und sprechen Sie auch Personen an, die auf den ersten Blick vielleicht nicht direkt interessant erscheinen.

Wenn Sie an einem Business-Networking-Event teilnehmen, möchten Sie einen guten Eindruck hinterlassen und professionell auftreten. Eine Möglichkeit, dies zu erreichen, besteht darin, die richtige Wahl beim Essen zu treffen. Ein Gericht, das Sie vermeiden sollten, sind Spaghetti. Spaghetti sind schwer zu essen und können leicht Flecken auf Ihrer Kleidung oder Ihrem Gesicht hinterlassen. Das wirkt unprofessionell und unappetitlich. Wählen Sie stattdessen lieber Fingerfood oder kleine Häppchen, die Sie problemlos mit einer Gabel oder einem Zahnstocher aufnehmen können. So können Sie sich auf das Gespräch konzentrieren und neue Kontakte knüpfen.

Networking erfordert Zeit, Geduld und Übung, aber wenn Sie sich darauf einlassen, kann es eine der wertvollsten Fähigkeiten im Geschäftsleben sein.

Umgang mit Visitenkarten

Der richtige Umgang mit Visitenkarten ist ein wichtiger Teil des Geschäftslebens. Es gibt keinen schlimmeren Fauxpas im Geschäftsleben, als eine Visitenkarte ungelesen wegzuwerfen oder in der Tasche verschwinden zu lassen. Wenn Sie eine Visitenkarte erhalten, nehmen Sie diese bewusst entgegen und lesen Sie sie vor dem Überbringer. Behandeln Sie die Visitenkarte würdevoll und reichen Sie im Gegenzug auch Ihre eigene Visitenkarte dem zukünftigen Geschäftspartner. Im asiatischen Raum werden Visitenkarten mit beiden Händen überreicht und auch entgegengenommen. Wenn Sie unsicher bezüglich der Namensaussprache sind, klären Sie dies sofort. Verwenden Sie auch die angeführten Titel und stecken Sie die Visitenkarte erst am Ende des Gespräches weg. Wenn möglich, machen Sie unbemerkt Notizen auf der Rückseite, z. B. Datum und Anlass der Übergabe, oder besprochene Themen. Vermeiden Sie es jedoch, die Visitenkarte als allgemeines Notizpapier zu verwenden oder in der Hand zu zerknüllen. Auch wird die Visitenkarte nicht einfach weggelegt und vergessen.

Schriftliche Kommunikation

Die schriftliche Kommunikation ermöglicht es, Informationen klar, präzise und dauerhaft zu übermitteln und zu speichern. Schriftliche Kommunikation kann auch als Beweismittel dienen und rechtliche Konsequenzen vermeiden oder abwehren. Sie wird verwendet, um Informationen zu teilen, Anweisungen zu geben, Verträge abzuschließen und vieles mehr. Doch Vorsicht, der Schuss kann auch nach hinten losgehen, wie die österreichische „Chat-Affäre" im Jahr 2021/22 gezeigt hat. Zwei prominente Chefredakteure mussten ihren Hut nehmen, nachdem ihre vertraulichen Nachrichten mit Politikern an die Öffentlichkeit gelangt waren. Die Affäre kam ans Licht, als das Handy des Generalsekretärs des Finanzministeriums beschlagnahmt und tausende Chatprotokolle rekonstruiert wurden. Die Chats zeigten, wie man sich auf höchster Ebene gegenseitig Posten zuschob, Informationen austauschte und Kritik abwürgte. In weiterer Folge kam es zum Rücktritt von Bundeskanzler Sebastian Kurz und zur Verhaftung der damaligen Familienministerin.

Hat man eine weiße Weste, bietet die schriftliche Kommunikation jedoch viele Vorteile wie Zeitersparnis, bessere Verständlichkeit und Nachvollziehbarkeit.

Als Geschäftsführer müssen Sie einige Aspekte beachten, wenn Sie schriftlich kommunizieren. Zum einen sollten Sie die Art der schriftlichen Kommunikation an den Zweck, die Zielgruppe und den Kontext anpassen. Zum Beispiel können Sie ein E-Mail für eine kurze Mitteilung oder ein Kollaborationstool für eine gemeinsame Projektarbeit verwenden. Zum anderen sollten Sie darauf achten, dass Ihre schriftliche Kommunikation klar, korrekt und höflich ist. Das bedeutet, dass Sie keine Schreibfehler machen, die Grammatik- und Rechtschreibregeln einhalten und einen angemessenen Ton wählen. Solche Fehler sind in der heutigen Zeit unverzeihlich, zumal es genügend und zum Teil sogar kostenlose Hilfsmittel gibt, um sie zu vermeiden. Schließlich sollten Sie auch die Sicherheit und Vertraulichkeit Ihrer schriftlichen Kommunikation gewährleisten. Das bedeutet, dass Sie nur autorisierte Personen Zugang zu sensiblen Informationen geben sollten und geeignete Maßnahmen zum Schutz Ihrer Daten ergreifen sollten.

KOMMUNIKATION

Neueste wissenschaftliche Erkenntnisse weisen darauf hin, dass die Fähigkeit, klar und prägnant zu schreiben, immer wichtiger wird. Dies liegt vor allem daran, dass immer mehr Informationen online konsumiert werden und der Wettbewerb um die Aufmerksamkeit der Leser immer größer wird. Wenn Sie in der Geschäftswelt erfolgreich sein wollen, ist es daher wichtig, Ihre schriftlichen Kommunikationsfähigkeiten zu perfektionieren.

Kommunikation falsch gelaufen

Neueste Forschungsergebnisse über personalisierte Kommunikation belegen, dass diese effektiver ist als unpersonalisierte Kommunikation. Kunden und Mitarbeiter fühlen sich durch personalisierte Kommunikation ernst genommen und wertgeschätzt. Sie sind eher bereit, auf personalisierte Botschaften zu reagieren und diese weiterzugeben. Dabei ist jedoch immer darauf zu achten, dass die Formulierung auf einem professionellen Niveau bleibt und nicht missverstanden werden kann.

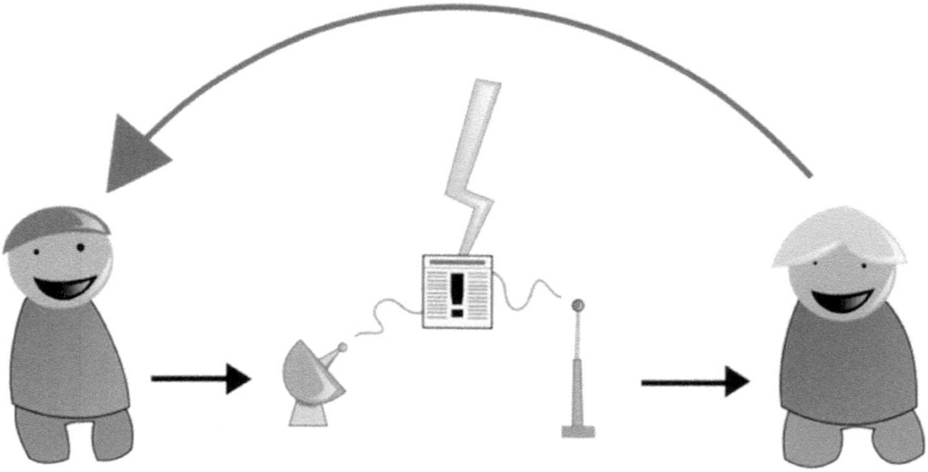

So sollte ein E-Mail an einen tschechischen potentiellen Neukunden einen individuellen Bezug zu den kürzlich stattgefundenen Oster-Feierlichkeiten haben. Die Suchmaschine ergab folgendes Ergebnis:

Ostertraditionen in Tschechien sind alte Feiertage, die das Eintreffen des Frühlings und die Auferstehung Christi feiern. Dazu gehören das Bemalen von Ostereiern, das Backen von Lammförmigen Desserts, das Singen von Osterhymnen und der Kirchgang. Eine spezifische Tradition, die insbesondere im Land gepflegt wird, ist das Schlagen von Mädchen und Frauen mit Weidenruten am Ostermontag, ein Symbol für Fruchtbarkeit und Gesundheit. Möchtest du noch etwas wissen?

Daraufhin das E-Mail an den potentiellen Neukunden:

Sehr geehrter Geschäftspartner!

Nachdem die Osterfeiertage nun vorbei sind, möchte ich mich wieder bei Ihnen melden. Es hat gut getan, sich über die Feiertage etwas entspannen zu können. Und bei Ihnen? Haben Sie traditionsgemäß Ihre Eier angemalt und Ihre Frau und Tochter geschlagen?

Ich würde mich freuen, Ihre Bedürfnisse ausführlicher zu besprechen und mit Ihnen ins Geschäft zu kommen.

Ich wünsche Ihnen noch eine produktive Restwoche!

... ähm ... ohne Kommentar.

XII. Personal

Mitarbeiter sind die wichtigste Ressource eines Unternehmens. Ohne sie wäre es unmöglich, Produkte zu entwickeln, Kunden zu bedienen oder Gewinne zu erzielen. Doch wie kann man die Mitarbeiter motivieren, engagieren und fördern? Wie findet man gute Mitarbeiter überhaupt? Und wie kann man ein gutes Arbeitsklima schaffen, in dem jeder seine Stärken einbringen und sich weiterentwickeln kann? In diesem Kapitel werden wir diese Fragen beantworten und Ihnen praktische Tipps geben, wie Sie Ihre Mitarbeiter glücklich und produktiv machen können. Denn glückliche Mitarbeiter sind gute Mitarbeiter. Und gute Mitarbeiter sind das beste Kapital für Ihr Unternehmen.

Rekrutierung

Rekrutierung von Mitarbeitern ist eine Kunst, die viel Geschick und Geduld erfordert.

Bevor eine Stelle ausgeschrieben wird, sollte eine Arbeitsplatzanalyse durchgeführt werden, um die Anforderungen der Stelle zu definieren und eine klare Vorstellung davon zu bekommen, welche Fähigkeiten, Erfahrungen und Qualifikationen ein Bewerber mitbringen sollte.

Die **Stellenbeschreibung** sollte dann klar und präzise formuliert werden, um potenziellen Bewerbern eine genaue Vorstellung davon zu geben, welche Aufgaben und Verantwortlichkeiten mit der Stelle verbunden sind und welche Vorteile Ihr Unternehmen bietet. Vermeiden Sie darin Fachjargon, Abkürzungen und Rechtschreibfehler. Ist Ihre Stellenbeschreibung fertig, gibt es verschiedene Möglichkeiten, potentielle Bewerber zu erreichen, wie z. B. Stellenanzeigen in Zeitungen und Online-Jobbörsen, Empfehlungen von Mitarbeitern und Kontakten oder die Zusammenarbeit mit Personalvermittlungsagenturen. Auch Social Media und Talent-Netzwerke wie LinkedIn oder Xing sind heute wichtige Instrumente, um potenzielle Bewerber zu identifizieren und aktiv anzusprechen. Stellen Sie sicher, dass Ihre Stellenanzeigen mobiloptimiert sind und dass Bewerber die Möglichkeit haben, sich einfach und schnell über mobile Geräte zu bewerben.

Ein modernes **Bewerbungsverfahren** kann daher sehr unterschiedlich aussehen. Es kann zum Beispiel einen Online-Test beinhalten, in dem die Kandidaten ihr Fachwissen oder ihre Persönlichkeit unter Beweis stellen müssen. Oder es kann ein Assessment-Center geben, in dem die Bewerber verschiedene Aufgaben lösen und in Gruppenarbeiten zeigen müssen, wie gut sie mit anderen zusammenarbeiten können. Oder es kann ein Speed-Dating geben, bei dem Sie mit jedem Bewerber nur wenige Minuten sprechen und dann entscheiden müssen, wer weiterkommt. Das Bewerbungsverfahren sollte jedenfalls strukturiert und transparent sein, um den Auswahlprozess fair und objektiv zu gestalten. Dazu gehören z. B. das Sichten von Bewerbungsunterlagen, Telefoninterviews, Vorstellungsgespräche und Auswahltests. Durch die Nutzung von Online-Bewerbungsformularen, Vorstellungsgesprächen per Videokonferenz oder automatisierten Online-Tests können Sie den Aufwand für manuelle Prozesse reduzieren und Bewerbungen schneller bearbeiten.

Achten Sie darauf, dass bei der Rekrutierung eine Diversity- und Inklusionsstrategie verfolgt wird, um eine heterogene Belegschaft aufzubauen, die aus verschiedenen Hintergründen, Erfahrungen und Perspektiven besteht. Eine diversifizierte Belegschaft kann dazu beitragen, Kreativität und Innovation im Unternehmen zu fördern.

Ein modernes Bewerbungsgespräch ist mehr als nur ein Frage-Antwort-Spiel. Es ist eine Gelegenheit, sich gegenseitig kennenzulernen und herauszufinden, ob man zueinander passt. Um das zu erreichen, sollten Sie als Arbeitgeber nicht nur die üblichen Fragen nach Qualifikationen, Erfahrungen und Stärken stellen, sondern auch solche Fragen, die Ihnen mehr über die Persönlichkeit, die Motivation und die Erwartungen der Bewerber verraten.

Hier sind einige Beispiele für solche Fragen:

- Was hat Sie dazu bewogen, sich bei uns zu bewerben? (Diese Frage zeigt Ihnen, wie gut sich die Bewerber mit Ihrem Unternehmen auseinandergesetzt haben und was sie an Ihrem Unternehmen schätzen.)

- Wie würden Sie Ihren Arbeitsstil beschreiben? (Diese Frage gibt Ihnen einen Einblick in die Arbeitsweise und Einstellung der Bewerber und ob diese zu Ihrer Unternehmenskultur passen.)

- Wie gehen Sie mit Herausforderungen und Konflikten um? (Diese Frage testet die Problemlösungs- und Kommunikationsfähigkeiten der Bewerber und wie sie mit Stress oder Schwierigkeiten umgehen.)

- Welche beruflichen Ziele haben Sie für die nächsten Jahre? (Diese Frage zeigt Ihnen, wie ambitioniert und engagiert die Bewerber sind und ob sie sich langfristig an Ihr Unternehmen binden wollen.)

- Welche Fähigkeiten oder Kenntnisse möchten Sie gerne weiterentwickeln oder erlernen? (Diese Frage offenbart Ihnen die Lernbereitschaft und das Entwicklungspotenzial der Bewerber und welche Unterstützung sie von Ihnen erwarten.)

Mit diesen Fragen können Sie nicht nur mehr über die fachliche Eignung der Bewerber erfahren, sondern auch über ihre Persönlichkeit, ihre Werte und ihre Visionen. So können Sie besser einschätzen, ob sie zu Ihrem Team passen und ob sie sich bei Ihnen wohlfühlen werden. Achten Sie auch darauf, dass das Gespräch nicht zu langweilig oder zu streng wird. Lassen Sie auch den Kandidaten zu Wort kommen und beantworten Sie auch seine Fragen ehrlich.

Wenn Sie Ihre Auswahl getroffen haben, sorgen Sie für ein reibungsloses Onboarding. Dazu gehört eine klare Kommunikation über den Vertragsabschluss, die Arbeitsbedingungen und die Erwartungen an den neuen Mitarbeiter. Begrüßen Sie ihn herzlich an seinem ersten Tag und stellen Sie ihn seinen Kollegen vor. Machen Sie ihm den Einstieg leichter, indem Sie ihm einen Mentor zur Seite stellen. Außerdem sollte ein individueller Einarbeitungsplan erstellt werden, der den neuen Kollegen mit dem Unternehmen, dem Team und den Aufgaben vertraut macht.

Noch wichtiger als die Rekrutierung neuer Mitarbeiter ist es, bestehende Mitarbeiter zu halten, indem Sie sie motivieren, ihre Arbeit schätzen und ihre Karriereentwicklung fördern. Dies kann dazu beitragen, eine hohe Fluktuation zu vermeiden und langfristig hochqualifizierte und motivierte Mitarbeiter langfristig im Unternehmen zu halten.

Motivation

Offene Kommunikation ist das A und O in einem Unternehmen. Sorgen Sie dafür, dass Ihre Mitarbeiter immer ein offenes Ohr bei Ihnen finden und sich gegenseitig unterstützen können. Eine Prise Humor kann dabei helfen, das Eis zu brechen und eine angenehme Atmosphäre zu schaffen. Geben Sie Ihren Mitarbeitern klare Ziele vor, die sie erreichen können, um so ihr Selbstvertrauen und ihre Motivation zu stärken. Geben Sie Ihren Mitarbeitern dabei das Gefühl, dass Sie ihnen vertrauen und ihre Arbeit wertschätzen. Wenn Sie sich für die Ideen und Meinungen Ihrer Mitarbeiter interessieren, fühlen sie sich wertgeschätzt und sind motivierter, ihre Arbeit bestmöglich zu erledigen. Mitarbeiter sind meist intrinsisch motiviert, wenn sie persönliches Interesse und Freude an ihrer Arbeit haben, die Unternehmenswerte teilen oder einen Sinn in ihrer Tätigkeit sehen. Also: Erklären Sie Ihren Mitarbeitern, warum ihre Tätigkeit wichtig ist, wie sie zum Unternehmenserfolg beiträgt und positive Auswirkungen hat.

Wenn Sie Ihren Mitarbeitern die Möglichkeit zur Weiterbildung geben, zeigt das, dass Sie an ihrer Entwicklung interessiert sind und sie sich in ihrem Job weiterentwickeln können. Es ist auch wichtig, die Leistung Ihrer Mitarbeiter anzuerkennen, ihnen Feedback zu geben und sie in Entscheidungsprozesse einzubeziehen. Schaffen Sie durch gute Beleuchtung, Luftzirkulation und Sauberkeit ein angenehmes Arbeitsumfeld. Wenn Ihre Mitarbeiter sich wohlfühlen, sind sie motivierter und produktiver.

Als Geschäftsführer ist es wichtig, ein gewisses Maß an Autorität zu haben, aber das bedeutet nicht, dass Sie sich selbst nicht auch auf die Schippe nehmen können. Ein kleiner Witz oder eine humorvolle Anekdote kann die Stimmung auflockern und die Mitarbeiter näher an Sie binden.

Outsourcing

Allerdings gibt es auch die Möglichkeit, bestimmte Aufgaben oder gar ganze Abteilungen auszulagern, um sich auf das Kerngeschäft zu konzentrieren, Kosten zu sparen und die Qualität zu steigern. Zum Beispiel könnten Sie Ihren Kundenservice, Ihre Buchhaltung oder Ihr Online-Marketing an spezialisierte Dienstleister übertragen. Hierbei ist es jedoch wichtig, eine gute Auswahl der Partnerfirmen zu treffen und klare Vereinbarungen bezüglich der Zusammenarbeit zu treffen. Für kleinere, spezifische Aufgaben sind eventuell auch Freelancer-Plattformen interessant.

Outsourcing hat aber auch Nachteile, die berücksichtigt werden müssen. Zum einen kann Outsourcing zu einem Verlust von Know-how und Kontrolle führen, wenn interne Mitarbeiter entlassen oder versetzt werden. Zum anderen kann Outsourcing eine Abhängigkeit vom externen Anbieter schaffen, der möglicherweise Einblick in sensible Betriebsdaten erhält. Außerdem kann Outsourcing einen hohen Kommunikations- und Koordinationsaufwand erfordern, um die Qualität und den Datenschutz zu gewährleisten.

Ob Outsourcing für ein Unternehmen sinnvoll ist, hängt von verschiedenen Faktoren ab. Dazu gehören die Art des Geschäftsmodells, die Größe des Unternehmens, die Verfügbarkeit von Fachkräften und die strategischen Ziele des Unternehmens. Als Faustregel gilt die 20-Prozent-Regel: Für ein erfolgreiches Outsourcing sollten die Einsparungen durch externe Dienstleister mindestens 20 Prozent betragen. Liegt die Einsparung unter diesem Wert, kann es sein, dass das Outsourcing mehr kostet als es einbringt.

Rechtliches

Als Arbeitgeber haben Sie eine Reihe von Rechten und Pflichten gegenüber Ihren Mitarbeitern. Dazu gehören unter anderem die Einhaltung von Arbeitszeit-, Urlaubs-, Entgelt-, Gesundheits- und Sicherheitsvorschriften sowie die Anmeldung bei den Sozialversicherungen. Auch Arbeitnehmer haben verschiedene Rechte und Pflichten gegenüber ihrem Arbeitgeber. Dazu gehören unter anderem die Erbringung der Arbeitsleistung nach bestem Wissen und Gewissen, die Treuepflicht sowie die Einhaltung von Geheimhaltungs- und Wettbewerbsverboten. Die genauen Regelungen variieren je nach Land und Branche. In Österreich sind viele dieser Themen im Allgemeinen Bürgerlichen Gesetzbuch (ABGB), im Angestelltengesetz (AngG) oder in Kollektivverträgen geregelt. In Deutschland sind viele dieser Themen im Bürgerlichen Gesetzbuch (BGB), im Kündigungsschutzgesetz (KSchG) oder in Tarifverträgen geregelt. In der Schweiz sind viele dieser Themen im Obligationenrecht (OR), im Arbeitsgesetz (ArG) oder in Gesamtarbeitsverträgen geregelt.

Soziale Absicherung

In Deutschland besteht eine gesetzliche Sozialversicherungspflicht für alle Arbeitnehmer und bestimmte Gruppen von Selbstständigen (z. B. Handwerker oder Künstler). Die Sozialversicherung gliedert sich in fünf Bereiche: Kranken-, Pflege-, Renten-, Unfall- und Arbeitslosenversicherung. Die Beiträge werden je nach Einkommen und Versicherungsart zwischen Arbeitgeber und Arbeitnehmer oder zwischen Selbstständigem und Versicherungsträger aufgeteilt. Die Leistungen richten sich nach dem Versicherungsverlauf, dem Alter, dem Gesundheitszustand oder dem Beschäftigungsstatus des Versicherten.

Auch in Österreich besteht eine gesetzliche Sozialversicherungspflicht für alle unselbstständig und selbstständig Erwerbstätigen. Die Sozialversicherung deckt sechs Bereiche ab: Kranken-, Unfall-, Pensions-, Arbeitslosen-, Familienlastenausgleichs- und Insolvenzentgeltsicherung. Die Beiträge werden ebenfalls je nach Einkommen und Versicherungsart zwischen Arbeitgeber und Arbeitnehmer oder zwischen Selbstständigem und Versicherungsträger aufgeteilt. Die Leistungen hängen von den gleichen Faktoren wie in Deutschland ab. Österreich bietet jedoch eine vergleichsweise hohe soziale Absicherung für Selbstständige an.

In der Schweiz besteht keine allgemeine Sozialversicherungspflicht für alle Erwerbstätigen. Die Sozialversicherung besteht aus drei Säulen: der obligatorischen Alters-, Hinterlassenen- und Invalidenvorsorge (AHV/IV), der beruflichen Vorsorge (BVG) und der individuellen Vorsorge (Säule 3a). Nur die erste Säule ist für alle Erwerbstätigen obligatorisch. Die zweite Säule ist nur für Arbeitnehmer mit einem bestimmten Mindesteinkommen obligatorisch. Die dritte Säule ist freiwillig. Für die Kranken- und Unfallversicherung müssen sich alle Personen mit Wohnsitz in der Schweiz bei einer privaten Versicherungsgesellschaft anmelden. Die Arbeitslosenversicherung ist nur für Arbeitnehmer obligatorisch. Die Beiträge werden je nach Einkommen zwischen Arbeitgeber und Arbeitnehmer oder vom Erwerbstätigen selbst gezahlt. Die Leistungen sind im Allgemeinen niedriger als in Deutschland oder Österreich.

Wie Sie sehen können, gibt es viele rechtliche Themen zur Beschäftigung von Mitarbeitern in Ihrem Unternehmen zu beachten. Hier sollten Sie immer auf dem neuesten Stand sein und sich gegebenenfalls professionell beraten lassen. Denn wie heißt es so schön: Unwissenheit schützt vor Strafe nicht!

Erfassung von Arbeitszeiten

Die Arbeitszeiterfassung ist die Dokumentation der Arbeitszeit von Arbeitnehmern. Sie dient der Kontrolle der Einhaltung von gesetzlichen und tariflichen Regelungen, wie z. B. der maximalen Arbeitszeit, der Pausen, der Ruhezeiten und des Mindestlohns. Die Arbeitszeiterfassung ist in Deutschland, Österreich und der Schweiz unterschiedlich geregelt.

In Deutschland sind Arbeitgeber seit dem 13. September 2022 verpflichtet, die Arbeitszeit ihrer Arbeitnehmer aufzuzeichnen. Die Aufzeichnung muss die tägliche Arbeitszeit, die Pausen und die Ruhezeiten enthalten. Die Aufzeichnungen sind mindestens zwei Jahre aufzubewahren.

In Österreich müssen Arbeitgeber die Arbeitszeit ihrer Arbeitnehmer nach dem Arbeitszeitgesetz (AZG) aufzeichnen, sofern es sich nicht um schriftlich fixierte Arbeitszeiten handelt. In diesem Fall sind lediglich allfällige Abweichungen zu dokumentieren. Die Aufzeichnungen müssen die tägliche und wöchentliche Arbeitszeit, die Pausen, die Ruhezeiten und die Überstunden enthalten. Die Aufzeichnungen sind mindestens sieben Jahre aufzubewahren.

In der Schweiz müssen Arbeitgeber die Arbeitszeit ihrer Arbeitnehmer nach dem Arbeitsgesetz (ArG) erfassen. Die Aufzeichnung muss Personalien, Beschäftigungsgrad, Arbeitsbeginn und -ende, tägliche und wöchentliche Arbeitszeit, die Pausen, die Ruhezeiten und die Überstunden enthalten. Die Aufzeichnungen sind mindestens fünf Jahre aufzubewahren.

In allen drei Ländern haben die Arbeitnehmer das Recht, Einsicht in ihre Arbeitszeitaufzeichnungen zu nehmen bzw. kann der Arbeitgeber die Aufzeichnung der Arbeitszeit auch an den Arbeitnehmer delegieren. Die Form der Aufzeichnungen ist nicht geregelt, ich empfehle aber jedenfalls in softwaregestütztes System, idealerweise kombiniert mit einem elektronischen Zutrittssystem. Damit ist eine hohe Datenqualität gewährleistet, gleichzeitig erfolgt die Erfassung quasi automatisch und ohne Mehraufwand. Solche Systeme können und sollten auch mit Urlaubsverwaltungssystemen kombiniert werden.

Arbeitnehmer mit Behinderung

Allein in Deutschland lebten Ende 2021 rund 7,8 Millionen Menschen mit einer Behinderung. Davon waren rund 5,4 Millionen erwerbstätig. Die Beschäftigungsquote von Menschen mit Behinderung liegt in Deutschland bei rund 50 %, während die Beschäftigungsquote von Menschen ohne Behinderung bei rund 80 % liegt. Arbeitnehmer mit Behinderung sind in den DACH-Ländern vor Diskriminierung geschützt und haben Anspruch auf besondere Unterstützung. In Österreich gilt ein erhöhter Kündigungsschutz für „begünstigt behinderte“ Personen. In Deutschland müssen Arbeitgeber eine bestimmte Quote von schwerbehinderten Menschen beschäftigen oder eine Ausgleichsabgabe zahlen. In der Schweiz gibt es keine gesetzliche Quote, aber die Invalidenversicherung fördert die Eingliederung von Menschen mit Behinderung.

Beschäftigung von Mitarbeitern im Ausland

Wenn Sie Mitarbeiter im Ausland beschäftigen wollen, müssen Sie sich mit den Steuerregeln des jeweiligen Landes auseinandersetzen. Dabei kommt es darauf an, ob es ein Doppelbesteuerungsabkommen (DBA) zwischen dem Tätigkeitsstaat und dem Sitzstaat des Arbeitgebers gibt und ob der Mitarbeiter eine Betriebsstätte im Tätigkeitsstaat begründet. In Österreich gilt die sogenannte „Ausübungs- oder Verwertungstatbestand"-Regelung, wonach der Arbeitslohn nur insoweit der Lohnsteuer unterliegt, als die Arbeit im Inland ausgeübt oder verwertet wird. In Deutschland gilt die sogenannte „183-Tage-Regelung", die besagt, dass der Arbeitslohn nur dann im Tätigkeitsstaat besteuert wird, wenn der Mitarbeiter dort länger als 183 Tage im Jahr arbeitet. In der Schweiz gilt die sogenannte „Quellensteuer", die besagt, dass der Arbeitslohn direkt vom Arbeitgeber an das Finanzamt abgeführt wird.

Das Mitarbeiterhandbuch

Erstellen Sie ein Mitarbeiterhandbuch. Darin werden die Mitarbeiter über ihre Rechte und Pflichten sowie über die Unternehmensrichtlinien und -abläufe informiert. Achten Sie dabei auf die Einhaltung gesetzlicher Bestimmungen und Vorschriften sowie auf die Berücksichtigung unternehmensspezifischer Anforderungen und Bedürfnisse. Auf diese Weise ist das Mitarbeiterhandbuch eine wertvolle Ressource für die Mitarbeiter und kann dazu beitragen, ein positives Arbeitsumfeld zu schaffen.

Ein Mitarbeiterhandbuch sollte folgende Inhalte haben

- Eine Einführung, in der die Geschichte, die Mission und die Vision des Unternehmens sowie die allgemeinen Grundsätze und Werte, für die das Unternehmen steht, beschrieben werden.

- Eine Beschreibung der Arbeitsbedingungen wie Arbeitszeiten, Pausen, Urlaub, Krankheit, Überstunden, Heimarbeit, Gleitzeit usw. als Ergänzung zum Dienstnehmervertrag.

- Eine Beschreibung der Leistungsbeurteilung und der Laufbahnentwicklung, z. B. Feedbackgespräche, Zielvereinbarungen, Beförderungen, Schulungen usw.

- Eine Übersicht der Verhaltensregeln und Disziplinarmaßnahmen, wie z. B. Dresscode, Kommunikation, Datenschutz, Vertraulichkeit, Konfliktlösung, Abmahnung, Kündigung, etc.

- Angabe von Kontaktinformationen und Ansprechpartnern für verschiedene Anliegen und Fragen der Mitarbeiter.

Aktualisieren und überprüfen Sie das Mitarbeiterhandbuch regelmäßig, um sicherzustellen, dass es den aktuellen Standards entspricht. Achten Sie auf eine einheitliche und professionelle Sprache.

PERSONAL

Für neu eingestellte Mitarbeiter sind diese Informationen von entscheidender Bedeutung für den Start am ersten Arbeitstag. Nach der Lektüre des Handbuchs sollten sie ein solides Verständnis des Unternehmens haben, einschließlich der Art und Weise, wie Dinge erledigt werden und was von ihnen erwartet wird. Dies hilft ihnen, mit mehr Selbstvertrauen an ihre Arbeit heranzugehen, und steigert ihre Effizienz auf Anhieb.

Bestehenden Mitarbeitern dient das Handbuch als Nachschlagewerk, an das sie sich wenden können, wenn sie bestimmte Informationen über den Arbeitsplatz benötigen.

Neue Mitarbeiter sollten das Handbuch an ihrem ersten Arbeitstag erhalten. Bestehende Mitarbeiter sollten bei jeder Aktualisierung ein Exemplar des Handbuchs erhalten.

XIII. Marketing und Vertrieb

Marketing und Vertrieb sind zwei der wichtigsten Funktionen in jedem Unternehmen. Sie arbeiten eng zusammen, um Kunden zu gewinnen und zu halten. Marketing ist für die Schaffung von Nachfrage nach einem Produkt oder einer Dienstleistung verantwortlich, während Vertrieb für die Umwandlung dieser Nachfrage in Verkäufe verantwortlich ist.

Marketing ist ein breites Feld, das sich mit vielen verschiedenen Bereichen befasst, darunter Marktforschung, Produktentwicklung, Markenbildung, Werbung und PR. Vertrieb ist dagegen ein spezifischerer Bereich, der sich mit dem Verkauf von Produkten oder Dienstleistungen an Kunden befasst. Ohne Vertrieb wäre es so, als würde man einen Kuchen backen und ihn dann im Ofen vergessen. Oder noch schlimmer: ihn aus dem Ofen holen und niemandem anbieten.

In diesem Kapitel erfahren Sie, wie Sie Ihre Marketing- und Vertriebsstrategien aufbauen oder anpassen können, um im laufenden Betrieb erfolgreich zu sein. Wir werden verschiedene Themen im Zusammenhang mit Marketing und Vertrieb im laufenden Betrieb beleuchten, insbesondere die Wichtigkeit des Mehrwerts, relevante Kennzahlen, Werbemedien und Präsentationen sowie die Rolle des Geschäftsführers.

Ein wichtiger Faktor im Marketing ist der Mehrwert, den das Unternehmen seinen Kunden bieten kann. Hierbei geht es darum, einen zusätzlichen Nutzen zu schaffen, der über das eigentliche Produkt oder die Dienstleistung hinausgeht. Der Mehrwert kann beispielsweise in einer hervorragenden Kundenbetreuung, einem umfassenden Serviceangebot oder innovativen Produkten liegen. Der Mehrwert sollte stets kommuniziert werden, um sich von der Konkurrenz abzuheben und potenzielle Kunden zu überzeugen.

Um die Wirksamkeit des Marketings zu messen, werden häufig Kennzahlen wie ROI (Return on Investment), NPV (Net Present Value) und Conversion Rate verwendet. Aber keine Sorge, Sie müssen kein Mathe-Ass sein, um das zu verstehen – einfach gesagt geht es darum, wie viel Sie investieren und wie viel Sie zurückbekommen. Der ROI misst das Verhältnis zwischen den Kosten einer Marketingmaßnahme und dem daraus resultierenden Gewinn. Der NPV berechnet den aktuellen Wert der erwarteten Einnahmen abzüglich der Kosten und berücksichtigt dabei den Zeitwert des Geldes. Die Conversion Rate gibt an, wie viele potenzielle Kunden zu tatsächlichen Kunden werden. Die typische Conversion Rate variiert je nach Branche und Art des Angebots, jedoch liegt sie in den meisten Branchen zwischen 1% und 5%.

Es gibt verschiedene Werbemedien, die für Marketingzwecke genutzt werden können, wie z. B. Printmedien, Websites und Content Marketing. Printmedien wie Zeitungen und Zeitschriften sind nach wie vor ein wichtiger Werbekanal, insbesondere für lokale Unternehmen. Eine ansprechende und benutzerfreundliche Website ist für jedes Unternehmen unerlässlich, um potenzielle Kunden anzusprechen und Informationen bereitzustellen. Content Marketing bezieht sich auf die Erstellung von Inhalten wie Blog-Posts, Videos oder Infografiken, die für die Zielgruppe relevant und nützlich sind.

Präsentationen sind ein wichtiger Teil des Verkaufsprozesses und können dazu beitragen, das Angebot des Unternehmens auf ansprechende Weise zu präsentieren. PowerPoint-Präsentationen sollten so wenig Text wie möglich enthalten. Und bitte, bitte, bitte – vermeiden Sie es, Ihren Text von der Folie abzulesen, und gestalten Sie Ihre Präsentationen humorvoll und grafisch ansprechend.

Soziale Medien und Werbeschaltungen bieten ebenfalls Möglichkeiten, potenzielle Kunden zu erreichen. Eine Präsenz auf Plattformen wie Facebook, Twitter und LinkedIn kann dazu beitragen, das Angebot des Unternehmens bekannt zu machen und Kundenbeziehungen aufzubauen. Werbeschaltungen auf Plattformen wie Google Ads oder Facebook Ads können dazu beitragen, das Angebot des Unternehmens gezielt zu bewerben.

Die Rolle des Geschäftsführers im Marketing und Vertrieb besteht darin, die Marke des Unternehmens zu entwickeln und zu schützen. Dazu gehört die Festlegung einer klaren Markenstrategie und die Einhaltung dieser Strategie bei allen Marketingaktivitäten. Die Geschäftsführung sollte sicherstellen, dass das Marketingteam eine konsistente Markenbotschaft vermittelt und dass alle Materialien und Inhalte das Markenimage des Unternehmens widerspiegeln.

Zusätzlich dazu ist es wichtig, dass die Geschäftsführung das Vertriebsteam unterstützt und motiviert. Das Vertriebsteam ist oft das Gesicht des Unternehmens gegenüber potenziellen Kunden und somit ein wichtiger Faktor für den Erfolg des Unternehmens. Die Geschäftsführung sollte sicherstellen, dass das Vertriebsteam über alle erforderlichen Ressourcen verfügt und dass es regelmäßig geschult und trainiert wird, um seine Fähigkeiten und Kenntnisse zu verbessern.

Ein weiterer wichtiger Aspekt für die Geschäftsführung ist die kontinuierliche Überwachung von Kennzahlen wie ROI, NPV und Conversion Rate. Diese Kennzahlen geben Aufschluss darüber, wie effektiv die Marketing- und Vertriebsaktivitäten sind und helfen bei der Identifizierung von Bereichen, in denen Verbesserungen erforderlich sind. Durch die Überwachung dieser Kennzahlen kann die Geschäftsführung auch die Rentabilität von Marketing- und Vertriebsinvestitionen bewerten und sicherstellen, dass das Unternehmen auf dem richtigen Kurs ist.

Schließlich sollte die Geschäftsführung auch die Rolle neuer Technologien im Bereich Marketing und Vertrieb im Auge behalten. Neue Technologien wie KI, Datenanalyse und Automatisierung können dazu beitragen, Marketing- und Vertriebsaktivitäten effektiver und effizienter zu gestalten. Die Geschäftsführung sollte sicherstellen, dass das Unternehmen auf dem neuesten Stand der Technik bleibt und die neuesten Technologien sinnvoll einsetzt, um das Wachstum des Unternehmens zu fördern.

Insgesamt sind Marketing und Vertrieb entscheidende Bereiche für den Erfolg eines Unternehmens. Die Geschäftsführung spielt eine wichtige Rolle bei der Festlegung der Marketingstrategie, der Überwachung von Kennzahlen und der Unterstützung des Vertriebsteams. Indem die Geschäftsführung diese Aspekte im Auge behält und kontinuierlich an der Verbesserung von Marketing- und Vertriebsaktivitäten arbeitet, kann das Unternehmen wachsen und erfolgreich sein.

Künstliche Intelligenz und weitere Technologien

Die Idee der künstlichen Intelligenz wurde erstmals in den 1940er Jahren von Alan Turing vorgeschlagen. Das erste KI-System, das in der Praxis eingesetzt wurde, war das ELIZA-System, das 1966 von Joseph Weizenbaum entwickelt wurde. In den 1980er Jahren erlebte die KI eine erste Blütezeit, die jedoch in den 1990er Jahren wieder abflachte. In den 2000er Jahren kam es zu einem zweiten Aufschwung, der bis heute anhält.

Künstliche Intelligenz (KI) spielt heutzutage eine immer wichtigere Rolle im Marketing. Immer mehr Unternehmen setzen auf KI, um ihre Marketingstrategien zu optimieren und effektiver zu gestalten. Obwohl einige vielleicht befürchten, dass KI bald die Weltherrschaft übernehmen wird, ist sie derzeit ein sehr nützliches Werkzeug für Unternehmen, um ihre Marketingziele zu erreichen.

Eine der größten Stärken der KI im Marketing ist ihre Fähigkeit, große Datenmengen zu verarbeiten und zu analysieren. Mit Hilfe von Machine Learning-Algorithmen kann KI Muster in Daten erkennen und Vorhersagen über zukünftige Entwicklungen treffen. Dadurch können Unternehmen ihre Marketingstrategien anpassen und optimieren, um bessere Ergebnisse zu erzielen.

Ein weiterer Bereich, in dem KI im Marketing eingesetzt wird, ist die Personalisierung von Marketinginhalten. KI kann auf Basis von Daten wie demografischen Informationen, Kaufverhalten und Interessen personalisierte Marketinginhalte erstellen und diese automatisch an die Zielgruppe ausliefern. Dadurch kann die Relevanz der Inhalte erhöht und die Wahrscheinlichkeit gesteigert werden, dass potenzielle Kunden auf die Marketingbotschaften reagieren.

Es gibt auch andere Möglichkeiten, wie KI im Marketing eingesetzt werden kann, wie zum Beispiel Chatbots, automatisierte E-Mail-Kampagnen und Predictive Analytics. Die Verwendung von KI im Marketing bietet viele Vorteile, wie eine höhere Effizienz, bessere Ergebnisse und eine schnellere Reaktion auf Veränderungen in der Marketinglandschaft.

Natürlich gibt es auch Herausforderungen und Bedenken im Zusammenhang mit der Verwendung von KI im Marketing, wie etwa Datenschutz, Transparenz und ethische Fragen. Es ist jedoch wichtig, diese Aspekte sorgfältig zu berücksichtigen und sicherzustellen, dass die Verwendung von KI im Marketing im Einklang mit den Prinzipien der Corporate Social Responsibility und den Erwartungen der Kunden steht.

Wir sehen, dass KI im Marketing immer wichtiger wird und in Zukunft eine noch größere Rolle spielen wird. Unternehmen, die auf KI setzen und sie erfolgreich in ihre Marketingstrategien integrieren, werden in der Lage sein, ihre Marketingziele schneller und effektiver zu erreichen und sich von der Konkurrenz abzuheben.

Neben KI gibt es noch eine Vielzahl anderer Technologien, die im Marketing eingesetzt werden können. Einige davon sind:

1. Big Data Analytics: Durch die Analyse großer Datenmengen können Unternehmen wertvolle Einblicke in das Kundenverhalten und die Marktbedingungen gewinnen. Dies ermöglicht die Erstellung personalisierter Angebote und Werbung, die auf die individuellen Interessen und Bedürfnisse der einzelnen Kunden zugeschnitten sind, was wiederum die Kundenbindung und die Konversionsrate erhöht. Ein weiteres Beispiel ist die Analyse von Social-Media-Daten. Unternehmen können durch die Auswertung von Social-Media-Daten Einblicke in die Meinungen und Bedürfnisse ihrer Kunden gewinnen. Die gewonnenen Erkenntnisse können dann genutzt werden, um die Marketing- und Vertriebsstrategie entsprechend anzupassen.

2. Chatbots: Diese KI-gesteuerten Programme können verwendet werden, um Fragen im Kundenservice automatisch zu beantworten und die Kundeninteraktion zu verbessern. Sie können auch in Verkaufsgesprächen eingesetzt werden, um Interessenten zu unterstützen und den Verkaufsprozess zu beschleunigen. Chatbots können Vertriebsmitarbeiter bei der Identifizierung von potenziellen Kunden unterstützen, indem sie Fragen stellen und wichtige Informationen für den Vertriebsprozess sammeln.

3. Virtual Reality (VR) und Augmented Reality (AR): Diese Technologien ermöglichen es Unternehmen, immersive Erlebnisse zu schaffen, die Kunden in virtuelle Welten eintauchen lassen oder digitale Inhalte in die reale Welt integrieren. Zum Beispiel können virtuelle Showrooms erstellt werden, um Kunden Produkte in einer realistischen Umgebung zu präsentieren.

4. Marketing Automation: Diese Software kann verwendet werden, um Marketingkampagnen automatisch zu planen, auszuführen und zu messen, was Zeit und Ressourcen spart und die Effizienz verbessert. Zum Beispiel können automatisierte E-Mail-Kampagnen erstellt werden, um Kunden zu binden und Verkäufe zu fördern.

5. Geolocation-Technologie: Diese Technologie nutzt Standortdaten, um personalisierte Angebote und Marketingbotschaften an Kunden in bestimmten geografischen Regionen zu senden.

6. Blockchain-Technologie: Diese Technologie ermöglicht es Unternehmen, Transparenz und Vertrauen in ihre Marketingkampagnen zu schaffen, indem sie Daten auf eine sichere und dezentrale Weise speichert.

7. Machine Learning: Diese Technologie ermöglicht es Unternehmen, Algorithmen zu entwickeln, die auf bestimmten Mustern und Daten trainiert sind, um genaue Vorhersagen und Entscheidungen zu treffen.

8. Social Listening: Diese Technologie ermöglicht es Unternehmen, soziale Medien und andere Online-Plattformen zu überwachen, um wertvolle Einblicke in die Meinungen und Bedürfnisse ihrer Kunden zu gewinnen.

Diese Technologien bieten Unternehmen vielfältige Möglichkeiten, ihre Marketing- und Vertriebsstrategien zu verbessern und den Kundennutzen zu erhöhen. Sie werden in den kommenden Jahren weiter an Bedeutung gewinnen. Unternehmen, die diese Technologien bereits heute nutzen, haben einen Wettbewerbsvorteil.

Auftritt & Wirkung

Der erste Eindruck entsteht vor dem ersten Wort. Ihr Körper spricht, auch wenn Sie schweigen. Überlassen Sie diesen Faktor nicht dem Zufall, wenn es um den Erfolg Ihres Auftritts und Ihrer täglichen Kommunikation geht.

Im Mittelalter waren die Kleidung und das Aussehen eines Menschen ein wichtiger Bestandteil seines sozialen Status. Je reicher und mächtiger jemand war, desto teurer und prunkvoller war seine Kleidung. Im 18. Jahrhundert wurde die Rhetorik zu einem wichtigen Bestandteil des Geschäftslebens. Geschäftsleute mussten in der Lage sein, überzeugende Reden zu halten, um Kunden zu gewinnen und Verträge abzuschließen.

In der heutigen Geschäftswelt ist der Auftritt und die Wirkung eines Menschen noch wichtiger als je zuvor. In einer Welt, in der wir ständig mit Informationen und Reizen bombardiert werden, ist es wichtiger denn je, aufzufallen und zu überzeugen. Ein guter Auftritt und eine gute Wirkung können Ihnen helfen, Ihre Ziele im Geschäftsleben zu erreichen. Sie können Ihnen helfen, Kunden zu gewinnen, Verträge abzuschließen, neue Mitarbeiter zu gewinnen und Ihre Karriere voranzutreiben.

Zunächst einmal sollten Sie selbstbewusst auftreten. Zeigen Sie, dass Sie von Ihrem Unternehmen und Ihrem Team überzeugt sind und strahlen Sie Entschlossenheit aus. Dies kann anderen zeigen, dass Sie ein starker und zuverlässiger Anführer sind.

Wenn Sie mit jemandem sprechen, halten Sie Augenkontakt, um Interesse und Aufmerksamkeit zu signalisieren. Eine aufrechte Körperhaltung vermittelt ebenfalls Selbstbewusstsein und Kompetenz. Vermeiden Sie es, sich fallen zu lassen oder in sich zusammenzusinken. Ihre Aussagen können Sie durch eine angemessene Gestik unterstützen und Ihren Worten dadurch mehr Gewicht verleihen. Vermeiden Sie jedoch zu hektische oder unnatürliche Gesten, die vom Gesagten ablenken könnten. Denken Sie out of the box und entwickeln Sie neue Ideen und Konzepte. Das zeigt, dass Sie in der Lage sind, sich an neue Herausforderungen anzupassen und dass Sie offen für Veränderungen sind.

Außerdem sollten Sie authentisch sein und sich selbst treu bleiben. Versuchen Sie nicht, jemand zu sein, der Sie nicht sind. Wenn Sie versuchen, eine bestimmte Persönlichkeit zu imitieren, wird das schnell auffallen und unglaubwürdig wirken. Eine gepflegte Erscheinung ist ebenfalls von großer Bedeutung. Achten Sie auf angemessene Kleidung und ein gepflegtes Äußeres. Ein modischer Touch kann helfen, einen coolen Eindruck zu erwecken, aber achten Sie darauf, dass es angemessen bleibt und zum Unternehmen passt. Ein wenig Humor kann helfen, eine positive und lockere Arbeitsatmosphäre zu schaffen. Der Humor darf natürlich nicht verletzend oder diskriminierend sein.

Gute Umgangsformen sind Ausdruck von Wertschätzung und Respekt vor dem anderen. Sie sind auch Ausdruck sozialer Kompetenz und schaffen Vertrauen.

Richtig präsentiert

Als Geschäftsführer möchten Sie potenziellen Kunden Ihre Produkte oder Dienstleistungen erfolgreich präsentieren, um sie von Ihrem Unternehmen zu überzeugen. Dazu sollten Sie zunächst Ihre Zielgruppe gründlich analysieren, um sicherzustellen, dass Ihre Präsentation auf deren Bedürfnisse und Erwartungen abgestimmt ist. Stellen Sie sicher, dass Sie die Werte und Interessen Ihrer potenziellen Kunden verstehen, um Ihre Präsentation gezielt auf diese auszurichten. Eine klare Struktur ist für eine erfolgreiche Präsentation unerlässlich. Bevor Sie mit der Präsentation überhaupt beginnen, geben Sie Ihren Zuhörern eine konkrete Vorstellung davon, was sie erwartet. Beginnen Sie Ihre Präsentation mit einer kurzen Einleitung, um Ihre Zuhörer in das Thema einzuführen, präsentieren Sie dann die wichtigsten Informationen und schließen Sie mit einer Zusammenfassung und einem Handlungsaufruf ab.

Stellen Sie sicher, dass Ihre Präsentation eine überzeugende Geschichte erzählt. Verwenden Sie Beispiele und Fallstudien, um Ihre Argumente zu unterstützen und Ihre Zuhörer zu überzeugen. Interaktive Elemente wie Umfragen, Quizfragen oder Diskussionsrunden können eine Präsentation lebendiger und spannender gestalten. Nutzen Sie diese Elemente, um das Interesse Ihres Publikums zu wecken und es aktiv in die Präsentation einzubeziehen. Visuelle Unterstützung kann helfen, Ihre Präsentation ansprechender und verständlicher zu gestalten. Verwenden Sie Bilder, Grafiken und Diagramme, um Ihre Botschaft zu unterstreichen und Ihre Zuhörer zu überzeugen. Auch Cartoons können eine gute Möglichkeit sein, die Präsentation unterhaltsamer zu gestalten und so das Interesse des Publikums aufrechtzuerhalten. Diese müssen aber zum Thema passen und sollten eher sparsam eingesetzt werden.

Erstellt mit Pixton

Achten Sie auf ein professionelles Auftreten, indem Sie angemessene Kleidung tragen und eine selbstbewusste Körpersprache zeigen. Stellen Sie sicher, dass Sie sich auf Ihre Präsentation vorbereitet haben, um souverän und kompetent zu wirken. Und bitte vermeiden Sie es, den Text von Ihren Präsentationsfolien abzulesen. Noch besser, Sie vermeiden Text auf den Folien überhaupt weitgehend. Nach der Präsentation sollten Sie sich bei den potenziellen Kunden bedanken und ihnen weitere Informationen oder Angebote unterbreiten. Halten Sie regelmäßigen Kontakt mit ihnen, um ihr Interesse zu bewahren und langfristige Geschäftsbeziehungen aufzubauen.

E-Mails richtig geschrieben

E-Mails können schnell zu Konfliktfallen werden, da sie anderen Regeln unterliegen als Gespräche. Missverständnisse entstehen leicht, da Mimik und Tonfall nicht erkennbar sind. Ironie, Humor und flapsige Bemerkungen sollten vermieden werden, auch wenn Emoticons helfen können. E-Mails sind asynchron, was zu Verzögerungen führen kann. Texte sollten gekürzt werden. Es gibt unterschiedliche Höflichkeitsstandards, daher sind korrekte Anrede, Grußformel, Groß- und Kleinschreibung, Verabschiedung, Signatur und Abwesenheitsnotiz wichtig. E-Mails werden oft unter Zeitdruck geschrieben, was zu Fehlern führen kann.

Achten Sie auf höfliche und sachliche Formulierungen und schätzen Sie die emotionale Wirkung Ihrer Worte richtig ein. Nutzen Sie die Empfängerfelder „an“, „cc“ und „bcc“ eindeutig, um Missverständnisse oder gar Konflikte zu vermeiden. Bedenken Sie dabei, dass Empfänger im „an“-Feld direkt angesprochen werden und etwas erwartet wird, während Empfänger im „cc“-Feld lediglich informiert werden und keine Aktion erwartet wird. Verwenden Sie die Funktion „bcc“ nur sparsam und nur dann, wenn es notwendig ist, um heikle Informationen zu schützen oder wenn Sie ein E-Mail an verschiedene Personen schicken, die nichts miteinander zu tun haben. Und denken Sie immer daran: Ein geschriebenes Wort kann noch nach Jahren Unheil stiften, also wählen Sie Ihre Worte mit Bedacht!

Benutzen Sie in Ihrem E-Mail einen aussagekräftigen Betreff, der kurz und prägnant den Inhalt zusammenfasst. Verwenden Sie interessante und relevante Schlüsselwörter, die auf den Inhalt hinweisen und direkt ansprechen, was der Empfänger tun soll. Vermeiden Sie lange Sätze und verwenden Sie stattdessen klare und präzise Formulierungen. Aktualisieren Sie den Betreff, wenn sich der Inhalt des E-Mails ändert, um das Wiederauffinden später zu erleichtern. Schreiben Sie den Betreff aus der Sicht des Empfängers, um ihn persönlicher zu gestalten. Denken Sie daran, dass der Betreff darüber entscheidet, ob Ihr E-Mail überhaupt gelesen wird.

Anrede und Grußformel sind ein wichtiger Teil jedes E-Mails. Achten Sie darauf, dass Sie den Namen des Empfängers richtig schreiben, um eine negative Reaktion zu vermeiden. Wenn Sie auf eine E-Mail antworten, passen Sie die Förmlichkeit der Anrede an. Verwenden Sie keine Abkürzungen wie „S.g. Fr." oder „S.g. Hr.", sondern schreiben Sie die Anrede immer aus. Nach der Anrede setzen Sie einen Beistrich und beginnen die nächste Zeile in der Regel klein, es sei denn, das erste Wort ist ein Hauptwort. Zwischen der Anrede und dem Text lassen Sie eine Leerzeile. Wenn der Empfänger einen akademischen Titel im Grußwort benutzt, ist es wichtig, diesen Titel auch in der Anrede zu verwenden, um die Beziehungsebene zu stärken. Vor dem Namen schreiben Sie Diplom-, Magister- und Doktorgrade mit einem Punkt, aber kein Punkt nach „DI" für „Diplomingenieur". Wählen Sie den höchsten akademischen Grad, wenn jemand mehrere Grade hat. Die neuen Grade wie „BA", „MA" und „PhD" werden im E-Mail in der Anrede nicht genannt, da sie dem Namen nachgestellt sind.

Denken Sie daran, sich höflich zu verabschieden, wenn Sie eine E-Mail schreiben. Verwenden Sie dabei keine Abkürzungen und gestalten Sie die Grußformel passend für Ihr Unternehmen und Ihre Kunden. Nutzen Sie die Autokorrektur-Funktion, um sich das Schreiben zu erleichtern und weitere Abkürzungen zu erstellen. Vor der Grußformel setzen Sie eine Leerzeile und im Deutschen wird kein Beistrich nach der Grußformel geschrieben. Nutzen Sie die Verabschiedung als letztes positives Signal in Ihrer Kundenkommunikation.

In der Signatur einer E-Mail im kaufmännischen Schriftverkehr müssen folgende Angaben enthalten sein: exakte Firma inklusive Geschäftsform, Sitz der Gesellschaft mit korrekter Anschrift, Registergericht und Registrierungsnummer. Bei GmbHs müssen die Namen aller Geschäftsführer und ggf. des Aufsichtsratsvorsitzenden genannt werden, bei Aktiengesellschaften alle Vorstandsmitglieder und der Vorsitzende des Aufsichtsrats. Weitere Angaben wie Telefonnummer und Website sind optional aber empfohlen.

In Österreich gibt es gleich mehrere Gesetze, die die sogenannte Impressumspflicht für Emails vorgeben. Gemäß § 14 UGB gilt diese Regelung ausschließlich für Unternehmen, die im Firmenbuch eingetragen sind. Für Gewerbetreibende, die nicht ins Firmenbuch eingetragen sind, gilt hingegen die Bestimmung gemäß § 63

GewO. Die §§ 24 und 25 MedienG gelten für alle, die Newsletter versenden, während mögliche Ergänzungen aufgrund des Telekommunikationsgesetzes (§ 174 TKG 2021) und des Datenschutzgesetzes (§ 25 DSG) zu berücksichtigen sind.

Die eigene Website

Eine Website ist heutzutage unverzichtbar, um online gefunden zu werden und potenzielle Kunden zu gewinnen. Hier können Sie Ihre Produkte und Dienstleistungen präsentieren und potenzielle Kunden gezielt ansprechen. Eine Website dient nicht nur als Visitenkarte des Unternehmens, sondern auch als Informationsquelle und Kontaktmöglichkeit für potenzielle Kunden und Geschäftspartner. Dabei ist es wichtig, bei der Erstellung und Gestaltung der Website bestimmte Aspekte zu beachten, um eine erfolgreiche Online-Präsenz zu schaffen.

Bevor Sie Ihre Website erstellen, sollten Sie sich darüber im Klaren sein, welche Funktion sie erfüllen soll. Geht es um einen reinen Imagetransfer, um die bloße Kontaktaufnahme bei Interesse oder soll der Besucher bereits in die weite Welt Ihrer Angebotspalette eintauchen können? Wichtig ist, dass Ihre Website auf den ersten Blick klar und verständlich macht, was Ihr Unternehmen tut und welche Produkte oder Dienstleistungen es anbietet. Denken Sie dabei immer an die Bedürfnisse und Erwartungen Ihrer potenziellen Kunden. Beantworten Sie auf der Startseite die wichtigsten Fragen, die sie haben könnten. Achten Sie auch darauf, dass die Besucher schnell und einfach das finden, wonach sie suchen. Vermeiden Sie es, die Website mit unnötigem Text oder unübersichtlichen Inhalten zu überfrachten. Halten Sie die Sprache einfach und verständlich. Auch die Wahl der Domain ist von großer Bedeutung. Überlegen Sie sich eine Internetadresse, die möglichst selbsterklärend ist und deutlich macht, auf welches Angebot sich die Seite bezieht. Es empfiehlt sich auch, naheliegende Schreibweisen des Domain-Namens zu reservieren. Regelmäßige Aktualisierungen der Website sind wichtig, um Besucher zu halten und ein gutes Suchmaschinen-Ranking zu erreichen. Überlegen Sie sich auch Zusatzangebote, die über Ihre eigentlichen Produkte und Dienstleistungen hinausgehen und Ihren Besuchern einen Mehrwert bieten. Achten Sie außerdem auf eine klare Navigationsstruktur und vermeiden Sie tote Links. Überprüfen Sie Ihre Website regelmäßig, um sicherzustellen, dass alles reibungslos funktioniert. Schließlich ist es wichtig, dass Ihre Website von Suchmaschinen gefunden wird. Achten Sie auf Aktualität und saubere Programmierung, um ein gutes Ranking zu erreichen.

Das Impressum auf einer Website ist ein wichtiger Bestandteil, der oft unterschätzt wird. Es ist gesetzlich vorgeschrieben und soll sicherstellen, dass Besucher der Website grundlegende Informationen zum Website-Betreiber erhalten. Die Impressumspflicht betrifft nahezu alle öffentlich zugänglichen Webseiten, einschließlich Online-Shops, Online-Dienstleistungen und sogar Social-Media-Netzwerken. Die Pflicht ergibt sich in Deutschland aus dem Telemediengesetz (TMG) und dem Medienstaatsvertrag (MStV), in Österreich unter anderem aus dem E-Commerce-Gesetz (§ 5 ECG) und in der Schweiz aus dem Bundesgesetz

gegen den unlauteren Wettbewerb (UWG) Art. 3 Abs. 1 lit. s. Dadurch soll sichergestellt werden, dass im Falle eines rechtlichen Konflikts der Website-Betreiber bekannt ist. Ein Impressum muss auf Richtigkeit und Vollständigkeit überprüft werden, bevor die Website online geht. Bestandteile des Impressums sind der Name des Website-Betreibers, die Geschäftsadresse, Kontaktdaten wie E-Mail und Telefonnummer, sowie Angaben zu Registernummern, Steuernummern, Kammerzugehörigkeit und zuständigen Aufsichtsbehörden. Darüber hinaus können weitere Angaben je nach Art der Webseite notwendig sein. Es ist wichtig, dass das Impressum leicht zugänglich auf der Webseite platziert ist und immer auf dem neuesten Stand gehalten wird.

Die Datenschutz-Grundverordnung (DSGVO) gilt, wenn personenbezogene Daten auf Websites gesammelt, gespeichert und verarbeitet werden. In der (verpflichtenden) Datenschutzerklärung Ihrer Website müssen Sie angeben, welche personenbezogenen Daten erhoben werden, einschließlich Server-Logfiles und Cookies. Wenn Sie Analysetools, Social-Media-Plugins oder Interaktionsmöglichkeiten auf Ihrer Website verwenden, müssen Sie diese ebenfalls in der Datenschutzerklärung erwähnen und detaillierte Angaben zur Datenerhebung machen. Sie müssen auch erklären, wie mit den Kontaktinformationen umgegangen wird, die über die Kontaktaufnahme eines Nutzers erlangt werden. Es ist wichtig, dass die Nutzer die Möglichkeit haben, explizit oder implizit ihre Einwilligung zur Datenerhebung, Speicherung und Bearbeitung zu geben oder diese abzulehnen. Die DSGVO legt fest, dass personenbezogene Daten rechtmäßig und fair verarbeitet werden sollten, mit transparenten Informationen über den Zweck und die Art der Verarbeitung. Daten sollten nur für legitime Zwecke erhoben werden und auf das notwendige Maß beschränkt sein. Es sollte auch angemessene Sicherheitsmaßnahmen geben, um unautorisierten Zugriff auf die Daten zu verhindern. Fehlerhafte oder veraltete Daten sollten korrigiert oder gelöscht werden und die Aufbewahrungsfristen begrenzt sein. In der Schweiz gibt es als Pendant dazu das Datenschutzgesetz (DSG).

Die Kosten für eine eigene Website können je nach Umfang und Anforderungen stark variieren. Eine einfache Website mit wenigen Seiten und standardisierten Templates kann bereits für einige hundert Euro erstellt werden. Für umfangreichere und individuellere Websites können jedoch auch mehrere tausend Euro anfallen, insbesondere wenn zusätzliche Funktionen wie Online-Shops oder Buchungssysteme integriert werden sollen.

Es ist daher empfehlenswert, sich im Vorfeld über die eigenen Anforderungen und das Budget im Klaren zu sein und gegebenenfalls Angebote von verschiedenen Webdesignern oder Agenturen einzuholen. Dabei sollte man jedoch nicht nur auf den Preis, sondern auch auf die Qualität und Erfahrung des Anbieters achten!

Mehrwert verkaufen

Wenn Sie ein Produkt oder eine Dienstleistung anbieten, ist es wichtig, den Mehrwert zu kommunizieren, den das Produkt oder die Dienstleistung bietet. Dies trägt dazu bei, das Vertrauen Ihrer Kunden und potenziellen Kunden zu gewinnen und letztendlich den Verkauf anzukurbeln. Es ist wie beim Dating: Wenn Sie nicht zeigen können, was Sie zu bieten haben und was Sie von anderen unterscheidet, wird es schwer sein, jemanden für eine Beziehung zu gewinnen. Eine klare Kommunikation des Mehrwerts kann dazu beitragen, Kunden von Ihrem Angebot zu überzeugen und sie dazu zu bewegen, Ihre Produkte oder Dienstleistungen zu kaufen. Wenn Sie beispielsweise ein Produkt herstellen, das umweltfreundlicher ist als vergleichbare Produkte auf dem Markt, können Sie dies betonen und damit die wachsende Zahl von Kunden ansprechen, die Wert auf Nachhaltigkeit legen.

Da heute jeder Konsument neben dem Grundnutzen (bei einer Brille z. B. Korrektur der Sehkraft) einen Zusatznutzen erwartet, ist ein einzelner Zusatznutzen allein noch kein Mehrwert. Der Mehrwert muss entweder über das Erwartete hinausgehen oder etwas bieten, was die Konkurrenz nicht oder zumindest nicht in dieser Form bietet.

Im B2B-Bereich kann die Kommunikation des Mehrwerts dazu beitragen, das Vertrauen von Unternehmen zu gewinnen und die Entscheidungsfindung zu erleichtern. Wenn Sie beispielsweise eine Lösung anbieten, die speziell auf die Bedürfnisse eines bestimmten Unternehmens zugeschnitten ist, können Sie Ihre Expertise und Erfahrung betonen und so das Vertrauen in Ihre Lösung stärken.

Die Kommunikation des Mehrwerts hängt stark von der Zielgruppe und dem Kontext ab. Hier sind einige allgemeine Ratschläge, die bei der Vermittlung des Mehrwertes von Nutzen sein können:

Im B2C-Bereich:

1. Betonen Sie die Vorteile: Stellen Sie sicher, dass Sie die Vorteile Ihres Produkts oder Ihrer Dienstleistung klar und deutlich kommunizieren. Verwenden Sie klare, einfache Sprache und vermeiden Sie Fachbegriffe oder Jargon, die Ihre Zielgruppe möglicherweise nicht versteht.

2. Verwenden Sie Kundenbewertungen: Kundenbewertungen sind eine hervorragende Möglichkeit, den Mehrwert Ihres Produkts oder Ihrer Dienstleistung zu kommunizieren. Sie können Kundenbewertungen auf Ihrer Website, in Social-Media-Posts oder in Werbekampagnen verwenden, um potenzielle Kunden davon zu überzeugen, dass Ihr Produkt oder Ihre Dienstleistung den gewünschten Mehrwert bietet.

3. Vergleichen Sie sich mit Mitbewerbern: Wenn Sie in einem Wettbewerbsmarkt tätig sind, ist es wichtig, dass Sie sich von Ihren Mitbewerbern abheben. Vergleichen Sie die Vorteile Ihres Produkts oder Ihrer Dienstleistung mit denen Ihrer Mitbewerber und zeigen Sie auf, wie Ihr Angebot einen Mehrwert bietet, den Ihre Konkurrenten nicht bieten.

4. Verwenden Sie visuelle Inhalte: Visuelle Inhalte wie Bilder und Videos können eine leistungsstarke Möglichkeit sein, den Mehrwert Ihres Produkts oder Ihrer Dienstleistung zu kommunizieren. Verwenden Sie visuelle Inhalte, um die Vorteile Ihres Angebots zu demonstrieren und die Aufmerksamkeit Ihrer Zielgruppe zu gewinnen.

5. Betonen Sie die Alleinstellungsmerkmale: Wenn Ihr Produkt oder Ihre Dienstleistung einzigartige Funktionen oder Vorteile bietet, stellen Sie sicher, dass Sie diese betonen. Zum Beispiel, wenn Ihr Produkt umweltfreundlich ist oder wenn es aus hochwertigen Materialien hergestellt wird, die länger halten als andere Produkte auf dem Markt.

6. Verwenden Sie Social Proof: Social Proof bezieht sich darauf, dass Menschen dazu tendieren, sich an anderen zu orientieren, um Entscheidungen zu treffen. Verwenden Sie Social Proof, um den Mehrwert Ihres

Angebots zu kommunizieren. Zeigen Sie Kundenbewertungen oder Testimonials von zufriedenen Kunden, die den Mehrwert Ihres Angebots bestätigen.

Im B2B-Bereich:

1. Zeigen Sie den ROI auf: Im B2B-Bereich sind Unternehmen oft bereit, mehr Geld auszugeben, wenn sie wissen, dass sie eine höhere Rendite erzielen werden. Zeigen Sie den potenziellen ROI auf, den Ihr Produkt oder Ihre Dienstleistung bietet, um den Mehrwert zu kommunizieren. Näheres dazu erfahren Sie im Kapitel „ROI und NPV".

2. Verwenden Sie Fallstudien: Fallstudien sind eine hervorragende Möglichkeit, den Mehrwert Ihres Produkts oder Ihrer Dienstleistung im B2B-Bereich zu kommunizieren. Sie können zeigen, wie Ihr Produkt oder Ihre Dienstleistung einem anderen Unternehmen geholfen hat, seine Ziele zu erreichen und Probleme zu lösen.

3. Verwenden Sie Daten und Statistiken: Wenn möglich, verwenden Sie Daten und Statistiken, um den Mehrwert Ihres Produkts oder Ihrer Dienstleistung zu kommunizieren. Beispielsweise können Sie zeigen, wie Ihre Lösung die Effizienz eines Unternehmens verbessert hat oder wie sie dazu beigetragen hat, Kosten zu senken. Daten und Statistiken vermitteln Glaubwürdigkeit und helfen Unternehmen, eine informierte Entscheidung zu treffen.

4. Verwenden Sie Whitepapers und E-Books: Whitepapers und E-Books können eine effektive Möglichkeit sein, den Mehrwert Ihres Produkts oder Ihrer Dienstleistung im B2B-Bereich zu kommunizieren. Diese Inhalte bieten detaillierte Einblicke in Ihre Lösung und zeigen auf, wie sie einem Unternehmen helfen kann, seine Ziele zu erreichen.

5. Verwenden Sie Referenzen und Empfehlungen: Referenzen und Empfehlungen von zufriedenen Kunden sind eine hervorragende Möglichkeit, den Mehrwert Ihres Angebots im B2B-Bereich zu kommunizieren. Verwenden Sie diese Referenzen und Empfehlungen in Ihren Marketing- und Vertriebsunterlagen, um das Vertrauen potenzieller Kunden zu gewinnen.

6. Betonen Sie die Expertise: Wenn Sie ein Fachexperte auf Ihrem Gebiet sind, betonen Sie Ihre Expertise und zeigen Sie auf, wie Ihre Lösung auf die spezifischen Bedürfnisse und Anforderungen von Unternehmen zugeschnitten ist. Expertise kann dazu beitragen, das Vertrauen und die Glaubwürdigkeit zu stärken und den Mehrwert Ihres Angebots zu unterstreichen.

In beiden Bereichen ist es wichtig, den Mehrwert auf eine klare und überzeugende Weise zu kommunizieren, die die Bedürfnisse und Erwartungen Ihrer Zielgruppe anspricht.

Werbung

Möglicherweise bieten Sie ein großartiges Produkt oder eine hervorragende Dienstleistung an. Ihre Kunden sind zufrieden und empfehlen Sie weiter. Aber was ist mit potenziellen Kunden, die noch nichts von Ihnen gehört haben? Das ist der Punkt, an dem Werbung ins Spiel kommt. Sie ist der Weg, um Ihr Unternehmen bekannt zu machen, Ihre Marke zu stärken und Ihre Zielgruppe zu erreichen. Ganz gleich, ob Sie ein kleines Unternehmen oder ein großes Unternehmen führen, Werbung ist der Schlüssel zum Erfolg. Und wenn Sie den Erfolg Ihrer Werbekampagne messen möchten, gibt es Kennzahlen wie die bereits erwähnte Conversion Rate, die Ihnen helfen können, zu sehen, ob Ihre Strategie funktioniert oder ob Sie Anpassungen vornehmen müssen.

Die ersten Werbeformen waren mündliche Botschaften, die von Menschen verbreitet wurden. Im Laufe der Zeit entwickelten sich neue Werbeformen, wie Plakate, Broschüren und Zeitungsanzeigen. Im 19. Jahrhundert wurden die ersten Werbeagenturen gegründet.

In den letzten Jahren hat sich die Werbung stark weiterentwickelt. Dies ist vor allem auf die Entwicklung neuer Technologien wie dem Internet und den sozialen Medien zurückzuführen. Diese Technologien haben es Unternehmen ermöglicht, ihre Werbung gezielter und effektiver zu gestalten. Es gibt heutzutage viele verschiedene Werbemöglichkeiten, die Sie nutzen können, um Ihre Produkte und Dienstleistungen zu bewerben und neue Kunden zu gewinnen. Im Folgenden werden wir die gängigsten Möglichkeiten etwas näher betrachten.

Printmedien

Werbung in Printmedien ist ein klassisches Instrument zur Vermarktung von Produkten oder Dienstleistungen. Dabei können Zeitungen, Zeitschriften oder Fachmagazine genutzt werden, um eine bestimmte Zielgruppe zu erreichen. Doch wie funktioniert Werbung in Printmedien genau und was gilt es dabei zu beachten? Zunächst einmal sollte man sich überlegen, in welchem Medium man werben möchte. Möchte man beispielsweise eine breitere Öffentlichkeit ansprechen, bietet sich eine Tageszeitung an. Möchte man hingegen eine spezialisierte Zielgruppe erreichen, sind Fachzeitschriften die bessere Wahl. Anschließend geht es darum, die Gestaltung der Anzeige zu planen. Hierbei sollten die Botschaft, das Layout und die Platzierung gut durchdacht sein, um die gewünschte Wirkung zu erzielen.

Was die Kosten betrifft, so variieren diese je nach Art und Größe der Anzeige sowie der Reichweite des Mediums. In der Regel müssen für eine Anzeige in einer Tageszeitung zwischen 500 und 5.000 Euro eingeplant werden, während Anzeigen in Fachmagazinen etwa zwischen 1.000 und 10.000 Euro kosten können. Die genauen Kosten hängen jedoch auch von weiteren Faktoren wie Auflage, Platzierung und Farbgebung ab.

Content Marketing

Wenn Sie sich für Content Marketing entscheiden, gibt es einige wichtige Dinge zu beachten, um erfolgreich zu sein. Zunächst einmal müssen Sie verstehen, was Content Marketing überhaupt ist. Im Wesentlichen geht es darum, wertvolle Inhalte zu erstellen und zu verbreiten, die Ihre Zielgruppe ansprechen und informieren, um so Interesse an Ihrem Unternehmen oder Ihrer Marke zu wecken. Doch wie funktioniert das genau? Es beginnt damit, dass Sie sich in Ihre Zielgruppe hineinversetzen und deren Bedürfnisse und Interessen verstehen. Dann erstellen Sie Inhalte, die für sie relevant und nützlich sind. Diese können beispielsweise in Form von Blogeinträgen, Videos, Infografiken oder E-Books vorliegen. Doch das allein reicht nicht aus, um erfolgreich zu sein. Sie müssen auch sicherstellen, dass Ihre Inhalte von Ihrer Zielgruppe gefunden werden. Hier kommen verschiedene Verbreitungskanäle wie soziale Medien, E-Mail-Marketing oder Suchmaschinenoptimierung ins Spiel. Um Ihr Content Marketing effektiv zu gestalten, sollten Sie außerdem auf eine klare Strategie und regelmäßige Messung und Analyse achten. So können Sie sicherstellen, dass Ihre Inhalte Ihre Ziele erreichen und die gewünschten Ergebnisse erzielen.

Nun, was sind die typischen Kosten für Content Marketing? Das hängt von verschiedenen Faktoren ab, wie der Art und dem Umfang der Inhalte, die Sie erstellen möchten, sowie der Verbreitungsstrategie. Es ist jedoch möglich, Content

Marketing auch mit einem begrenzten Budget zu betreiben, indem Sie beispielsweise auf kosteneffektive Formate wie Blog-Posts setzen oder Ihre Inhalte selbst erstellen.

Denken Sie daran, dass Content Marketing ein langfristiger Ansatz ist, der Zeit und Geduld erfordert. Aber wenn Sie es richtig machen, kann es eine äußerst effektive Möglichkeit sein, Ihr Unternehmen zu bewerben und Ihre Zielgruppe zu erreichen.

Soziale Medien

Soziale Medien wie Facebook, Instagram oder Twitter können eine wirksame Möglichkeit sein, um mit potenziellen Kunden in Kontakt zu treten und Ihre eigene Marke zu bewerben. Dabei sollten Sie darauf achten, eine klare Strategie zu verfolgen und gezielt Inhalte zu erstellen, die bei der Zielgruppe gut ankommen. Zunächst einmal sollten Sie sich überlegen, wer Ihre Zielgruppe eigentlich ist. Welches Alter haben sie? Was sind ihre Interessen? Wo halten sie sich auf sozialen Medien auf? Diese Informationen sind entscheidend, um sicherzustellen, dass Sie Ihre Werbung an die richtigen Personen richten.

Es ist wichtig, dass Sie kreative Inhalte erstellen, die die Aufmerksamkeit Ihrer Zielgruppe auf sich ziehen. Verwenden Sie ansprechende Bilder, Grafiken und Videos, um Ihr Unternehmen und Ihre Produkte oder Dienstleistungen zu präsentieren. Achten Sie jedoch darauf, dass Sie nicht zu aufdringlich sind und Ihre Zielgruppe nicht verschrecken.

Halten Sie sich an Ihre Marke und stellen Sie sicher, dass Ihre Inhalte zu Ihrer Unternehmensidentität passen. Wählen Sie Ihre Farben und Schriftarten sorgfältig aus, damit Ihre Marke konsistent und leicht erkennbar bleibt.

Seien Sie aktiv auf den von Ihnen gewählten Plattformen und interagieren Sie mit Ihrer Zielgruppe. Beantworten Sie Fragen und Kommentare, um das Vertrauen in Ihr Unternehmen zu stärken und eine Beziehung aufzubauen.

Schließlich sollten Sie Ihre Werbekampagnen sorgfältig überwachen und analysieren, um zu sehen, welche Inhalte und Plattformen am besten funktionieren. Passen Sie Ihre Strategie entsprechend an und optimieren Sie Ihre Kampagnen, um die bestmöglichen Ergebnisse zu erzielen.

E-Mail-Marketing

E-Mail-Marketing bezieht sich auf das Versenden von E-Mails an eine Liste von Kontakten oder Abonnenten, um diese über Angebote, Neuigkeiten oder Events zu informieren. Dabei sollten Unternehmen darauf achten, relevante und ansprechende Inhalte zu erstellen und die E-Mails personalisiert und segmentiert zu versenden, um die Conversion Rate zu maximieren. Mit diesem Marketinginstrument können Sie gezielt Interessenten ansprechen und ihnen Ihr Angebot nahebringen. Erfahren Sie hier, wie Sie erfolgreich E-Mail-Marketing betreiben.

Zunächst sollten Sie sich über Ihre Zielgruppe im Klaren sein. Wer sind Ihre potenziellen Kunden und welche Bedürfnisse haben sie? Je besser Sie Ihre Zielgruppe kennen, desto treffsicherer können Sie sie ansprechen. Überlegen Sie sich, welche Vorteile Ihr Angebot bietet und formulieren diese klar und prägnant in Ihrem E-Mail-Text.

Achten Sie darauf, dass Ihre E-Mails nicht als Spam eingestuft werden. Vermeiden Sie daher in Ihren Betreffzeilen reißerische Versprechungen und Spam-Begriffe wie „Gewinne", „Gratis" oder „Jetzt schnell zugreifen". Stattdessen sollte die Betreffzeile neugierig machen und den Inhalt der E-Mail kurz umreißen.

Beschränken Sie sich im E-Mail-Text auf das Wesentliche und achten Sie auf eine klare Struktur. Setzen Sie klare Call-to-Action-Buttons, die zum Klicken animieren. Ihre E-Mail sollte auch optisch ansprechend gestaltet sein. Verwenden Sie ein professionelles Layout und passen Sie es an Ihr Corporate Design an.

Ein weiterer wichtiger Punkt ist die Personalisierung Ihrer E-Mails. Verwenden Sie den Namen des Empfängers und sprechen ihn direkt an. Zeigen Sie ihm, dass Sie sich mit ihm und seinen Bedürfnissen beschäftigt haben.

Eine erfolgreiche E-Mail-Kampagne besteht nicht aus nur einer einzelnen E-Mail. Erstellen Sie eine Serie von E-Mails, die aufeinander aufbauen und eine Geschichte erzählen. So bleiben Sie im Gedächtnis Ihrer Zielgruppe und bauen eine Beziehung zu ihr auf. Wenn Sie E-Mails an mehrere Empfänger zugleich senden, sollten Sie die E-Mail-Adressen der Empfänger im BCC-Feld verbergen, um deren Datenschutz zu gewährleisten. So können die Empfänger nicht sehen, wer sonst noch die E-Mail erhalten hat.

Aber Vorsicht: Bevor Sie E-Mails an jemanden senden, müssen Sie unbedingt sicherstellen, dass Sie die Einwilligung des Empfängers haben. Dies bedeutet, dass der Empfänger ausdrücklich zugestimmt haben muss, E-Mails von Ihnen zu erhalten. Es ist auch wichtig sicherzustellen, dass der Empfänger weiß, wofür seine Daten verwendet werden. Ihre Datenschutzerklärung sollte alle relevanten Informationen über die Verarbeitung personenbezogener Daten im Zusammenhang mit Ihren E-Mails enthalten. Dies sollte auch erläutern, wie die personenbezogenen Daten geschützt werden und wie der Empfänger seine Rechte ausüben kann. Geben Sie den Empfängern jederzeit die Möglichkeit, sich von Ihren E-Mail-Listen abzumelden. Dies kann in Form eines Links in jeder E-Mail oder durch eine einfache Antwort auf die E-Mail erfolgen.

Abschließend sei gesagt: E-Mail-Marketing ist ein effektives Marketinginstrument, das jedoch mit Bedacht eingesetzt werden sollte. Vermeiden Sie Spam und halten Sie sich an die Regeln des Datenschutzes. Setzen Sie auf Qualität statt Quantität und bleiben Sie stets im Dialog mit Ihrer Zielgruppe.

TV-Spots

Das Fernsehen ist seit langem ein beliebtes Werbemedium, da es eine große Reichweite hat und die Möglichkeit bietet, visuelle und auditive Elemente zu kombinieren. TV-Werbung ist trotz des Aufstiegs von Online- und Social-Media-Werbung weiterhin ein wichtiges Instrument für Unternehmen, um ihre Marke zu fördern und ihr Produkt oder ihre Dienstleistung einem breiten Publikum bekannt zu machen.

Die Kosten für TV-Spots können stark variieren und hängen von verschiedenen Faktoren ab, wie z. B. der Sendezeit, der Länge des Spots, der Popularität des TV-Senders und der Zielgruppe. Generell können die Kosten für einen 30-sekündigen TV-Spot in Deutschland zwischen einigen Tausend Euro bis hin zu mehreren Hunderttausend Euro liegen. Eine grobe Schätzung für einen Spot zur Hauptsendezeit auf einem großen TV-Sender könnte bei etwa 50.000 bis 100.000 Euro liegen. Die Kosten für die Produktion des Spots selbst sind in diesen Schätzungen nicht enthalten und können ebenfalls erheblich variieren.

Die österreichische Möbelhauskette XXXLutz hat in den letzten 20 Jahren rund 50 Millionen Euro für ihre Werbekampagne mit der Familie Putz ausgegeben. Die schrille und auffällige Werbung zeigt die Familie Putz, die im Möbelhaus wohnt und dabei lustige, absurde Situationen erlebt. Ursprünglich war die Kampagne für maximal ein Jahr angedacht, doch die Familie Putz hat es geschafft, sich im TV und Radio sowie auf Print- und Plakatwerbung zu etablieren – und das für ganze 20 Jahre! Ein Ende der Werbekampagne ist auch nach all dieser Zeit nicht absehbar. Die Darsteller der Werbefamilie denken noch lange nicht ans Aufhören und haben angekündigt, für weitere 20 Jahre Ideen für die Kampagne zu haben.

Weitere Werbemöglichkeiten

Es gibt noch eine Vielzahl von weiteren Werbemöglichkeiten, die Sie nutzen können:

1. Kooperationen mit anderen Unternehmen: Kooperationen mit anderen Unternehmen können eine wirksame Möglichkeit sein, um neue Kunden zu gewinnen und die eigene Reichweite zu erhöhen. Dabei sollten Unternehmen darauf achten, Kooperationspartner zu wählen, die zur eigenen Marke passen und die gleiche Zielgruppe ansprechen.

2. Suchmaschinenmarketing (SEM bzw. SEA): Dieses bezieht sich auf bezahlte Werbung in Suchmaschinen wie Google oder Bing. Dabei können Unternehmen ihre Anzeigen gezielt auf bestimmte Keywords oder Zielgruppen ausrichten und so potenzielle Kunden erreichen, die aktiv nach ihren Produkten oder Dienstleistungen suchen.

3. Influencer-Marketing: Influencer-Marketing bezieht sich auf die Zusammenarbeit mit Influencern oder Meinungsführern, um deren Reichweite und Glaubwürdigkeit zu nutzen, um Produkte oder Dienstleistungen zu bewerben. Dabei sollten Unternehmen darauf achten, Influencer zu wählen, die zur eigenen Marke passen und die gleiche Zielgruppe ansprechen.

4. Veranstaltungen und Messen: Veranstaltungen und Messen können eine wirksame Möglichkeit sein, um mit potenziellen Kunden in Kontakt zu treten und die eigene Marke zu bewerben. Dabei sollten Unternehmen darauf achten, sich gut vorzubereiten und gezielt auf die Zielgruppe zugeschnittene Inhalte zu präsentieren.

5. Online-Video-Marketing: Video-Marketing bezieht sich auf die Erstellung von Videos, um Produkte oder Dienstleistungen zu bewerben oder informative Inhalte bereitzustellen. Dabei sollten Unternehmen darauf achten, hochwertige und ansprechende Videos zu erstellen und diese gezielt auf der eigenen Website, Social-Media-Kanälen oder Video-Plattformen wie YouTube zu verbreiten.

6. Mobile Marketing: Mobile Marketing bezieht sich auf die Verwendung von mobilen Geräten wie Smartphones oder Tablets, um Kunden zu erreichen. Das kann beispielsweise über mobile Apps, SMS-Marketing oder Location-based Advertising geschehen.

7. Affiliate-Marketing: Affiliate-Marketing bezieht sich auf die Zusammenarbeit mit anderen Unternehmen oder Partnern, um Produkte oder Dienstleistungen zu bewerben. Dabei erhalten die Partner eine Provision für jeden vermittelten Kunden.

8. Out-of-Home Werbung: Out-of-Home Werbung bezieht sich auf Werbung an öffentlichen Orten wie Plakaten, Litfaßsäulen oder digitalen Werbetafeln. Dabei können Unternehmen gezielt auf bestimmte Zielgruppen ausgerichtete Werbebotschaften platzieren.

Beachten Sie, dass jede Werbeform ihre eigenen Vor- und Nachteile hat. Sie sollten daher sorgfältig prüfen, welche Werbeform am besten zu Ihren Zielen und Zielgruppen passt, bevor Sie eine Entscheidung treffen.

ROI und NPV

Die Begriffe ROI (Return on Investment) und NPV (Net Present Value) wurden erstmals in den 1950er Jahren verwendet. Heute werden ROI und NPV weltweit von Unternehmen als Entscheidungshilfe verwendet.

In Bezug zum Aufwand

Wie können Sie sicher sein, dass Ihre Marketingstrategien tatsächlich effektiv sind und sich lohnen? Hier kommen ROI und NPV ins Spiel. Klingt nach komplizierten Buchhaltungsbegriffen, aber im Grunde genommen sind sie ziemlich einfach: ROI zeigt Ihnen, wie viel Gewinn Sie im Verhältnis zu den Kosten erzielt haben, während NPV Ihnen sagt, ob eine Investition tatsächlich rentabel ist oder nicht. Nehmen wir an, Sie haben eine tolle Idee für eine neue Marketingkampagne, aber Sie fragen sich, ob sich die Kosten dafür lohnen. Hier können Sie ROI und NPV nutzen, um eine fundierte Entscheidung zu treffen. Berechnen Sie einfach, wie viel Geld Sie für die Kampagne ausgeben werden, und schätzen Sie dann, wie viel Gewinn Sie durch diese Kampagne erzielen werden. Wenn der ROI positiv ist und der NPV zeigt, dass der Gewinn die Investitionen übersteigt, dann können Sie sicher sein, dass Ihre Kampagne erfolgreich sein wird. Natürlich gibt es noch viele andere Faktoren, die berücksichtigt werden müssen, wie zum Beispiel die Zielgruppe, die Wettbewerbssituation und die Trends in Ihrer Branche. Aber mit ROI und NPV als Werkzeuge können Sie zumindest sicher sein, dass Sie Ihre Marketing- und Vertriebsstrategien auf eine solide finanzielle Basis stellen.

Als Verkaufsargument im B2B-Bereich

Es ist wichtig zu verstehen, dass ROI und NPV für Unternehmen im B2B-Bereich von unschätzbarem Wert sind. Sie sind mächtige Werkzeuge, die Unternehmen bei der Entscheidungsfindung unterstützen. Mit diesen Kennzahlen können Sie Ihren potenziellen Kunden zeigen, wie viel Geld sie durch den Kauf Ihres Produkts oder Ihrer Dienstleistung sparen können. Es ist eine einfache Rechnung: Wenn sie in Ihr Unternehmen investieren, möchten sie, dass sich ihre Investition auszahlt. ROI und NPV helfen dabei, diese Ergebnisse zu quantifizieren.

Als Geschäftsführer können Sie sich auf ROI und NPV als Verkaufsargumente stützen, um potenzielle Kunden von der Wirtschaftlichkeit Ihres Angebots zu überzeugen. Zeigen Sie Ihren Kunden, dass sich die Investition in Ihr Produkt oder Ihre Dienstleistung in kürzester Zeit auszahlen wird und sich langfristig positiv auf deren Unternehmen auswirkt. Dabei geht es nicht nur um den Verkauf. Wenn Sie Ihren Kunden helfen, ihre eigenen Investitionsentscheidungen auf der Grundlage von ROI und NPV zu treffen, können Sie ihnen dabei helfen, bessere Entscheidungen zu treffen und ihr eigenes Unternehmen zu verbessern. Es ist eine Win-Win-Situation für alle Beteiligten.

Ein Beispiel ist die Einführung eines CRM-Systems (Customer Relationship Management) bei einem mittelständischen Unternehmen. Das Unternehmen hatte Schwierigkeiten, den Überblick über Kunden- und Vertriebsdaten zu behalten, was zu ineffektiven Vertriebsprozessen und ungenutztem Umsatzpotenzial führte. Durch die Einführung eines CRM-Systems konnten die Vertriebsprozesse automatisiert und optimiert werden, was zu einer Steigerung der Vertriebseffizienz um 20% führte. Darüber hinaus konnte das Unternehmen das Umsatzpotenzial durch gezieltes Cross-Selling und Up-Selling besser ausschöpfen.

Das Unternehmen errechnete den ROI und NPV der Investition in das CRM-System und präsentierte diese Kennzahlen potenziellen Kunden als Verkaufsargumente. Durch die klare Darstellung des erwarteten Nutzens und der finanziellen Auswirkungen konnte das Unternehmen erfolgreich neue Kunden gewinnen und die Kundenbindung stärken.

Wie hoch sollten ROI und NPV sein? Dies hängt stark von der Branche, dem Unternehmen und dem spezifischen Projekt ab. Es gibt keine typischen oder standardisierten Werte für den ROI und NPV. Allerdings wird ein ROI von mindestens 15-20% oft als akzeptabel angesehen. Ein positiver NPV zeigt an, dass die Investition rentabel ist und einen höheren Barwert generiert als die Kosten für die Investition. Es ist jedoch wichtig zu beachten, dass der ROI und NPV allein nicht ausreichen, um eine fundierte Entscheidung zu treffen. Sie sollten in Verbindung mit anderen Faktoren wie dem Risiko und der Zeit bewertet werden.

XIV. Erstellen von Angeboten

Ein kommerzielles Angebot ist ein sehr wichtiges Dokument und muss sorgfältig erstellt werden, da es einem Unternehmen helfen kann, Glaubwürdigkeit bei potenziellen Kunden aufzubauen. Es vermittelt, dass Ihr Unternehmen professionell, gut organisiert und in der Lage ist, qualitativ hochwertige Produkte oder Dienstleistungen zu liefern. Ein kommerzielles Angebot ist auch ein wichtiges Instrument, um Entscheidungsträgern zu ermöglichen, Anbieter objektiver zu vergleichen. Mit einem kommerziellen Angebot können Entscheidungsträger Preise, Prozesse und prognostizierte Ergebnisse vergleichen.

Aber wie können Sie unwiderstehliche Angebote erstellen, die Ihre Kunden begeistern und überzeugen? Was sollte unbedingt in einem Angebot stehen? Hier sind einige Schritte, die bei der Erstellung eines Angebots zu beachten sind.

1. Verstehen Sie die Bedürfnisse des Kunden: Bevor Sie ein Angebot erstellen, ist es wichtig, die Bedürfnisse und Anforderungen des Kunden zu verstehen. Stellen Sie sicher, dass Sie alle relevanten Informationen über das Projekt oder den Auftrag haben, wie z. B. Umfang, Budget, Anforderungen.

2. Kalkulieren Sie die Kosten: Kalkulieren Sie die Kosten für das Projekt oder den Auftrag, um sicherzustellen, dass Sie ein profitables Angebot abgeben. Berücksichtigen Sie dabei alle Kosten, wie Materialien, Arbeitsstunden inkl. Mehr- und Überstunden, Lieferkosten und andere Ausgaben.

3. Erstellen Sie eine detaillierte Beschreibung: Erstellen Sie eine detaillierte Beschreibung des Angebots, die alle Aspekte des Projekts oder des Auftrags abdeckt. Stellen Sie sicher, dass alle Anforderungen des Kunden berücksichtigt werden und dass alle Kosten und Lieferbedingungen klar dargestellt werden.

4. Legen Sie einen Preis fest: Basierend auf Ihren Kosten und dem Marktumfeld legen Sie einen Preis fest, der für den Kunden akzeptabel ist und dennoch Ihre Gewinne gewährleistet. Gewähren Sie keine übermäßigen Rabatte, dies wirkt unseriös und die ursprünglichen Preise dadurch überzogen. Üblich ist ein Rabatt von 3% bei Zahlungseingang bis zu 8 Tagen ab Rechnungseingang, bzw. Ein Rabatt von 2% bei Zahlungseingang bis zu 14 Tagen ab Rechnungseingang.

5. Schreiben Sie ein Anschreiben: Schreiben Sie ein Anschreiben, in dem Sie sich bei Ihrem potenziellen Kunden bedanken und das Angebot vorstellen. Geben Sie alle notwendigen Informationen wie den Preis (Kalkulation), den Zeitrahmen, sowie Zahlungs- und die Lieferbedingungen an. Referenzprojekte und AGBs runden das Angebot ab.

6. Überprüfen Sie das Angebot: Überprüfen Sie das Angebot, um sicherzustellen, dass alle Anforderungen erfüllt sind und keine Fehler enthalten sind. Stellen Sie sicher, dass alle Details korrekt sind, bevor Sie es an den Kunden senden.

7. Versenden Sie das Angebot: Senden Sie das Angebot an den Kunden und stellen Sie sicher, dass er es rechtzeitig erhält. Geben Sie dem Kunden eine Frist, um das Angebot zu prüfen und geben Sie ihm die Möglichkeit, Fragen zu stellen oder weitere Informationen zu erhalten.

Und dann läuft die Zeit. Sie sollten das angebotene Produkt oder die angebotene Dienstleistung tunlichst pünktlich und in vollem Umfang liefern. Alles andere kostet Sie Geld!

Falls es während der Leistungserbringung oder danach zu Mängeln, Verspätungen oder anderen Problemen kommt, sind Sie dafür verantwortlich! In der Regel führt dies zu Vertragsstrafen für Verspätungen und/oder Kosten für Nacharbeit.

Stellen Sie die Rechnung, sobald die Auslieferung Ihres Produkts oder Dienstleistung erfolgt ist und keine unmittelbaren Mängel erkennbar sind. Dies hilft Ihrer Liquidität und ist ein Zeichen der Anerkennung Ihrer Leistung. Beachten Sie, dass die Rechnung alle gesetzlichen Anforderungen erfüllt.

XV. Fakturierung

Die Fakturierung bildet die Grundlage für die Aufforderung von Kunden, pünktliche Zahlungen zu leisten. Es hilft auch, den Verkauf oder die Lieferungen zu verfolgen. Fakturierung kann auch als historische Daten verwendet werden, um zukünftige Einnahmen vorherzusagen. Es hilft auch, das Geschäftseinkommen für Steuerzwecke zu verfolgen. Fakturierung ist aber nicht nur eine Steuerverpflichtung, sondern kann Ihnen auch die Kontrolle über den Cashflow und die Finanzen Ihres Unternehmens geben. Ihre Rechnungen können Ihnen bei der Kontrolle Ihrer Steuern, Zahlungen, Einkäufe und Entscheidungen von Nutzen sein. Unabhängig davon, ob Sie Freiberufler oder eine Gesellschaft sind, kann die Überwachung Ihres Cashflows dazu beitragen, dass Ihr Unternehmen in einem gesunden finanziellen Zustand bleibt. Es ist wichtig, regelmäßig zu überprüfen, welche Rechnungen bezahlt wurden und welche überfällig sind und weiterverfolgt werden müssen.

Zu jedem Umsatz benötigen Sie eine entsprechende Rechnung! Dabei müssen verschiedene rechtliche und steuerliche Anforderungen beachtet werden. So müssen Rechnungen bestimmte Pflichtangaben enthalten, wie zum Beispiel den Namen und die Anschrift des Leistungserbringers und des Leistungsempfängers, das Datum der Rechnungsausstellung, eine fortlaufende Nummer zur Identifizierung der Rechnung, eine Beschreibung der gelieferten Waren oder erbrachten Dienstleistungen sowie den Gesamtbetrag inklusive anzuwendender Steuersatz.

Während in Deutschland und Österreich in der Regel in Euro fakturiert wird, gilt in der Schweiz hingegen der Schweizer Franken als offizielle Währung. Das bedeutet, dass bei grenzüberschreitenden Geschäften zwischen den Ländern Wechselkurse berücksichtigt werden müssen. Außerdem benötigen Unternehmen in der Schweiz verpflichtend eine Mehrwertsteuernummer (MWST-Nr.), um Rechnungen ausstellen zu können.

Ab einem Rechnungsbetrag von € 250 (Deutschland) bzw. € 400 (Österreich) inklusive Umsatzsteuer ist die Angabe des Steuerbetrags sowie des Rechnungsempfängers auf der Rechnung zwingend erforderlich. Auch die Bankverbindung des liefernden oder leistenden Unternehmers sollte aufgeführt werden.

Rechnungen müssen in Deutschland und Österreich innerhalb von sechs Monaten nach Lieferung oder Leistung ausgestellt werden, bei Lieferungen oder Leistungen österreichischer Unternehmen in ein EU-Land sogar bis zum 15. des Folgemonats. In der Schweiz gibt es hierzu unterschiedliche Fristen von bis zu zehn Jahren. Die Aufbewahrungspflicht für Rechnungen beträgt in Deutschland und in der Schweiz in der Regel zehn Jahre, in Österreich sieben Jahre. Die Aufbewahrungsfrist beginnt mit dem Ende des Geschäftsjahres.

Ein weiterer Aspekt ist die Wahl der Zahlungsmethode. Laut einer Studie von E-CONOMIX aus dem Jahr 2020 sind die beliebtesten Zahlungsmethoden im Online-Handel in Deutschland E-Wallets wie PayPal oder Klarna (40%), gefolgt von Kauf auf Rechnung (36%) und SEPA-Lastschriftverfahren (32%). In Österreich hingegen bevorzugen die Kunden Kauf auf Rechnung (41%), Kreditkarte (31%) und Sofortüberweisung (25%). Die Kreditkarte ist auch in der Schweiz die am häufigsten verwendete Zahlungsmethode mit 68%, weit vor PayPal (15%) und der PostFinance Card (10%). Diese Unterschiede sollten bei der Gestaltung von Online-Shops oder anderen Verkaufskanälen berücksichtigt werden.

Das Reverse-Charge-Verfahren, auch Abzugsverfahren genannt, erleichtert den grenzüberschreitenden Handel in Europa und darüber hinaus erheblich. Dank dieser Methode müssen Sie sich nicht mehr um die unterschiedlichen Mehrwertsteuersätze in den verschiedenen Ländern kümmern. Sie können einfach Ihre Waren oder Dienstleistungen an Ihre Kunden verkaufen und ihnen eine Rechnung ohne Mehrwertsteuer ausstellen. Die Steuerschuld wird dann auf den Käufer übertragen, der die Mehrwertsteuer in seinem eigenen Land abführt. Dabei muss der Kunde oder Empfänger der Leistung die Umsatzsteuer an das Finanzamt zahlen und nicht der Anbieter oder Erbringer der Leistung. Der Anbieter stellt dem Kunden eine Rechnung ohne Umsatzsteuer aus und weist darauf hin, dass die Steuerschuld auf den Kunden übergeht. Der Kunde kann die gezahlte Umsatzsteuer als Vorsteuer abziehen, wenn er dazu berechtigt ist. Der Anbieter muss seine grenzüberschreitenden Leistungen an das Bundeszentralamt für Steuern melden. Das Reverse Charge Verfahren gilt auch für bestimmte inländische Lieferungen oder Dienstleistungen, wie z. B. Bauleistungen oder Schrottverkäufe.

Das Reverse-Charge-Verfahren ist nicht nur für den Handel innerhalb der EU gültig, sondern auch für Geschäfte mit anderen Ländern wie China, den USA oder der Schweiz. Das bedeutet, dass Sie Ihre Produkte oder Dienstleistungen an Kunden in der ganzen Welt anbieten können, ohne sich um komplizierte Steuerregeln kümmern zu müssen.

Allerdings ist bei Geschäften mit der Schweiz die Bezugsteuer zu beachten. Dabei handelt es sich um eine Art Mehrwertsteuer, die auf Dienstleistungen aus dem Ausland erhoben wird, wenn der Leistungserbringer nicht in der Schweiz registriert ist und einen weltweiten Umsatz von weniger als CHF 100.000 erzielt. Die Bezugsteuer soll die Wettbewerbsgleichheit zwischen inländischen und ausländischen Anbietern gewährleisten. Der Ort der Dienstleistung richtet sich nach dem Empfängerortprinzip, das heißt, wo der Leistungsempfänger seinen Sitz oder Wohnort hat. Allerdings gibt es einige Ausnahmen und Besonderheiten, die je nach Art der Dienstleistung gelten. So unterliegen beispielsweise Reparatur- oder Montageleistungen nicht der Umsatzsteuer. Auch bei Architekturleistungen gibt es eine Sonderregelung für Unternehmen mit einem Umsatz unter CHF 100.000 in der Schweiz, aber über dieser Grenze weltweit. Die Bezugsteuer ist ein komplexes Thema und erfordert eine sorgfältige Prüfung des Einzelfalls.

XVI. Aufbau starker Beziehungen

Wenn Sie an Geschäftsbeziehungen denken, denken Sie vielleicht an langweilige Meetings, trockene Verträge und steife Händedrücke. Aber Geschäftsbeziehungen sind mehr als das. Sie sind auch eine Quelle von Spaß, Freude und Loyalität. Ja, Loyalität. Das ist das Wort, das wir für Commitment verwenden. Commitment bedeutet nicht nur, dass Sie Ihre Versprechen halten und Ihre Ziele erreichen. Es bedeutet auch, dass Sie sich um Ihre Geschäftspartner kümmern, ihnen vertrauen und ihnen helfen, wenn sie es brauchen. Commitment ist wie eine Ehe zwischen zwei Unternehmen – nur ohne die romantischen Gefühle und die Scheidungsanwälte. Als Geschäftsführer sind Sie für die Pflege von Geschäftsbeziehungen verantwortlich und müssen sicherstellen, dass das Unternehmen gute Beziehungen zu Kunden, Lieferanten, Partnern und anderen Unternehmen hat. Der Aufbau und die Pflege dieser Beziehungen sind entscheidend für den Erfolg eines Unternehmens.

Beziehungen zu Kunden

Eine Präsenz Ihrerseits ist in der heutigen Zeit unerlässlich, um schnell auf Kundenbedürfnisse reagieren zu können. Darüber hinaus sollten Sie sich für die individuellen Bedürfnisse und Ziele Ihrer Kunden interessieren, um eine persönlichere Beziehung aufzubauen. Durch Kreativität und Einfallsreichtum können Sie Ihren Kunden das Gefühl geben, dass Sie sich um sie kümmern und ihnen entgegenkommen.

Es ist auch wichtig, dass Sie authentisch bleiben und sich an Ihre Werte und Prinzipien halten, um Vertrauen aufzubauen. Darüber hinaus sollten Sie Ihren Kunden stets einen Mehrwert bieten, indem Sie ihnen beispielsweise Tipps oder Empfehlungen geben.

Geduld und Zuverlässigkeit sind weitere wichtige Faktoren beim Aufbau von Beziehungen. Wenn Sie Ihre Versprechen einhalten und pünktlich sind, zeigen Sie Ihren Kunden, dass Sie ein vertrauenswürdiger Partner sind.

Abschließend möchte ich betonen, dass der Aufbau von Beziehungen eine Herausforderung sein kann, aber es sich lohnt, in sie zu investieren. Wenn Sie sich auf die genannten Faktoren konzentrieren, können Sie eine langfristige Beziehung aufbauen, die für Ihr Unternehmen von unschätzbarem Wert ist.

Loyalität und Wiederholungskäufe

Loyalität und Wiederholungskäufe sind zwei wichtige Kennzahlen, die die Stärke der Kundenbindung widerspiegeln. Laut einer Studie von Frederick Reichheld,

einem Pionier auf dem Gebiet der Kundenbindung, können Unternehmen, die die Kundenloyalität um nur 5% steigern, den Gewinn um bis zu 95% steigern. Darüber hinaus haben Stammkunden tendenziell höhere Warenkörbe und tätigen mehr Einkäufe als Neukunden. Eine Studie von Bain & Company ergab, dass eine Erhöhung der Kundenbindung um nur 5% zu einer Steigerung des Umsatzes um 25% bis 95% führen kann.

Negativer Einfluss von schlechten Erfahrungen

Negative Kundenerfahrungen können sich schnell auf die Geschäfte auswirken. Laut einer Studie von Oracle haben 89% der Verbraucher nach einer schlechten Erfahrung mit einem Unternehmen gesagt, dass sie zu einem Wettbewerber wechseln oder gar nicht mehr kaufen würden. Darüber hinaus teilen Verbraucher ihre schlechten Erfahrungen oft mit anderen, was zu einem schlechten Ruf und einem Verlust von potenziellen Kunden führen kann. Eine Studie von American Express ergab, dass die Verbraucher im Durchschnitt 15 Personen von ihren schlechten Erfahrungen erzählen.

Kundenfeedback

Kundenfeedback ist ein wertvolles Instrument, um die Kundenzufriedenheit zu messen und zu verbessern. Eine Studie von HubSpot hat ergeben, dass Unternehmen, die regelmäßig Kundenfeedback einholen und darauf reagieren, tendenziell höhere Kundenzufriedenheitswerte und niedrigere Churn-Raten haben. Darüber hinaus sind Kundenfeedback und Bewertungen auch wichtige Faktoren für die Online-Sichtbarkeit und den Ruf eines Unternehmens. Eine Studie von BrightLocal ergab, dass 87% der Verbraucher online nach Bewertungen suchen, bevor sie einen Kauf tätigen.

Bedeutung von Personalisierung

Personalisierte Marketingstrategien können zu einer höheren Kundenbindung und höheren Umsätzen führen. Laut einer Studie von Epsilon fühlen sich 80 Prozent der Verbraucher stärker mit einem Unternehmen verbunden, wenn dieses personalisierte Erfahrungen bietet. Darüber hinaus haben personalisierte E-Mails tendenziell höhere Öffnungs- und Klickraten als generische E-Mails. Eine Studie von Statista hat ergeben, dass personalisierte E-Mails eine Öffnungsrate von 18,8% im Vergleich zu einer Öffnungsrate von 13,1% für nicht personalisierte E-Mails haben.

Beziehungen zu Lieferanten und Partnern

Neben den Beziehungen zu Kunden sind auch die Beziehungen zu Lieferanten und Partnern von großer Bedeutung für den Erfolg Ihres Unternehmens. Jede Beziehung birgt ihre eigenen Herausforderungen und Geheimnisse. Wie können Sie sicherstellen, dass Ihre Lieferanten und Partner Ihre Bedürfnisse verstehen und erfüllen? Wie können Sie Konflikte vermeiden und das Vertrauen aufrechterhalten?

Eine offene Kommunikation ist der Schlüssel für eine erfolgreiche Zusammenarbeit mit Lieferanten und Partnern. Aber diese Kommunikation muss auch strategisch sein. Sie müssen Ihre Erwartungen und Bedürfnisse klar kommunizieren und gleichzeitig die Bedürfnisse Ihrer Lieferanten und Partner verstehen. Nur so können Sie gemeinsam Lösungen finden, die für beide Seiten von Vorteil sind. Doch was passiert, wenn Konflikte auftreten?

Die Beziehung zu Lieferanten und Partnern ist wie eine Art Schachspiel. Sie müssen Ihre Strategie im Voraus planen und Ihre Züge sorgfältig abwägen. Ein falscher Zug kann die Beziehung zerstören. Aber wenn Sie flexibel und einfallsreich sind, können Sie Ihre Beziehungen auf eine neue Ebene bringen.

Es ist wichtig, in die Beziehung zu investieren und zu zeigen, dass Sie die Zusammenarbeit schätzen. Bieten Sie Schulungen oder Weiterbildungen an oder laden Sie Ihre Lieferanten und Partner zu Networking-Veranstaltungen ein. Zeigen Sie, dass Sie ihre Arbeit und ihr Engagement schätzen. Kleine Gesten wie ein persönliches Dankeschön oder ein Geschenk können viel bewirken.

Und wenn es zu Konflikten kommt? Klären Sie Erwartungen und Vereinbarungen, um Konflikte zu vermeiden. Stellen Sie sicher, dass Sie und Ihre Lieferanten und Partner einander verstehen und dass alle Vereinbarungen schriftlich festgehalten werden. Wenn es zu Problemen kommt, arbeiten Sie gemeinsam an Lösungen, um das Vertrauen aufrechtzuerhalten.

Denken Sie daran, dass Beziehungen zu Lieferanten und Partnern genauso wichtig sind wie die Beziehungen zu Kunden. Durch Aufbau und Pflege dieser Beziehungen können langfristige, erfolgreiche Partnerschaften entstehen, die für Ihr Unternehmen von unschätzbarem Wert sind. Seien Sie mutig und klug im Umgang mit Lieferanten und Partnern und Ihre Beziehungen werden gedeihen.

Wie die folgenden Studien zeigen, können gute Beziehungen zu Lieferanten und Partnern erhebliche Vorteile für Unternehmen bieten. Unternehmen sollten daher bestrebt sein, langfristige Partnerschaften aufzubauen und zu pflegen, um von Kosteneinsparungen, höherer Produktqualität, höherem Umsatz und mehr Innovation zu profitieren.

Kosteneinsparungen durch langfristige Partnerschaften

Eine Studie des Instituts für Supply Chain Management hat ergeben, dass Unternehmen durch langfristige Partnerschaften mit ihren Lieferanten und Partnern erhebliche Kosteneinsparungen erzielen können. Die Studie ergab, dass Unternehmen, die eng mit ihren Lieferanten und Partnern zusammenarbeiten, bis zu 20% weniger für Materialien und Dienstleistungen ausgeben müssen.

Lieferantenbeziehungen beeinflussen die Qualität

Eine Studie der Universität Bath hat gezeigt, dass eine gute Zusammenarbeit mit Lieferanten die Qualität der Produkte verbessern kann. Die Studie ergab, dass Unternehmen, die enge Beziehungen zu ihren Lieferanten aufbauen und pflegen, eine höhere Produktqualität aufweisen als Unternehmen, die sich auf kurzfristige Verträge und Transaktionen beschränken.

Zufriedene Partner bleiben länger

Eine Studie des Beratungsunternehmens Bain & Company hat ergeben, dass Unternehmen, die gute Beziehungen zu ihren Partnern aufbauen und pflegen, eine höhere Partnerzufriedenheit und eine längere Partnerbindung aufweisen. Laut der Studie bleiben Partner, die mit den Unternehmen zufrieden sind, im Durchschnitt fast doppelt so lange wie unzufriedene Partner.

Partnerschaften steigern den Umsatz

Eine Studie des Marktforschungsunternehmens Forrester Research hat ergeben, dass Unternehmen, die eng mit ihren Partnern zusammenarbeiten, einen höheren Umsatz erzielen. Die Studie ergab, dass Unternehmen, die ihren Partnern Zugang zu ihren Kunden und Ressourcen gewähren, im Durchschnitt einen Umsatzanstieg von 18% verzeichnen.

Partnerschaften fördern Innovationen

Eine Studie des Beratungsunternehmens Accenture hat ergeben, dass Unternehmen, die enge Beziehungen zu ihren Partnern aufbauen und pflegen, innovativer sind. Die Studie fand heraus, dass Unternehmen, die eng mit ihren Partnern zusammenarbeiten, im Durchschnitt doppelt so viele Innovationen hervorbringen wie Unternehmen, die dies nicht tun.

XVII. Wachstum

Wachstum ist nicht nur für Pflanzen wichtig, sondern auch für Unternehmen. Warum? Weil Wachstum bedeutet, dass man mehr Kunden gewinnt, mehr Umsatz macht und mehr Erfolg hat. Wachstum ist also ein Zeichen dafür, dass man etwas richtig macht und dass man sich ständig verbessert. Wachstum ist auch spannend und motivierend, denn es bringt neue Herausforderungen und Möglichkeiten mit sich. Wer wächst, bleibt nicht stehen, sondern geht voran. Allerdings ist Wachstum nicht einfach und erfordert oft erhebliche Anstrengungen und Investitionen.

Das Konzept des Unternehmenswachstums wurde erstmals im 18. Jahrhundert von Adam Smith in seinem Buch „Der Wohlstand der Nationen“ (englischer Titel: An Inquiry into the Nature and Causes of the Wealth of Nations) erwähnt. Smith argumentierte, dass Unternehmen durch Spezialisierung und Arbeitsteilung wachsen können. Im 19. Jahrhundert wuchsen Unternehmen durch die Industrialisierung und die Einführung neuer Technologien. Unternehmenswachstum ist ein komplexer Prozess, der von vielen verschiedenen Faktoren beeinflusst wird. Heute kennen wir viele verschiedene Maßnahmen, die Unternehmen ergreifen können, um ihr Wachstum zu fördern. Mit der richtigen Strategie können Unternehmen ihr Wachstum beschleunigen und zum Wirtschaftswachstum beitragen.

Eine Möglichkeit besteht darin, neue Produkte oder Dienstleistungen einzuführen und neue Kunden zu gewinnen. Um das Potenzial neuer Produkte oder Dienstleistungen voll auszuschöpfen, ist es wichtig, gründliche Marktforschung zu betreiben, um sicherzustellen, dass die Produkte oder Dienstleistungen auch tatsächlich nachgefragt werden. Eine weitere Möglichkeit, Wachstum zu generieren, besteht in der Stärkung bestehender Kundenbeziehungen, um das Geschäft durch Upselling und Cross-Selling auszubauen. Zufriedene Kunden sind treue Kunden. Bieten Sie ihnen einen hervorragenden Service und persönliche Betreuung. Hören Sie auf ihr Feedback und ihre Bedürfnisse. Ermutigen Sie sie auch, Ihr Unternehmen weiterzuempfehlen oder online zu bewerten.

Ein weiterer Weg zum Wachstum ist die Expansion in neue Märkte, sei es geographisch oder in neue Branchen. Suchen Sie nach neuen Zielgruppen oder Regionen, in denen Sie Ihr Angebot verkaufen können. Nutzen Sie das Internet und die sozialen Medien, um Ihre Reichweite zu erhöhen. Kooperieren Sie mit anderen Unternehmen oder Organisationen, die ähnliche Werte oder Ziele haben.

Unternehmen können auch durch Fusionen und Übernahmen wachsen, indem sie andere Unternehmen kaufen oder sich mit ihnen zusammenschließen. Wichtig ist jedoch, dass Wachstum nicht um jeden Preis erfolgen sollte. Unternehmen sollten sicherstellen, dass sie ihre Wachstumsziele auf nachhaltige und rentable Weise erreichen, um ihren langfristigen Erfolg zu sichern. Es ist auch wichtig, dass Unternehmen ihre Wachstumspläne strategisch planen und sich auf ihre Kernkompetenzen konzentrieren, um ein nachhaltiges Wachstum zu gewährleisten.

Dass zu schnelles Wachstum zu einem Desaster führen kann, zeigte die Firma Ditech. Ditech war ein Elektronik-Fachhändler und E-Commerce-Unternehmen mit Sitz in Klagenfurt, Österreich. Das Unternehmen bot eine breite Palette von Elektronikprodukten an, darunter Computer, Smartphones, Haushaltsgeräte und Unterhaltungselektronik. Ditech wurde 1999 gegründet und entwickelte sich schnell zu einem der größten Elektronikhändler in Österreich. Das Unternehmen betrieb eine Kette von Einzelhandelsgeschäften und betrieb auch einen erfolgreichen Online-Shop. Ditech hatte in den Jahren vor der Insolvenz im Jahr 2014 sein Geschäft auf aggressive Weise erweitert, indem es neue Filialen eröffnet und in den Online-Handel investiert hatte. Darauf folgten Schwierigkeiten, mit den steigenden Kosten und dem zunehmenden Wettbewerb Schritt zu halten, die mit diesem raschen Wachstum einhergingen. Insbesondere hatte Ditech Schwierigkeiten, seine Betriebskosten im Griff zu behalten, was zu einem Anstieg der Verschuldung und einem negativen Cashflow führte.

Die Insolvenz von Ditech zeigt, wie wichtig es für Unternehmen ist, ihr Wachstum sorgfältig zu planen und sicherzustellen, dass sie ihre Ressourcen auf nachhaltige Weise einsetzen. Unternehmen müssen sicherstellen, dass sie über ausreichende finanzielle Ressourcen und Managementkapazitäten verfügen, um mit dem Wachstum Schritt zu halten, und sie müssen auch sicherstellen, dass sie die Bedürfnisse ihrer Kunden und die sich ändernden Marktbedingungen im Auge behalten.

Letztendlich ist Wachstum ein wichtiger Bestandteil des unternehmerischen Erfolgs, aber es erfordert eine sorgfältige Planung und eine konsequente Umsetzung, um langfristige Vorteile zu erzielen.

XVIII. Quiz für Geschäftsführer

Dieses Quiz soll Ihnen helfen aufzuzeigen, in welchen Bereichen Sie eventuell noch Informationen benötigen.

1. Was bedeutet der Begriff „Break-even-Point"?

   a) Der Zeitpunkt, an dem ein Unternehmen gegründet wird

   b) Der Punkt, an dem der Umsatz alle Kosten deckt.

   c) Der Zeitpunkt, an dem ein Unternehmen profitabel wird

   d) Der Punkt, an dem die variablen Kosten gedeckt sind

2. Was ist der Unterschied zwischen Gewinn und Umsatz?

   a) Gewinn ist das Ergebnis nach Abzug aller Kosten, Umsatz ist der Gesamtbetrag der Einnahmen

   b) Gewinn ist der Gesamtbetrag der Einnahmen, Umsatz ist das Ergebnis nach Abzug aller Kosten

   c) Gewinn und Umsatz sind synonym

   d) Gewinn bezieht sich auf den Cashflow, Umsatz auf den Buchwert

3. Was bedeutet der Begriff „Liquidität"?

   a) Die Fähigkeit eines Unternehmens, kurzfristige Schulden zurückzuzahlen

   b) Die Fähigkeit eines Unternehmens, langfristige Schulden zurückzuzahlen

c) Die Fähigkeit eines Unternehmens, Gewinne zu erwirtschaften

d) Die Fähigkeit eines Unternehmens, Investitionen zu tätigen

4. Was ist ein Cashflow-Statement?

a) Eine Aufstellung der Ausgaben eines Unternehmens

b) Eine Aufstellung der Einnahmen eines Unternehmens

c) Eine Aufstellung der Zahlungsströme eines Unternehmens

d) Eine Aufstellung der Bilanz eines Unternehmens

5. Was ist ein Produktlebenszyklus?

a) Der Zeitraum, den ein Produkt von der Idee bis zur Markteinführung benötigt

b) Der Zeitraum, in dem ein Produkt auf dem Markt verfügbar ist

c) Der Zeitraum, in dem ein Produkt vom Markt verschwindet

d) Der Zyklus, in dem ein Produkt im Hinblick auf Verkaufszahlen und Gewinn betrachtet wird

6. Was ist eine SWOT-Analyse?

a) Eine Analyse des Marktes und der Wettbewerber

b) Eine Analyse der Stärken, Schwächen, Chancen und Risiken eines Unternehmens

c) Eine Analyse der Kundenbedürfnisse

d) Eine Analyse der Mitarbeiterzufriedenheit

7. Was versteht man unter „Outsourcing"?

    a) Verlagerung von Geschäftsbereichen ins Ausland

    b) Verlagerung von Geschäftsbereichen an andere Unternehmen

    c) Verlagerung von Geschäftsbereichen an den Kunden

    d) Verlagerung von Geschäftsbereichen an interne Abteilungen

8. Was ist der Zweck eines Business-Plans im laufenden Betrieb?

    a) Finanzierung sichern

    b) Strategie entwickeln

    c) Mitarbeiter motivieren

    d) Rechtsform festlegen

9. Was ist eine wichtige Funktion von Key Performance Indicators (KPIs) im laufenden Betrieb?

    a) Mitarbeiterentwicklung

    b) Kostenreduzierung

    c) Marktanalyse

    d) Messung des Erfolgs

10. Welche Faktoren beeinflussen die Wahl der Rechtsform im laufenden Betrieb?

a) Haftungsbeschränkung und Steuerbelastung

b) Personalverwaltung und Marketingstrategie

c) Produktionsprozesse und Logistik

d) Finanzierung und Investitionen

11. Was ist ein wichtiger Schwerpunkt bei der Personalentwicklung im laufenden Betrieb?

    a) Förderung der fachlichen Kompetenz

    b) Verbesserung der Kommunikation

    c) Steigerung der Kundenzufriedenheit

    d) Erhöhung der Arbeitsplatzsicherheit

12. Welche Rolle spielt das Controlling im laufenden Betrieb?

    a) Planung und Steuerung der Finanzen

    b) Entwicklung von Produktinnovationen

    c) Verbesserung des Kundenservice

    d) Implementierung von IT-Systemen

13. Was sind mögliche Gründe für eine Unternehmensfusion im laufenden Betrieb?

    a) Marktexpansion und Diversifizierung

    b) Personalrekrutierung und Weiterbildung

c) Kostenreduzierung und Effizienzsteigerung

d) Marktforschung und Produktentwicklung

14. Welche Faktoren können eine Krise im laufenden Betrieb auslösen?

a) Mangelnde Innovation und schlechte Produktqualität

b) Übermäßige Investitionen und zu schnelles Wachstum

c) Unzureichende Personalentwicklung und geringe Mitarbeitermotivation

d) Schlechte Reputation und unzureichende Marketingstrategie

15. Was sind mögliche Instrumente zur Verbesserung der Liquidität im laufenden Betrieb?

a) Kostensenkungen und Personalabbau

b) Produktionsausweitung und Kapazitätserweiterung

c) Investitionen in F&E und Innovation

d) Verkauf von Vermögenswerten und Factoring

16. Was ist ein wichtiger Faktor bei der Wahl des Standorts im laufenden Betrieb?

a) Markterschließung und Kundennähe

b) Günstige Arbeitskräfte und niedrige Steuern

c) Verfügbarkeit von Rohstoffen und Energie

d) Infrastruktur und Verkehrsanbindung

17. Welche der folgenden Aufgaben fällt nicht in den Bereich des operativen Managements?

    a) Mitarbeiterführung

    b) Produktionsplanung

    c) Bilanzanalyse

    d) Qualitätssicherung

18. Was versteht man unter dem Begriff „Lean Management"?

    a) Eine Strategie zur Reduzierung von Arbeitsplätzen

    b) Ein Ansatz zur Optimierung von Produktionsprozessen

    c) Ein Verfahren zur Steigerung der Mitarbeitermotivation

    d) Ein Konzept zur Verbesserung der Arbeitsbedingungen

19. Welches der folgenden Instrumente dient der Analyse von Stärken, Schwächen, Chancen und Risiken (SWOT-Analyse)?

    a) Umsatzanalyse

    b) Prozessanalyse

    c) Marktforschung

    d) Unternehmensanalyse

20. Was versteht man unter der „Balanced Scorecard"?

a) Ein Konzept zur Messung der Unternehmensperformance

b) Eine Methode zur Mitarbeitermotivation

c) Eine Technik zur Produktdifferenzierung

d) Ein Ansatz zur Optimierung von Marketingkampagnen

Die richtigen Antworten finden Sie im Appendix am Ende dieses Buches.

XIX. Unternehmens-Gründung

Unternehmen spielen eine wichtige Rolle bei der Schaffung von Arbeitsplätzen, der Förderung von wirtschaftlichem Wachstum und der Verbesserung der Lebensqualität der Menschen.

Durch die Bereitstellung hochwertiger Produkte und Dienstleistungen können Unternehmen die Bedürfnisse und Wünsche der Gesellschaft erfüllen und so zum Wohlstand und zur Entwicklung der Gemeinschaft beitragen. Unternehmen können auch soziale Verantwortung übernehmen, indem sie sich an Wohltätigkeitsorganisationen beteiligen oder durch ihre Geschäftspraktiken soziale und ökologische Probleme angehen. Darüber hinaus ist die Schaffung von Werten für die Gesellschaft auch wichtig, um das langfristige Wachstum und den Erfolg des Unternehmens zu sichern. Indem Unternehmen das Vertrauen und die Loyalität der Kunden und der Gesellschaft gewinnen, können sie langfristige Beziehungen und eine starke Marke aufbauen, die auch in Zeiten der Unsicherheit und des Wandels Bestand hat.

Die Gründung eines eigenen Unternehmens ist ein aufregendes, aber auch herausforderndes Unterfangen. Es erfordert nicht nur eine innovative Geschäftsidee, sondern auch umfassende Kenntnisse in Bereichen wie Finanzen, Marketing, Recht und Management. Eine erfolgreiche Unternehmensgründung erfordert Planung, Ausdauer und Entschlossenheit.

Bei der Gründung eines Unternehmens gibt es viele Faktoren zu berücksichtigen, wie zum Beispiel die Wahl der richtigen Rechtsform, die Erstellung eines Businessplans, die Finanzierung des Unternehmens, die Suche nach geeigneten Mitarbeitern und die Erschließung von Kunden und Märkten. Dennoch kann die Gründung eines eigenen Unternehmens auch sehr befriedigend sein, da sie die Möglichkeit bietet, eine persönliche Vision zu verwirklichen, die eigenen Fähigkeiten und Fertigkeiten zu nutzen und ein Einkommen zu generieren, das unabhängig von einem Arbeitgeber ist. In dieser Phase ist es wichtig, dass angehende Unternehmensgründer sich Zeit nehmen, um ihre Geschäftsidee gründlich zu überprüfen und sich umfassend zu informieren, um ein solides Fundament für ihr Unternehmen aufzubauen. Eine umfassende Vorbereitung und Planung können den Erfolg des Unternehmens auf lange Sicht sichern.

„Thinking Big" ist einer der wichtigsten Grundsätze bei der Unternehmensgründung, der besagt, dass man groß und ehrgeizig denken sollte, um erfolgreich zu sein. Es geht darum, sich Visionen und Ziele zu setzen, die über das hinausgehen, was man auf den ersten Blick für möglich hält. Durch das Denken in großen Dimensionen und das Setzen großer Ziele können Gründerinnen und Gründer sich motivieren, ihr volles Potenzial auszuschöpfen und ihre kreativen und unternehmerischen Fähigkeiten zu nutzen. Allerdings sollte man bei einem „Thinking Big"-Ansatz darauf achten, dass man realistische Ziele setzt und auch die notwendigen Ressourcen und Fähigkeiten hat, um diese Ziele zu erreichen. Es ist wichtig, einen soliden Geschäftsplan zu haben und einen klaren Plan für die Umsetzung der Ziele zu entwickeln.

Geschäftsidee und Geschäftsplan

Bei der Gründung eines Unternehmens ist es sehr wichtig, eine Geschäftsidee zu haben und diese in einem Geschäftsplan (neudeutsch: Business Plan) auszuarbeiten.

Eine Geschäftsidee ist die Grundlage für ein erfolgreiches Unternehmen. Sie sollte innovativ, skalierbar und nachhaltig sein. Eine erfolgreiche Geschäftsidee sollte eine Lücke im Markt schließen, eine vorhandene Lösung verbessern oder ein neues Bedürfnis bei den Kunden wecken. Denken Sie dabei ruhig über den Tellerrand hinaus und kommen Sie mit neuen Ideen, die Ihre potenziellen Kunden begeistern werden.

Sobald eine Geschäftsidee gefunden wurde, sollte ein detaillierter Geschäftsplan erstellt werden. Ein Geschäftsplan ist ein schriftliches Dokument, das die Ziele, Strategien und Maßnahmen für die Umsetzung der Geschäftsidee beschreibt. Ein guter Geschäftsplan sollte die folgenden Elemente enthalten:

- Executive Summary: Das Executive Summary ist eine kurze und prägnante Zusammenfassung des Businessplans und gehört an den Anfang Ihres Geschäftsplans. Es ist insbesondere für Kapitalgeber wie Banken oder Investoren gedacht, die oft nur das Executive Summary lesen und dann entscheiden, ob sie tiefer in den Businessplan einsteigen möchten. Das Executive Summary sollte die Vision, Mission und Kernpunkte aller Kapitel enthalten. Die Gründerperson(en), Motivation der Gründung, Qualifikationen und Erfahrungen der Gründer sollten ebenfalls erwähnt werden. Es sollte auch die Zielkunden beschreiben und welche Bedürfnisse bzw. Probleme bei den Zielkunden bestehen. Die Zielgruppendefinition und Geschäftsidee sollten ebenfalls erwähnt werden.

- Geschäftsmodell: Die Definition des Geschäftsmodells ist eine Überlegung, die Sie in der Anfangsphase Ihrer Planungen anstellen müssen. Aus dem Geschäftsmodell ergeben sich viele weitere Berechnungen, Annahmen und Strategien, wie zum Beispiel die Marketingstrategie oder die Umsatzplanung. Das Geschäftsmodell beschreibt die grundlegende Funktionsweise eines Unternehmens. Es beschreibt, wie das Unternehmen Geld verdienen wird und welche Ressourcen und Aktivitäten dafür notwendig sind (Ertragsmodell). Das Geschäftsmodell sollte auch die Zielgruppe und den Kundennutzen beschreiben (Value Proposition). Beschreiben Sie auch, wie Sie diesen Wert konkret erschaffen (Geschäftsstruktur). Schließlich sollte nicht fehlen, was Sie als Unternehmer antreibt und welche Menschen Sie dafür in Ihr Team holen (Unternehmergeist).

- Marktanalyse: Diese dient dazu, den Markt zu analysieren, in dem die Idee für ein Produkt oder eine Dienstleistung umgesetzt werden soll. Die Idee wird nur dann finanziell erfolgreich sein, wenn aus ihr ein Angebot entsteht, das von der Zielgruppe angenommen wird und auf dem Markt gegen Konkurrenzprodukte bestehen kann. Eine Marktanalyse kann Ihnen helfen, Ihre Geschäftsidee mit Zahlen, Daten und Fakten zu belegen und so im Businessplan zu überzeugen. Sie können Marktpotenziale frühzeitig erkennen und Fehlentscheidungen vermeiden. Eine Marktanalyse zeigt Ihnen auch, welche Konkurrenzprodukte bereits auf dem Markt sind. Eine Marktanalyse sollte mindestens folgende Fragen beantworten: Wer sind die Kunden? Was sind ihre Bedürfnisse? Wer sind die Wettbewerber? Wie groß ist der Markt? Wie hoch ist das Marktpotenzial?

- Marketing- und Vertriebsstrategie: Eine detaillierte Beschreibung, wie das Unternehmen seine Produkte oder Dienstleistungen vermarkten und verkaufen wird. Es ist wichtig, diese Marketingstrategie im Gesamtkontext des eigenen Produkts und auch der Budgetvorstellungen zu sehen. Im Idealfall untergliedern Sie den Zeitraum, für den Ihr Businessplan gilt, in mehrere Phasen (zum Beispiel Vorbereitung, Markteintritt, Ausbau, Stabilisierung, Wachstum) und zählen die wichtigsten Vertriebsaktivitäten auf, die in jeder Phase anstehen.

- Chancen und Risiken: Eine Chancen- und Risikoanalyse hilft dabei, mögliche Chancen und Risiken des Geschäftsbetriebs zu identifizieren. Hierbei wird eine SWOT-Analyse durchgeführt, um zu analysieren, welche Chancen und Risiken für Ihre Geschäftsidee konkret bestehen und inwieweit aufgrund Ihrer Stärken und Schwächen die Chancen erhöht und die Risiken vermieden oder zumindest gemindert werden können. Sowohl Chancen als auch Risiken müssen im Businessplan anschaulich dargestellt werden. Entscheidend ist dabei nicht nur die Szenario-Beschreibung, sondern auch der Umgang des Unternehmens mit Chancen und Risiken. Es empfiehlt sich, nur die jeweils drei größten Risiken und Chancen zu erläutern.

- Finanzplan: Ein Finanzplan zeigt die geplante Unternehmensentwicklung in Zahlen und gibt Aufschluss darüber, ob sich ein Investment lohnt und eine Fortführung sinnvoll erscheint. Der Finanzplan nimmt somit eine zentrale Stellung in jedem Businessplan ein. Im Finanzplan werden alle Schätzungen und Planungen, die man in den vorherigen Kapiteln erarbeitet hat (auch Markenaufbau, Vertrieb, etc.), vereint. Dabei werden verschiedene Kalkulationen erstellt.

- Managementteam: Eine ausführliche Vorstellung des Managementteams des Unternehmens, einschließlich der Qualifikationen und Erfahrungen der Gründer und Führungskräfte. Dieser Teil des Geschäftsplans gibt Aufschluss darüber, wer das Unternehmen leitet und welche Kompetenzen und Fähigkeiten die einzelnen Mitglieder mitbringen. Dabei sollten auch die Bildungs- und Berufsweg der einzelnen Mitglieder dargestellt werden. Ziel ist es, potenzielle Investoren von den Fähigkeiten des Managements zu überzeugen.

Ein gut durchdachter Geschäftsplan hilft Ihnen als Gründer, Ihre Ideen zu konkretisieren und Ihre Ziele und Strategien zu definieren. Bei der Ausarbeitung werden sich Ihnen neue Fragen stellen, auf die Sie frühzeitig Antworten finden. Es ist definitiv einfacher, gemäß einem Plan zu agieren, anstatt auf neu auftretende Herausforderungen zu reagieren! Der Geschäftsplan ist aber auch ein wichtiges Instrument, um Investoren und Finanzierungsquellen zu gewinnen und potenzielle Probleme im Vorfeld zu identifizieren.

Im Folgenden finden Sie einige zusätzliche Tipps für die Erstellung eines Geschäftsplans:

- Seien Sie realistisch in Bezug auf Ihre Ziele und Vorgaben.

- Stellen Sie Nachforschungen an und sammeln Sie so viele Informationen wie möglich über Ihren Zielmarkt.

- Machen Sie genaue Angaben zu Ihren finanziellen Prognosen.

- Holen Sie sich Feedback von anderen zu Ihrem Geschäftsplan.

Die Erstellung eines Geschäftsplans ist ein zeitaufwändiger Prozess, aber er ist ein wesentlicher Schritt zur Gründung eines erfolgreichen Unternehmens.

Um ein Geschäftsmodell auf einer einzigen Seite zu visualisieren, wird oft ein *Business Model Canvas* (BMC) verwendet. Dabei handelt es sich um ein Poster

oder eine Tafel mit neun Abschnitten, die die wichtigsten Aspekte des Geschäftsmodells darstellen. Die neun Abschnitte sind:

1. Kundensegmente: Die Zielgruppe des Unternehmens.

2. Wertangebot: Welche Kundenbedürfnisse werden befriedigt?

3. Vertriebskanäle: Über welche Vertriebskanäle werden die Kunden erreicht?

4. Kundenbeziehungen: Auf welche Art und Weise wird mit den Kunden interagiert (z. B. persönlich, automatisiert, self-service)?

5. Einnahmequellen: Welche Einkommensströme werden generiert (z. B. durch Verkauf, Vermietung, Nutzungsgebühr)?

6. Schlüsselressourcen: Welche Ressourcen werden benötigt, um das Wertangebot zu liefern (physisch, intellektuell, menschlich und finanziell)?

7. Schlüsselaktivitäten: Welche sind die wichtigsten Aktivitäten zur Lieferung des Wertangebots (z. B. Produktion, Problemlösung, Plattformen, Netzwerke)?

8. Schlüsselpartner: Partnerschaften sind für die Steigerung der Gewinne, die Verringerung der Risiken und die Erschließung bestimmter Ressourcen und Aktivitäten unerlässlich. Welche sind die wichtigsten Partner, mit denen das Unternehmen zusammenarbeitet, um das Wertangebot zu liefern?

9. Kostenstruktur: Welche Kosten fallen für die kostenintensivsten Schlüsselressourcen und Schlüsselaktivitäten an?

Das Business Model Canvas kann in der Gründungsphase verwendet werden, um das Geschäftsmodell zu definieren und zu kommunizieren. Es kann auch bei der Analyse und Verbesserung von bestehenden Geschäftsmodellen helfen, indem es eine schnelle und klare Übersicht über alle Aspekte des Modells bietet. Es ist ein Werkzeug für Diskussionen und Zusammenarbeit zwischen verschiedenen Abteilungen und Teams im Unternehmen. Eine Vorlage zur Erstellung eines BMC finden Sie auf der folgenden Seite.

Business Model Canvas

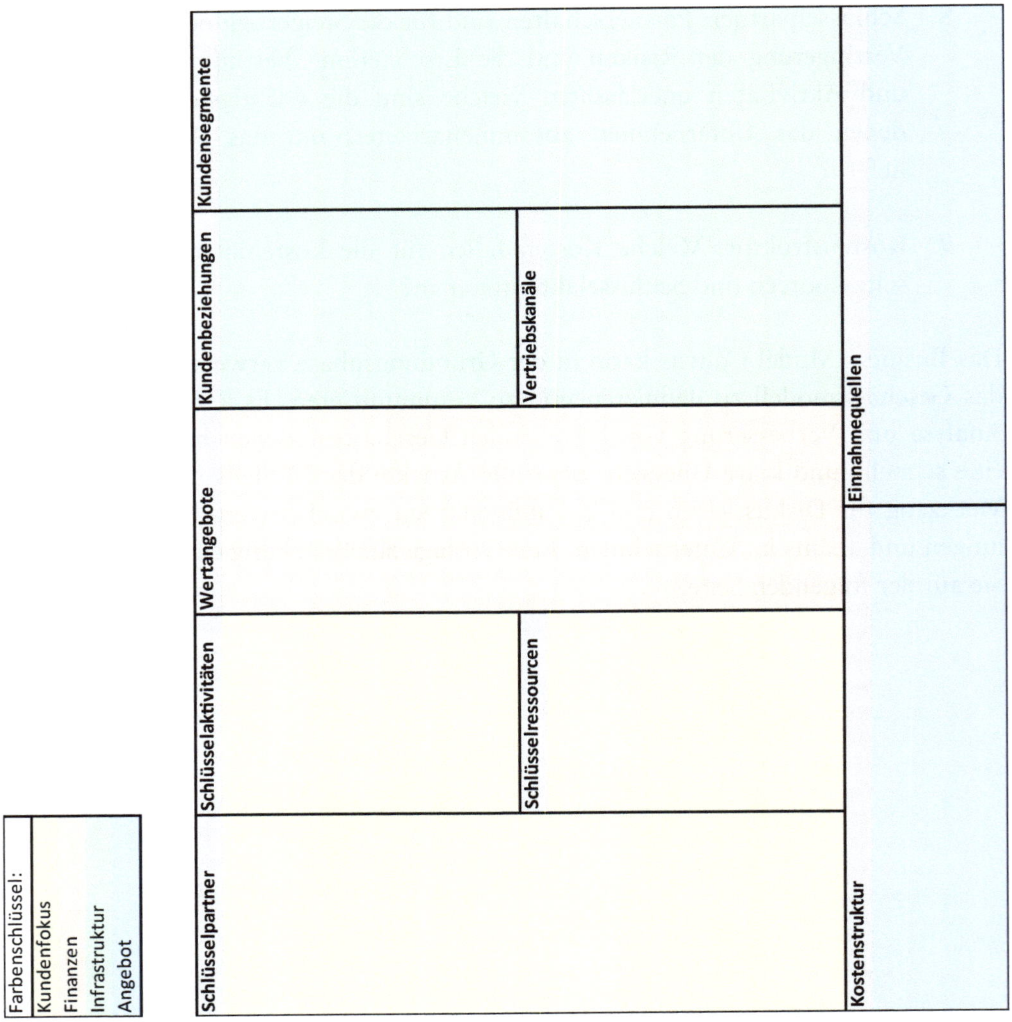

Eine Möglichkeit, schnell und kosteneffektiv zu testen, ob eine Produktidee oder -funktion den Anforderungen und Bedürfnissen der Zielgruppe entspricht und ob die Weiterentwicklung des Produkts sinnvoll ist, ist die Erstellung eines Minimum Viable Products (MVP). Dabei handelt es sich um ein Produkt, das ausreichende Funktionen und Eigenschaften aufweist, um den Nutzen und die Funktionsweise des Produkts zu demonstrieren und zu validieren. Ein MVP wird oft als eine frühe Version eines Produkts betrachtet, die mit minimalen Funktionen und Eigenschaften ausgestattet ist, um schnell Feedback von Nutzern und Kunden zu sammeln und das Produkt weiter zu verbessern. Durch das Sammeln von Feedback von Nutzern können Unternehmen schnell herausfinden, welche Funktionen und Eigenschaften in das Produkt aufgenommen werden sollten und welche nicht. Das MVP-Konzept wird oft im Rahmen von agilen und iterativen Entwicklungsmethoden verwendet, um schnell und effizient auf Veränderungen und Feedback zu reagieren.

Finanzierung

Die Finanzierung ist ein entscheidender Faktor bei der Gründung eines Unternehmens. Es ist wichtig, die Startkosten und die zukünftigen Ausgaben genau zu kalkulieren und zu planen, wie die Finanzierung sichergestellt werden kann, um das Unternehmen zum Erfolg zu führen. Es gibt verschiedene Möglichkeiten, um eine ausreichende Finanzierung für das Unternehmen zu sichern:

Eigenkapital

Eigenkapital kann von den Gründern selbst oder von Investoren stammen, die bereit sind, in das Unternehmen zu investieren. Dies kann in Form von Beteiligungskapital, wie Venture Capital oder Business Angels, oder auch als Crowdfunding erfolgen. Crowdfunding bedeutet, dass viele Personen kleinere Beträge investieren, um ein größeres Projekt zu finanzieren. Crowdfunding kann als Spenden-, Reward-, Darlehens- oder Beteiligungsfinanzierung erfolgen. In Deutschland gibt es beispielsweise die Crowdfunding-Plattformen Startnext und Companisto, die solche Finanzierungen anbieten. Ein österreichisches Pendant wäre Conda oder Crowdinvest, bzw. Swiss Crowdfunding oder wemakeit in der Schweiz. Beim Crowdfunding müssen potentielle Investoren erst auf die Idee aufmerksam gemacht werden, zum Beispiel durch direkte Ansprache oder durch Social Media. Danach müssen sie überzeugt werden, dafür Geld auszugeben. Dazu dienen beispielsweise gute Projektbeschreibungen, Bilder und Videos zu Ihrem geplanten Projekt. Auch die Wahl der richtigen Crowdfunding-Platform für das jeweilige Projekt ist nicht zu unterschätzen und kann einiges an Recherchearbeit erfordern.

Fremdkapital

Fremdkapital beinhaltet, dass das Unternehmen Gelder aufnimmt, die später zurückgezahlt werden müssen. Es gibt verschiedene Optionen für Fremdkapital, darunter Bankdarlehen, Anleiheemission, Fördermittel von der Regierung oder staatlich geförderte Kredite. Die KfW (Kreditanstalt für Wiederaufbau) bietet beispielsweise spezielle Kredite für Gründer an. Auch die Europäische Union bietet eine Vielzahl von Fördermöglichkeiten für Start-ups und KMUs an.

Bootstrapping

Bootstrapping bedeutet, dass die Gründer das Unternehmen aus eigener Kraft aufbauen, ohne externe Finanzierung. Diese Option ist oft sehr schwierig, erlaubt den Gründern aber die volle Kontrolle über ihr Unternehmen. Ein Beispiel für Bootstrapping ist das Unternehmen Mailchimp, welches es ohne Venture-Capital-Finanzierung zu einem Milliarden-Dollar-Unternehmen geschafft hat.

Elevator Pitch

Ein Elevator Pitch ist eine kurze, prägnante und überzeugende Beschreibung einer Idee, eines Produkts oder eines Unternehmens, die innerhalb von 30 Sekunden bis maximal zwei Minuten vermittelt wird. Der Name „Elevator Pitch" leitet sich davon ab, dass diese Kurzpräsentation so kurz sein sollte, dass man sie in einem Aufzug (engl. „elevator") während einer kurzen Fahrt präsentieren kann. Ein Elevator Pitch sollte nicht einfach nur darauf abzielen, ein Produkt zu verkaufen. Das Ziel sollte vielmehr darin bestehen, die Neugierde des Gegenübers zu wecken. Wenn es Ihnen gelingt, das Interesse des Investors zu gewinnen und er nach weiteren Informationen fragt oder Ihnen seine Visitenkarte gibt, haben Sie Ihr Ziel erreicht. Es geht darum, dass er so sehr von Ihrer Idee überzeugt ist, dass er bereit ist, in sie zu investieren.

Um einen erfolgreichen Pitch zu halten, sollten vier zentrale Fragen beantwortet werden:

1. Versteht mein Gegenüber, was ich mache?

2. Was bringt es meinem Gegenüber, mir zuzuhören?

3. Welchen Nutzen habe ich für mein Gegenüber?

4. Wie wecke ich die Neugier meines Gegenübers?

Investoren investieren nicht nur in eine Idee oder ein Produkt, sondern auch in die Menschen, die dahinterstehen. Daher ist es wichtig, sich gut vorzubereiten und die Präsentation inhaltlich und formal zu optimieren. Kurze, prägnante Sätze, eine klare Struktur und ein überzeugendes Auftreten sind hier unerlässlich. Aber auch die Geschichte und die Vision des Start-ups spielen eine wichtige Rolle. Erzählen Sie nicht nur von der Idee, sondern zeigen Sie auch das Potenzial und die Chancen auf, die Ihre Idee mit sich bringt.

Es ist von entscheidender Bedeutung, dass der Pitch klar und deutlich vermittelt, was das eigene Unternehmen oder die eigene Idee auszeichnet und welche Vorteile sie dem Gegenüber bietet. Der Fokus sollte auf den Bedürfnissen und Wünschen des potenziellen Investors liegen und zeigen, wie die Idee dazu beitragen kann, diese zu erfüllen. Dabei sollte der Pitch nicht nur sachlich und informativ, sondern auch inspirierend und neugierig machend gestaltet werden. Nur so kann das Interesse des Gegenübers geweckt werden und er dazu bewegt werden, weitergehendes Interesse an der Idee zu zeigen. Indem Sie diese Fragen beantworten, werden Sie einen erfolgreichen Pitch halten und einen zukünftigen Investor gewinnen können.

Ein erfolgreicher Pitch hängt aber nicht nur von der Qualität der Idee ab, sondern auch davon, wie sie präsentiert wird. Hier sind sieben wichtige Elemente, die dabei helfen können, den Pitch erfolgreich zu gestalten:

1. Blickkontakt halten: Es ist wichtig, während des Pitches Blickkontakt mit dem Gegenüber zu halten. Dadurch signalisiert man Selbstbewusstsein und Vertrauen in die eigene Idee.

2. Fragen stellen: Indem man Fragen stellt, kann man das Interesse des Gegenübers wecken und herausfinden, welche Bedürfnisse und Wünsche er hat.

3. Sympathie wecken: Sympathie ist ein wichtiger Faktor beim Aufbau einer Beziehung. Durch eine positive Ausstrahlung und freundliches Auftreten kann man Sympathie beim Gegenüber wecken.

4. Ehrlich und authentisch sein: Wenn man ehrlich und authentisch präsentiert, schafft man Vertrauen und zeigt, dass man glaubwürdig ist.

5. Persönliche Note einbringen: Indem man persönliche Erfahrungen teilt, kann man eine persönliche Beziehung zum Gegenüber aufbauen und ihn emotional erreichen.

6. Enthusiasmus zeigen: Eine enthusiastische Präsentation kann das Interesse des Gesprächspartners wecken und ihn davon überzeugen, dass die Idee eine Investition wert ist.

7. Demonstrieren: Durch die Demonstration des Produkts oder der Dienstleistung kann man dem Gegenüber einen visuellen Eindruck vermitteln und ihn davon überzeugen, dass die Idee tatsächlich umsetzbar ist.

Durch die Beachtung dieser sieben Elemente kann ein Pitch erfolgreich gestaltet und das Interesse potenzieller Investoren geweckt werden.

Rechtsform und Registrierung

Die Wahl der richtigen Rechtsform ist gar nicht so einfach, denn es gibt viele Möglichkeiten, Vor- und Nachteile, Formalitäten und Kosten zu berücksichtigen. Die Rechtsform hat Auswirkungen auf viele Aspekte des Unternehmens. Dazu gehören unter anderem die Haftung, Steuern, Kapitalbeschaffung und Führung des Unternehmens. Bestimmte Rechtsformen führen dazu, dass der Unternehmer mit seinem privaten Vermögen haftet, während andere Rechtsformen die Haftung auf das Geschäftsvermögen beschränken. Dies kann einen erheblichen Einfluss auf das Risiko haben, das der Unternehmer eingeht.

Die Steuerbelastung hängt auch von der gewählten Rechtsform ab. So unterliegen Einzelunternehmen und Personengesellschaften der Einkommensteuer, Kapitalgesellschaften der Körperschaftsteuer.

Die Rechtsform kann auch die Kapitalbeschaffung beeinflussen. Beispielsweise haben Kapitalgesellschaften aufgrund ihrer rechtlichen Struktur in der Regel leichteren Zugang zu Fremdkapital. Die Wahl der Rechtsform kann somit einen erheblichen Einfluss auf die Finanzierungsmöglichkeiten des Unternehmens haben.

Die Rechtsform kann auch Auswirkungen auf die Führung des Unternehmens haben. Beispielsweise ist die Geschäftsführung bei Kapitalgesellschaften von der Eigentümerstruktur getrennt, während bei Personengesellschaften die Gesellschafter selbst die Geschäfte führen. Dies kann sich auf die Unternehmensstrategie und -entscheidungen auswirken.

Es ist daher wichtig, dass Gründer sich vor der Gründung eines Unternehmens über die verschiedenen Rechtsformen informieren und sich beraten lassen, um die beste Wahl für ihr Unternehmen zu treffen. Auch im späteren Verlauf des Unternehmens kann es sinnvoll sein, die Rechtsform anzupassen, um sich verändernden Bedingungen anzupassen.

Deutschland

In Deutschland gibt es verschiedene Gesellschaftsformen, die von Unternehmern gewählt werden können. Hier sind die wichtigsten Gesellschaftsformen:

- Einzelunternehmen: Dies ist die einfachste und häufigste Rechtsform für kleine Unternehmen. Hierzu zählen eingetragene Kaufleute, Kleingewerbetreibende und Freiberufler. Der Einzelunternehmer ist alleiniger Inhaber des Unternehmens und haftet unbeschränkt mit seinem Privatvermögen. Die Gründung ist relativ einfach und es gibt wenig bürokratischen Aufwand. Allerdings kann es schwieriger sein, Kredite zu bekommen oder Investoren anzuziehen.

- Personengesellschaften: Hier gibt es verschiedene Rechtsformen wie die GbR, OHG, PartG oder KG. Diese Formen werden von zwei oder mehreren Personen gegründet, die gemeinsam das Unternehmen führen. Die Haftung der Gesellschafter kann je nach Form unterschiedlich sein. Bei der GbR haften alle Gesellschafter unbeschränkt und persönlich mit ihrem Privatvermögen, während bei der KG oder der OHG die Haftung eines oder mehrerer Gesellschafter beschränkt sein kann. Die Gründung erfordert mehr Aufwand und es müssen Verträge zwischen den Gesellschaftern geschlossen werden.

- Kapitalgesellschaften: Dazu zählen die GmbH, die AG und die UG. Sie sind von den Gründern unabhängig und haften mit dem Gesellschaftsvermögen. Die Gründung erfordert ein Mindestkapital und ist mit höheren Kosten und mehr bürokratischem Aufwand verbunden. Allerdings kann es einfacher sein, Kredite zu erhalten und Investoren zu gewinnen.

- Ausländische Rechtsformen: Unternehmen können auch in anderen Ländern gegründet werden und von dort aus in Deutschland tätig sein. Hierbei sind jedoch besondere Regelungen zu beachten, insbesondere im Hinblick auf Steuern und Rechtsformen.

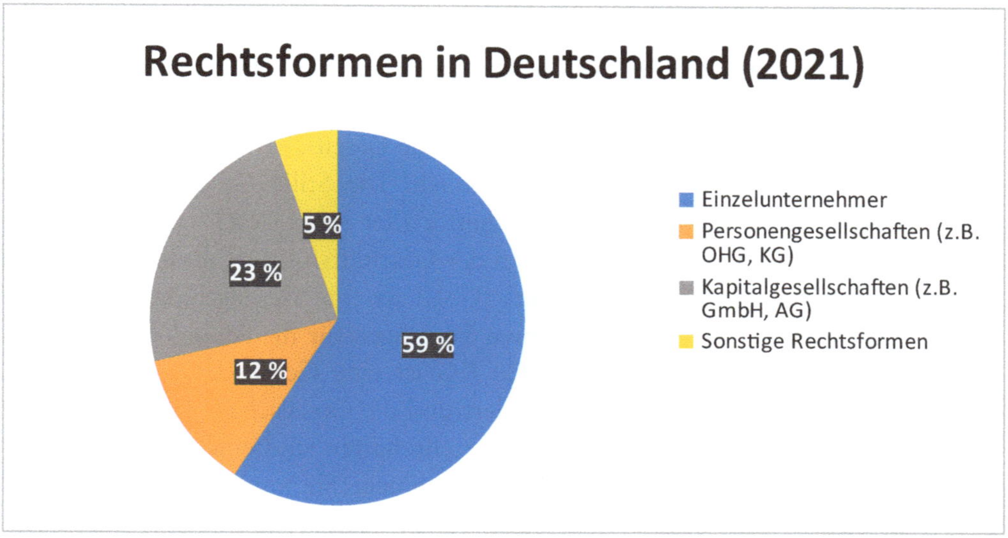

Quelle: *https://de.statista.com/statistik/daten/studie/237346/umfrage/unternehmen-in-deutschland-nach-rechtsform-und-anzahl-der-beschaeftigten/*

Österreich

Ähnlich wie in Deutschland können Unternehmer in Österreich ebenfalls verschiedene Gesellschaftsformen wählen. Im Folgenden werden die wichtigsten Gesellschaftsformen dargestellt:

- Einzelunternehmer: In Österreich ist der Einzelunternehmer auch als Ein-Personen-Unternehmen (EPU) bekannt. Ein Einzelunternehmen ist die einfachste Form eines Unternehmens. Es wird von einer einzigen Person gegründet und geführt. Einzelunternehmen sind sehr flexibel und einfach zu gründen. Sie sind jedoch auch mit einem hohen Risiko verbunden, da der Einzelunternehmer unbeschränkt mit seinem gesamten Betriebs- und Privatvermögen für die Schulden des Unternehmens haftet.

- Personengesellschaften: In Österreich gibt es verschiedene Personengesellschaften wie die Offene Gesellschaft (OG), die Kommanditgesellschaft (KG), die Stille Gesellschaft und die Gesellschaft bürgerlichen Rechts

(GbR). Die Offene Gesellschaft (OG) ist eine Gesellschaft, bei der alle Gesellschafter mit ihrem gesamten Vermögen für die Schulden der Gesellschaft haften. Bei der KG haften hingegen die Komplementäre unbeschränkt und persönlich, während die Kommanditisten nur mit ihrer Einlage haften. In Deutschland haften alle Gesellschafter einer Personengesellschaft unbeschränkt und persönlich. Die Stille Gesellschaft ist eine Gesellschaft, bei der ein Gesellschafter (der stille Gesellschafter) Kapital zur Verfügung stellt, ohne sich an der Geschäftsführung zu beteiligen. Die Gesellschaft bürgerlichen Rechts (GbR) ist eine Gesellschaft, bei der die Gesellschafter mit ihrem gesamten Vermögen für die Schulden der Gesellschaft haften. Die GmbH & Co KG ist eine Gesellschaft, bei der eine GmbH als Komplementärin fungiert und die Gesellschafter der GmbH als Kommanditisten haften. Personengesellschaften sind eine beliebte Rechtsform für kleine und mittlere Unternehmen. Sie sind relativ einfach zu gründen und zu führen. Personengesellschaften bergen aber auch ein hohes Haftungsrisiko für die Gesellschafter.

- Kapitalgesellschaften: Kapitalgesellschaften sind Gesellschaften, deren Kapital in Anteile aufgeteilt wird. Für die Verbindlichkeiten der Gesellschaft haften die Gesellschafter nur mit ihrer Einlage. In Österreich gibt es die Gesellschaft mit beschränkter Haftung (GmbH) und die Aktiengesellschaft (AG), ähnlich wie in Deutschland. Die Mindesteinlage für die Gründung einer GmbH beträgt in Österreich jedoch nur 10.000 Euro, während sie in Deutschland mindestens 25.000 Euro beträgt. Die Mindesteinlage für die Gründung einer AG ist in Österreich mit 70.000 Euro höher als in Deutschland mit 50.000 Euro. GmbH-Geschäftsführer können von den Gesellschaftern jederzeit abberufen werden, es sei denn, es gibt im Gesellschaftsvertrag andere Regelungen.

- Vereine sind in Österreich freiwillige, nicht auf Gewinn gerichtete Zusammenschlüsse von Personen, die einen gemeinsamen Zweck verfolgen. Vereine können von mindestens zwei Personen gegründet werden und müssen bei der zuständigen Behörde eingetragen werden. Die wichtigsten Organe des Vereins sind die Mitgliederversammlung, der Vorstand und die Rechnungsprüfer. Die Tätigkeit des Vereins wird durch die Statuten geregelt. Vereine sind eine wichtige Institution des gesellschaftlichen Lebens in Österreich. Sie leisten einen wertvollen Beitrag in vielen Bereichen wie Sport, Kultur, Soziales und Umweltschutz.

- Stiftungen sind gemeinnützige Körperschaften des öffentlichen Rechts, die ein Vermögen verwalten und dieses für gemeinnützige Zwecke einsetzen. Man unterscheidet zwischen Privatstiftungen und Gemeinnützigen Stiftungen. In Österreich sind Stiftungen steuerbegünstigt, das bedeutet, dass sie keine Körperschaftssteuer und keine Erbschaftssteuer zahlen müssen. Stiftungen können jedoch steuerpflichtig sein, wenn sie einen wirtschaftlichen Geschäftsbetrieb unterhalten. Insgesamt ist das österreichische Stiftungsrecht sehr liberal. Stiftungen haben in Österreich einen großen steuerlichen und rechtlichen Gestaltungsspielraum.

- Ausländische Rechtsformen: In Österreich können ausländische Gesellschaften tätig sein, solange sie bestimmte Anforderungen erfüllen. Es gibt jedoch einige Unterschiede in den Regelungen und Vorschriften, die zu beachten sind.

Informationen zu den unterschiedlichen Gesellschaftsformen in Österreich sind auf der Website der Wirtschaftskammer Österreich (WKO) zu finden.

URL:
https://www.wko.at/service/wirtschaftsrecht-gewerberecht/Welche_Gesellschaftsformen_gibt_es_in_Oesterreich_.html

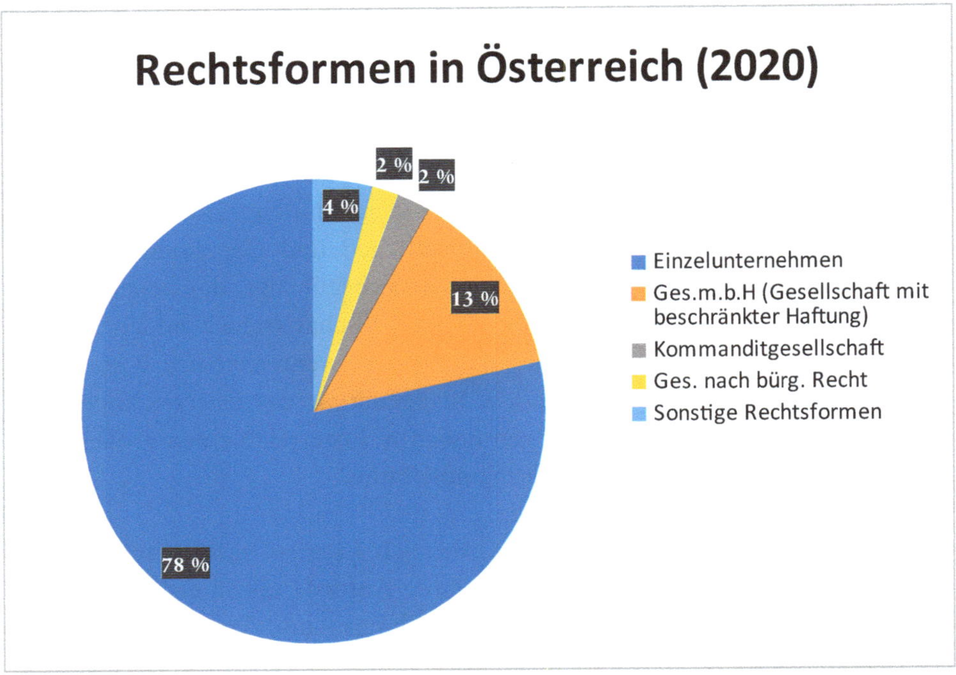

Quelle: *https://de.statista.com/statistik/daten/studie/1171766/umfrage/unternehmen-in-oesterreich-nach-rechtsformen/*

Schweiz

In der Schweiz gibt es verschiedene Rechtsformen für Unternehmen, die sich in einigen Aspekten von den in Deutschland üblichen Rechtsformen unterscheiden.

In der Schweiz gibt es beispielsweise die Möglichkeit, eine Einzelfirma zu gründen, während dies in Deutschland als Gewerbebetrieb bezeichnet wird. Einzelunternehmen sind in der Schweiz die einfachste und kostengünstigste Art von Unternehmen und sind im Handelsregister eingetragen. Der Inhaber haftet jedoch persönlich und uneingeschränkt für die Schulden des Unternehmens.

Eine weitere Rechtsform in der Schweiz ist die Kollektivgesellschaft (KG). Im Gegensatz zur deutschen KG haften alle Gesellschafter der KG in der Schweiz persönlich und solidarisch für die Schulden der Gesellschaft.

Die GmbH (Gesellschaft mit beschränkter Haftung) in der Schweiz ist ähnlich wie die GmbH in Deutschland, aber es gibt einige Unterschiede. In der Schweiz gibt es beispielsweise keine Mindestkapitalanforderungen und die Gesellschafter können ihre Haftung beschränken oder sogar ausschließen.

Die Aktiengesellschaft (AG) in der Schweiz ist ebenfalls ähnlich wie die AG in Deutschland, aber es gibt auch hier Unterschiede. In der Schweiz gibt es beispielsweise keine Stammaktien, sondern nur Namenaktien. Außerdem gibt es in der Schweiz keine Sperrminorität, wie es sie in Deutschland gibt.

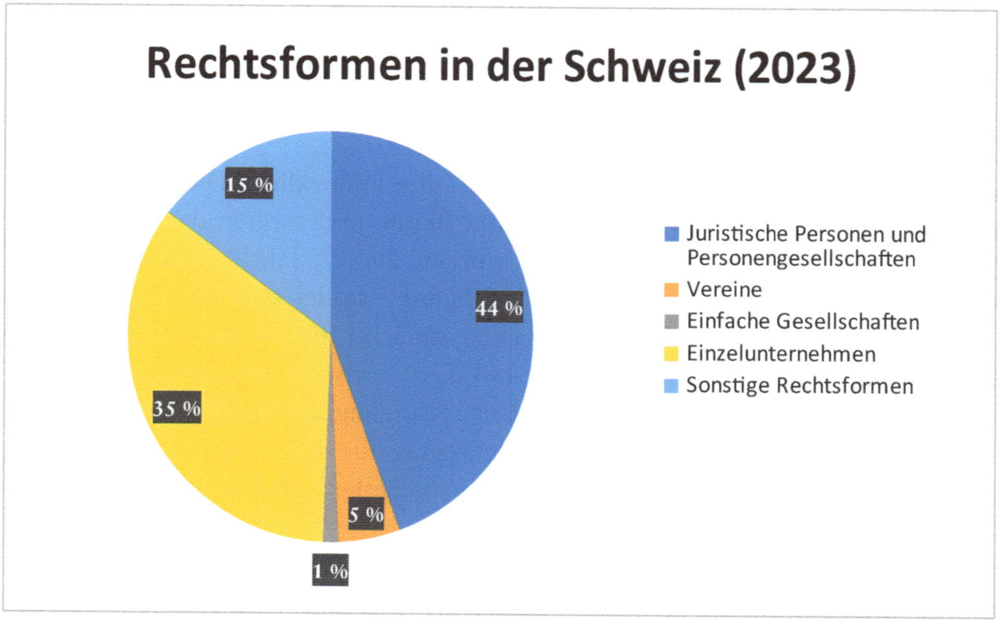

Quelle: https://www.bfs.admin.ch/bfs/de/home/register/unternehmensregister/unternehmens-identifikationsnummer/uid-register/aktuelle-daten.html

Wenn Sie sich unsicher sind, wie Sie ein Gewerbe anmelden sollen, holen Sie sich professionelle Hilfe von einem Anwalt oder Steuerberater. Dies ist vor allem bei Kapitalgesellschaften sinnvoll, da die rechtlichen Anforderungen hier weit komplexer sind als bei Personengesellschaften.

Gewerbeberechtigung

Sie haben eine tolle Geschäftsidee und wollen sich selbstständig machen? Herzlichen Glückwunsch! Aber bevor Sie loslegen können, brauchen Sie einen Gewerbeberechtigung. Das ist eine Genehmigung der Behörde, die bestätigt, dass Sie die notwendigen Voraussetzungen für Ihre Tätigkeit erfüllen. Die Ausübung eines Gewerbes ist in der Gewerbeordnung geregelt, in der die Voraussetzungen und Bedingungen für die Ausübung eines Gewerbes festgelegt sind. Zu den allgemeinen Voraussetzungen zählen die Vollendung des 18. Lebensjahres, die Staatsbürgerschaft eines EU-/EWR-Mitgliedstaates oder der Schweiz, keine Ausschließungsgründe (z. B. Finanzstrafdelikte, gerichtliche Verurteilungen, Insolvenzverfahren) sowie ein geeigneter Standort.

Im Mittelalter wurde das Gewerbe durch Zünfte kontrolliert. Die Zünfte hatten das Monopol für die Ausübung bestimmter Berufe und sorgten dafür, dass diese Berufe nach hohen Standards ausgeübt wurden. Im 19. Jahrhundert wurden die Zünfte abgeschafft und die Gewerbeberechtigung von der staatlichen Verwaltung übernommen. Die Gewerbeberechtigung war zunächst nur für bestimmte Gewerbe wie das Gastgewerbe, das Baugewerbe und das Handwerk erforderlich. Im Laufe des 20. Jahrhunderts wurde die Gewerbeberechtigung auf immer mehr Gewerbe ausgedehnt. Heute ist eine Gewerbeberechtigung für alle Gewerbe erforderlich, von denen eine Gefahr für die öffentliche Sicherheit und Ordnung oder für Gesundheit und Leben von Menschen ausgehen kann. Die Gewerbeberechtigung wird auf Antrag des Gewerbetreibenden von der Gewerbebehörde erteilt. Der Antrag muss bestimmte Angaben enthalten, wie z. B. den Namen und die Anschrift des Gewerbetreibenden, den Gewerbebetrieb, die Art des Gewerbes und die Befähigung des Gewerbetreibenden. Die Gewerbebehörde prüft den Antrag und entscheidet über die Erteilung der Gewerbeberechtigung. Gegen die Entscheidung der Gewerbebehörde kann der Gewerbetreibende Berufung einlegen.

Die Gewerbeberechtigung ist ein wichtiges Instrument, um die öffentliche Sicherheit und Ordnung zu gewährleisten und die Verbraucher vor Schäden zu schützen. Sie trägt dazu bei, dass nur qualifizierte und erfahrene Personen ein Gewerbe ausüben dürfen.

Der Gewerbeschein ist bei der zuständigen Behörde zu beantragen und zu bezahlen. In Deutschland ist dies das örtliche Gewerbeamt. In Österreich ist die Bezirksverwaltungsbehörde des Gewerbestandortes zuständig. In der Schweiz ist das kantonale Gewerbeamt zuständig. Die Kosten für die Ausstellung eines Gewerbescheines belaufen sich zwischen 16 und 40 Euro, je nach Sitz des Unternehmens. In der Regel dauert die Ausstellung nicht länger als eine Woche. Einige Gewerbe sind genehmigungspflichtig, andere überwachungsbedürftig. Freie Gewerbe dürfen ohne Befähigungsnachweis angemeldet und ausgeübt werden. Die Berechtigung wird durch die Gewerbeanmeldung erworben, wenn die in der Gewerbeordnung festgelegten Voraussetzungen gegeben sind. Zur Gewerbeanmeldung benötigen Sie jedenfalls Ihren Personalausweis. Je nach Gewerbe werden weitere Nachweise benötigt, beispielsweise Genehmigung, Handwerkskarte, Handelsregisterauszug (falls vorhanden), Aufenthaltserlaubnis, Führungszeugnis, Auskunft aus dem Gewerbezentralregister. Die Anmeldung erfolgt beim Gewerbeamt der Gemeinde/Stadt, in der der Betrieb eröffnet wird.

Geschäftsführung und Management

Sie sind neu in der Rolle des Geschäftsführers und fragen sich, wie Sie Ihr Unternehmen erfolgreich führen können? Keine Sorge, Sie sind nicht allein. Viele Manager stehen vor der Herausforderung, die richtige Balance zwischen Führung und Management zu finden, die Ziele und Visionen des Unternehmens zu kommunizieren und zu verfolgen, die Mitarbeiter zu motivieren und zu fördern und die Stakeholder zufriedenzustellen. In diesem Kapitel gebe ich Ihnen einige Tipps und Tricks, wie Sie als neuer Geschäftsführer durchstarten können, wie immer mit Beispielen aus der Praxis.

Denn eine effektive Geschäftsführung und ein gut funktionierendes Management sind unerlässlich für den Erfolg eines Unternehmens. Die Geschäftsführung umfasst die Leitung und Überwachung der täglichen Geschäftsaktivitäten eines Unternehmens. In kleineren Unternehmen kann die Geschäftsführung oft von den Gründern selbst übernommen werden, während in größeren Unternehmen eine formelle Geschäftsführung erforderlich ist. Das Management umfasst im Gegensatz zur Geschäftsfürung die Planung, Organisation, Führung und Kontrolle aller Unternehmensaktivitäten. Es bezieht sich auf die Führungskräfte, die mit der Umsetzung der Unternehmensstrategie betraut sind. Bei der Gründung eines Unternehmens ist darauf zu achten, dass die notwendigen Fähigkeiten und Erfahrungen in der Geschäftsführung und im Management vorhanden sind. Dazu gehören beispielsweise Kenntnisse in Finanzmanagement, Marketing, Personalführung und operativen Geschäftsabläufen. Es ist auch wichtig sicherzustellen, dass das Managementteam gut zusammenarbeitet und über klare Rollen und Verantwortlichkeiten verfügt. Eine Möglichkeit, das richtige Managementteam aufzubauen, ist die Zusammenarbeit mit erfahrenen Beratern oder Mentoren. Sie können bei der Identifizierung der erforderlichen Fähigkeiten und Erfahrungen helfen und bei der Suche nach den richtigen Kandidaten unterstützen.

Als Geschäftsführer müssen Sie oft schwierige Entscheidungen treffen, die weitreichende Konsequenzen haben können. Das erfordert gute analytische Fähigkeiten, eine schnelle Auffassungsgabe und eine hohe Risikobereitschaft. Verlassen Sie sich dabei nicht nur auf Ihr Bauchgefühl, sondern auch auf Daten und Fakten.

Sammeln Sie alle relevanten Informationen aus verschiedenen Quellen und erstellen Sie ein Management Summary, das Ihnen einen Überblick über die Situation verschafft. Bewerten Sie die Vor- und Nachteile der verschiedenen Optionen und wählen Sie die beste aus. Sie müssen in der Lage sein, auf eine sich ständig verändernde Welt zu reagieren. Seien Sie daher immer offen für neue Ideen, Trends und Möglichkeiten. Beobachten Sie den Markt und die Kundenbedürfnisse genau und passen Sie Ihre Strategie entsprechend an. Fördern Sie eine Kultur der Innovation in Ihrem Unternehmen und ermutigen Sie Ihre Mitarbeiter, kreativ zu sein und Experimente zu wagen.

Lernen Sie von den Besten! Um ein guter Geschäftsführer zu werden, muss man sich ständig weiterbilden und inspirieren lassen. Versuchen Sie, von den Erfolgen und Fehlern erfolgreicher Führungskräfte zu lernen und suchen Sie sich Mentoren und Vorbilder, die Ihnen Feedback geben und mir neue Perspektiven eröffnen.

Als Geschäftsführer sind Sie nicht nur für die operativen Aufgaben zuständig, sondern auch für die strategische Ausrichtung und die Kultur Ihres Unternehmens. Deshalb ist es wichtig, dass Sie Ihren eigenen **Führungsstil** entwickeln, der zu Ihrer

Persönlichkeit, Ihren Werten und Ihren Zielen passt. Wie wir in einem vorangehenden Kapitel gesehen haben, gibt es verschiedene Führungsstile, die jeweils Vor- und Nachteile haben. Ein guter Geschäftsführer passt seinen Führungsstil an die Situation, die Mitarbeiter und die Anforderungen an.

Bauen Sie ein starkes Team auf. Als Geschäftsführer sind Sie nur so gut wie Ihr Team. Achten Sie deshalb darauf, die richtigen Leute einzustellen, zu fördern und zu binden. Suchen Sie nach Talenten, die nicht nur fachlich kompetent sind, sondern auch zur Unternehmenskultur passen und sich mit der Vision identifizieren können. Geben Sie ihnen klare Ziele, Verantwortung und Freiraum. Unterstützen Sie sie in ihrer Entwicklung und erkennen Sie ihre Leistungen an.

Als Geschäftsführer können Sie nicht alles selbst machen. Deshalb ist es wichtig, dass Sie lernen, Aufgaben und Verantwortung an Ihre Mitarbeiter zu **delegieren.**

Das zeigt nicht nur Ihr Vertrauen in Ihre Mitarbeiter, sondern ermöglicht Ihnen auch, sich auf die strategischen Aspekte Ihrer Rolle zu konzentrieren. Delegieren bedeutet aber nicht nur, Arbeit abzugeben. Es bedeutet auch, klar zu definieren, was Sie erwarten, welche Ressourcen zur Verfügung stehen und wie die Fortschritte überprüft werden.

Eine der wichtigsten Aufgaben eines Geschäftsführers ist es, die Vision, die Mission und die Ziele des Unternehmens zu kommunizieren und dafür zu sorgen, dass alle Mitarbeiter diese verstehen und verinnerlichen. Eine klare Kommunikation schafft Transparenz, Vertrauen und Zusammenhalt im Team. Als Geschäftsführer sollten Sie regelmäßig mit Ihren Mitarbeitern sprechen, Feedback geben und einholen, Erfolge feiern und Herausforderungen ansprechen. Nutzen Sie verschiedene Kanäle, wie z. B. E-Mails, Meetings, Newsletter oder soziale Medien, um Ihre Botschaften zu verbreiten.

In Punkto Kommunikationsfähigkeit können Sie sich ein Beispiel an Dustin Moskovitz nehmen, Mitbegründer und CEO von Asana. Er schreibt regelmäßig Blogbeiträge über seine Erfahrungen als Führungskraft, teilt seine Gedanken und Meinungen mit seinen Mitarbeitern und Kunden und lädt zum Dialog ein.

Hier sind einige weitere Tipps, die ich Ihnen ans Herz legen kann:

- Entwickeln Sie Ihre Führungsqualitäten. Gute Führungskräfte sind in der Lage, andere zu motivieren, zu inspirieren und zu führen. Sie sind auch in der Lage, schwierige Entscheidungen zu treffen und Verantwortung zu übernehmen.

- Erlernen Sie die Grundlagen des Managements. Dazu gehören Kenntnisse in den Bereichen Strategie, Organisation, Führung, Personalwesen, Finanzen und Marketing. Mit der Lektüre dieses Buches haben Sie diesen ersten Schritt getan!

- Seien Sie ein lebenslanger Lernender. Die Welt des Managements ist ständig im Wandel, daher ist es wichtig, sich ständig weiterzubilden. Lesen Sie weitere Bücher um Ihr Wissen zu vertiefen, besuchen Sie Konferenzen und nehmen Sie an Weiterbildungskursen teil.

- Seien Sie geduldig und hartnäckig. Es braucht Zeit, um ein erfolgreicher Manager zu werden. Seien Sie geduldig mit sich selbst und Ihren Mitarbeitern und geben Sie nicht auf Ihre Ziele.

- Lassen Sie sich von niemandem sagen, dass Sie etwas nicht können! Wie man in Österreich zu sagen pflegt: Geht net gibt's net!

Sozialversicherung für Selbständige

Als Unternehmer müssen Sie sich um Ihre Sozialversicherung kümmern. Das bedeutet, dass Sie Beiträge für die Kranken-, Renten-, Unfall- und Arbeitslosenversicherung zahlen müssen. Klingt kompliziert? Ist es auch! Aber keine Sorge, ich werde Ihnen in diesem Kapitel eine verständliche Übersicht über die Sozialversicherung in Deutschland, Österreich und der Schweiz geben.

Die Sozialversicherung für Selbständige wurde in den DACH-Staaten erst in den 1950er Jahren eingeführt und hat sich in den letzten Jahrzehnten stark weiterentwickelt. Die Leistungen für Selbständige wurden verbessert und die Beiträge gesenkt. So ist die Sozialversicherung heute auch für Selbstständige eine wichtige Säule der sozialen Sicherung. Die Regelungen und Beiträge zur Sozialversicherung unterscheiden sich jedoch je nach Land und Erwerbsform.

Deutschland

In Deutschland sind Geschäftsführer und Selbständige grundsätzlich in der gesetzlichen Sozialversicherung versichert, wenn sie nicht von der Versicherungspflicht befreit sind oder eine private Versicherung abgeschlossen haben.In Deutschland errechnet sich der Beitrag von Selbständigen für die gesetzliche Krankenkasse prozentual aus dem Einkommen. Die Berechnungsgrundlage ist der Beitragssatz der gewählten Krankenkasse. Dabei gilt eine Höchstgrenze (Beitragsbemessungsgrenze) von 4987,50 Euro monatlich. Der gesetzlich festgeschriebene allgemeine Beitragssatz beträgt 14,6 Prozent der beitragspflichtigen Einnahmen. Der ermäßigte Beitragssatz beträgt 14,0 Prozent der beitragspflichtigen Einnahmen und gilt für Mitglieder, die keinen Anspruch auf Krankengeld haben. Die gesetzliche Sozialversicherung bietet Leistungen wie Krankengeld, Arbeitslosengeld, Rente und Pflegegeld.

Österreich

Selbständige Erwerbstätige sind in Österreich in der Sozialversicherung der Selbständigen (SVS) pflichtversichert. Diese umfasst die Pensions-, Kranken- und Unfallversicherung sowie die optionale Selbständigenvorsorge. Die SVS ist eine eigenständige Sozialversicherungsanstalt, die die Kranken-, Unfall- und Pensionsversicherung für Selbständige verwaltet. Die SVS bietet außerdem eine Reihe von Gesundheits- und Vorsorgeleistungen, umfangreiche Beratungsangebote und moderne digitale Services. Die Beiträge für die SVS werden auf Basis der Einkünfte aus dem Einkommensteuerbescheid berechnet und betragen im Jahr 2023 in der Regel 37.55% des Einkommens. Die endgültige Höhe der Beiträge für die gewerbliche Sozialversicherung wird auf Grundlage der im Einkommensteuerbescheid enthaltenen Einkünfte errechnet. Die Vorschreibung erfolgt nach dem System der permanenten Nachbemessung. Generell können alle in Österreich erwerbstätigen Personen die Höhe der Beiträge zur gesetzlichen Sozialversicherung nicht selbst frei wählen, sondern diese sind durch das Gesetz festgelegt.

Schweiz

In der Schweiz sind Geschäftsführer und Selbständige in der obligatorischen Sozialversicherung versichert, die aus verschiedenen Säulen besteht. Die erste Säule umfasst die Alters- und Hinterlassenenversicherung (AHV), die Invalidenversicherung (IV) und die Erwerbsersatzordnung (EO). Die zweite Säule umfasst die berufliche Vorsorge (BVG), die eine zusätzliche Alters-, Hinterlassenen- und Invalidenvorsorge bietet. Die dritte Säule umfasst die freiwillige Vorsorge (Säule 3a), die eine individuelle Ergänzung zur ersten und zweiten Säule darstellt. Die Beiträge zur obligatorischen Sozialversicherung werden je nach Versicherungsart unterschiedlich berechnet und betragen zwischen 5,3% und 18% des Bruttoeinkommens. Die obligatorische Sozialversicherung bietet Leistungen wie Renten, Taggelder, Hilfsmittel und Familienzulagen.

Die Sozialversicherung in der DACH-Region ist also ein komplexes Thema, das je nach Land und Erwerbsform unterschiedliche Regelungen und Beiträge mit sich bringt. Geschäftsführer und Selbständige sollten sich daher gut informieren, welche Versicherungen für sie gelten und welche Leistungen sie erwarten können.

Steuern

Steuern zahlen ist eine Herausforderung, die viel Geduld erfordert. Denn je nachdem, ob man in Deutschland, Österreich oder der Schweiz tätig ist, muss man sich mit unterschiedlichen Steuersystemen, Gesetzen und Behörden auseinandersetzen. Manchmal hat man das Gefühl, dass man mehr Zeit mit dem Finanzamt verbringt als mit seinen Kunden. Und wenn man dann noch die verschiedenen Mehrwertsteuersätze, Abgaben und Freibeträge berücksichtigt, kann man schnell den Überblick verlieren. Da wünscht man sich manchmal, dass man in einem Land leben würde, wo es keine Steuern gibt. Aber dann würde man auch viele Dinge vermissen, die der Staat finanziert, wie Bildung, Gesundheit und Sicherheit. Also muss man wohl oder übel Steuern zahlen und hoffen, dass es sich irgendwie lohnt. Aber keine Sorge, es gibt immer einen Weg, die Steuerlast zu optimieren und das Beste aus seiner Situation zu machen. Man muss nur kreativ sein und ein bisschen Glück haben. In diesem Kapitel wollen wir einen Überblick über die wichtigsten Steuern geben, die in den deutschsprachigen Ländern anfallen können.

Deutschland

Die Einkommensteuer

Diese Steuer belastet Ihr Einkommen als natürliche Person. Dazu zählen nicht nur Gewinne aus Ihrer gewerblichen oder Ihrer freiberuflichen Tätigkeit, sondern auch andere Einkünfte wie Zinsen, Mieten oder Renten. Die Einkommensteuer wird nach einem progressiven Tarif berechnet, der von Ihrem zu versteuernden Einkommen abhängt. Das ist Ihr Einkommen abzüglich von Sonderausgaben (z. B. Krankenversicherung, Spenden, Altersvorsorge) und Betriebsausgaben (z. B. Personal, Waren, Dienstleistungen). Der Einkommensteuersatz liegt zwischen 14% und 45%, zuzüglich Solidaritätszuschlag (5,5% der Einkommensteuer, sofern das Einkommen über der Freigrenze liegt) und ggf. Kirchensteuer (8% oder 9% der Einkommensteuer je nach Bundesland). Die Einkommensteuer wird jährlich durch eine Steuererklärung ermittelt und vierteljährlich als Vorauszahlung geleistet. Die kalte Progression wird im Einkommensteuertarif durch eine jährliche Anpassung der Steuersätze ausgeglichen. Dies geschieht durch eine prozentuale Verschiebung der Eckwerte des Einkommensteuertarifs, mit Ausnahme des Beginns des Reichensteuersatzes. Diese Anpassung führt dazu, dass Arbeitnehmerinnen und Arbeitnehmer weniger Lohnsteuer zahlen müssen.

Die Körperschaftsteuer

Die Körperschaftsteuer ist eine Steuer auf das Einkommen von juristischen Personen wie Kapitalgesellschaften, Genossenschaften oder Vereinen in Deutschland. Der Körperschaftsteuersatz in Deutschland beträgt unabhängig vom zu versteuernden Einkommen immer 15 Prozent. Zusätzlich wird noch ein Solidaritätszuschlag von 5,5 Prozent fällig. Während die Einkommensteuer alle natürlichen Personen betrifft, stellt die Körperschaftsteuer die Einkommensteuer einer juristischen Person dar. Ein Einzelunternehmer zahlt von seinem Einkommen Einkommensteuer und muss keine Körperschaftsteuer zahlen. Juristische Personen, wie z. B. eine GmbH, zahlen Körperschaftsteuer.

Die Gewerbesteuer

Diese Steuer belastet Ihren Gewerbeertrag als Gewerbetreibender. Das ist Ihr Gewinn aus Ihrem Gewerbebetrieb abzüglich von Freibeträgen (24.500 Euro für Einzelunternehmen und Personengesellschaften) und Hinzurechnungen (z. B. Zinsen, Mieten, Lizenzen). Die Gewerbesteuer wird durch die Multiplikation des Gewerbeertrags mit der Steuermesszahl (3,5%) und dem Hebesatz der Gemeinde, in der Sie Ihren Betriebssitz haben, berechnet. Der Hebesatz variiert je nach Gemeinde zwischen 200% und 900%. Die Gewerbesteuer wird jährlich durch eine Steuererklärung ermittelt und vierteljährlich als Vorauszahlung geleistet. Die Gewerbesteuer darf auf die Einkommensteuer angerechnet werden. Es gibt Vorauszahlungen für die Körperschaftsteuer, die vom Finanzamt festgesetzt werden und in der Regel vierteljährlich zu entrichten sind. Die Fälligkeitstermine für die Vorauszahlungen sind der 10. März, der 10. Juni, der 10. September und der 10. Dezember eines jeden Jahres.

Die Umsatzsteuer

Diese Steuer belastet Ihre Umsätze aus Lieferungen und Leistungen als Unternehmer. Das sind die Entgelte, die Sie von Ihren Kunden für Ihre Waren oder Dienstleistungen erhalten. Die Umsatzsteuer beträgt in der Regel 19%, für bestimmte Produkte oder Dienstleistungen gilt ein ermäßigter Satz von 7%. Die Umsatzsteuer müssen Sie an das Finanzamt abführen, können aber gleichzeitig die Vorsteuer abziehen, die Sie selbst für Ihre betrieblichen Ausgaben gezahlt haben. Die Umsatzsteuer wird monatlich oder vierteljährlich durch eine Umsatzsteuervoranmeldung ermittelt und gezahlt.

Weitere Steuern, die für Sie relevant sein können, sind die Kapitalertragsteuer und die Grunderwerbsteuer. Sie sollten sich also frühzeitig über Ihre steuerlichen Pflichten informieren und diese regelmäßig erfüllen. Damit vermeiden Sie unangenehme Überraschungen wie Nachzahlungen oder Säumniszuschläge. Außerdem können Sie von verschiedenen Steuervergünstigungen profitieren, wenn Sie Ihre Ausgaben richtig dokumentieren und geltend machen.

Österreich

Geschäftsführer und Selbständige müssen in Österreich ebenfalls verschiedene Steuern zahlen, die von ihrer Rechtsform, ihrem Gewinn und ihren Investitionen abhängen. Die wichtigsten Steuern sind die Einkommensteuer, die Körperschaftsteuer, die Umsatzsteuer und die Lohnsteuer.

Die Einkommensteuer

Die Einkommensteuer ist eine direkte Steuer auf das Einkommen natürlicher Personen. Der Einkommensteuertarif ist progressiv und reicht von 0% bis 55%. Zudem können Geschäftsführer und Selbständige einen Gewinnfreibetrag von bis zu 15% ihres Gewinns geltend machen, wenn sie bestimmte Investitionen tätigen. Ab dem Jahr 2023 können sie zusätzlich einen Investitionsfreibetrag von bis zu 15% der Anschaffungs- oder Herstellungskosten von Wirtschaftsgütern des abnutzbaren Anlagevermögens beanspruchen, wenn diese dem Bereich der Ökologisierung zuzuordnen sind.

Die Körperschaftsteuer

Die Körperschaftsteuer ist eine direkte Steuer, die auf das Einkommen juristischer Personen erhoben wird. Der Körperschaftsteuersatz beträgt in Österreich 24%, mit Beginn des Jahres 2024 wird der Körperschaftsteuersatz auf 23 % gesenkt. Falls Sie eine Kapitalgesellschaft (z. B. GmbH) gründen oder an einer solchen beteiligt sind, müssen Sie daher neben der Einkommensteuer auch die Körperschaftsteuer berücksichtigen. Dabei gilt das Trennungsprinzip, das heißt, dass das Einkommen der Kapitalgesellschaft auf Ebene der Gesellschaft besteuert wird und das Einkommen der Gesellschafter auf Ebene der Gesellschafter. Eine Ausnahme bildet die Gruppenbesteuerung, bei der mehrere Kapitalgesellschaften unter bestimmten Voraussetzungen als eine steuerliche Einheit behandelt werden können.

Die Umsatzsteuer

Die österreichische Umsatzsteuer entspricht im Wesentlichen der deutschen Umsatzsteuer. Der allgemeine Umsatzsteuersatz beträgt 20 Prozent, für bestimmte Leistungen gilt ein ermäßigter Steuersatz von 10 Prozent bzw. 13 Prozent. Die Umsatzsteuer muss monatlich oder vierteljährlich an das Finanzamt gemeldet und abgeführt werden. Sie können aber auch Vorsteuer abziehen, wenn Sie umsatzsteuerpflichtige Eingangsleistungen beziehen. Unter bestimmten Voraussetzungen können Sie auch von der Umsatzsteuer befreit sein oder die Kleinunternehmerregelung in Anspruch nehmen.

Die Lohnsteuer

Die Lohnsteuer ist eine direkte Steuer, die auf das Arbeitsentgelt von Arbeitnehmern erhoben wird. Der Lohnsteuertarif entspricht dem Einkommensteuertarif, allerdings werden bestimmte Freibeträge und Absetzbeträge berücksichtigt. Sie müssen Lohnsteuer abführen, wenn Sie Arbeitnehmer beschäftigen oder selbst als Arbeitnehmer tätig sind (z. B. als angestellter Geschäftsführer einer GmbH). Dabei gilt das Abzugsprinzip, das heißt, dass der Arbeitgeber die Lohnsteuer vom Arbeitslohn einbehält und an das Finanzamt abführt.

Weitere Steuern, die für Geschäftsführer und Selbständige relevant sein können, sind die Kommunalsteuer, die Kapitalertragsteuer und die Grunderwerbsteuer. Die Kirchensteuer ist freiwillig und beträgt je nach Konfession zwischen 1,1 Prozent und 1,5 Prozent.

Schweiz

Die Schweiz ist ein attraktiver Standort für Unternehmer, da sie von einer wettbewerbsfähigen Steuerbelastung, einer stabilen Wirtschaft und einem hohen Lebensstandard profitieren können. Allerdings müssen sie sich auch mit den Besonderheiten des schweizerischen Steuersystems vertraut machen, das je nach Kanton und Gemeinde unterschiedliche Regeln und Tarife vorsieht.

Selbständige werden als natürliche Personen besteuert und müssen ihr gesamtes Einkommen und Vermögen beim Bund, beim Kanton und bei der Gemeinde deklarieren. Das Einkommen setzt sich aus dem Gewinn aus der selbständigen Tätigkeit sowie dem übrigen Einkommen (z. B. Zinsen, Dividenden, Mieteinnahmen) zusammen. Der Gewinn wird nach den Grundsätzen der kaufmännischen Buchführung ermittelt und kann durch geschäftsmäßig begründete Ausgaben (z. B. Abschreibungen, Rückstellungen, Sozialversicherungsbeiträge) gemindert werden. Das Vermögen umfasst das Privat- und Geschäftsvermögen (z. B. Liegenschaften, Fahrzeuge, Wertpapiere) abzüglich der Schulden.

Die Einkünfte aus einer selbstständigen Erwerbstätigkeit werden in der Schweiz auf drei Ebenen besteuert: auf Bundesebene durch die direkte Bundessteuer (DBST), auf kantonaler Ebene durch die Staats- und Gemeindesteuern (StG) und auf kommunaler Ebene durch die Gemeindesteuern (GSt). Die Steuersätze variieren je nach Kanton und Gemeinde und sind progressiv gestaltet, d.h. sie steigen mit dem Einkommen bzw. Vermögen an.

Die Steuerbemessungsgrundlage bildet der Reingewinn aus der selbstständigen Erwerbstätigkeit, der sich aus den Einnahmen abzüglich der geschäftsmäßig begründeten Ausgaben ergibt. Zu den geschäftsmäßig begründeten Ausgaben gehören unter anderem Abschreibungen, Rückstellungen, Zinsen, Löhne, Sozialversicherungsbeiträge, Mieten, Werbungskosten und Beiträge zu Berufsverbänden. Die geschäftsmäßig begründeten Ausgaben müssen mit Belegen nachgewiesen werden können und dürfen nicht mit den privaten Ausgaben vermischt werden.

Geschäftsführer sind im schweizerischen Steuerrecht Personen, die eine leitende Funktion in einer juristischen Person (z. B. Aktiengesellschaft, GmbH) ausüben und dafür ein Gehalt beziehen. Sie sind grundsätzlich als unselbständig erwerbend zu qualifizieren und müssen ihr Gehalt als Einkommen versteuern. Allerdings können sie unter bestimmten Voraussetzungen auch als selbständig erwerbend anerkannt werden, wenn sie z. B. einen wesentlichen Einfluss auf die Geschäftspolitik haben, einen bedeutenden Anteil am Kapital oder am Gewinn besitzen oder ein hohes unternehmerisches Risiko tragen. In diesem Fall können sie ihren Gewinnanteil als Einkommen aus selbständiger Erwerbstätigkeit deklarieren und von den entsprechenden Abzugsmöglichkeiten profitieren.

Zudem müssen Geschäftsführer beachten, dass sie als Arbeitnehmer der Quellensteuer unterliegen können, wenn sie ihren Wohnsitz nicht in der Schweiz haben oder keine Niederlassungsbewilligung besitzen. Die Quellensteuer wird direkt vom Arbeitgeber vom Lohn abgezogen.

Direkte Bundessteuer (Einkommensteuer)

Die direkte Bundessteuer (dBSt) ist eine Steuer, die vom Bund auf das Einkommen von natürlichen Personen und den Gewinn von juristischen Personen erhoben wird. Sie beträgt maximal 11,5% auf dem steuerbaren Einkommen. Für Kapital-

gesellschaften und Genossenschaften gilt ein proportionaler Steuersatz von 8,5%. Die Veranlagung und der Bezug der dBS werden von den Kantonen im Auftrag des Bundes durchgeführt. Die dBS ist eine progressive Steuer, das heißt, je höher das Einkommen oder der Gewinn, desto höher ist der Steuersatz. Die Steuertarife werden jährlich vom Eidgenössischen Finanzdepartement an die Teuerung angepasst und auf der Website der Eidgenössischen Steuerverwaltung (ESTV) veröffentlicht.

Sie müssen Ihr Einkommen aus selbständiger Erwerbstätigkeit oder aus einer Beteiligung an einer juristischen Person selbst deklarieren und versteuern. Dabei können Sie verschiedene Abzüge geltend machen, zum Beispiel für Berufsauslagen, Sozialversicherungsbeiträge oder Vorsorgeaufwendungen. Die ESTV stellt dafür verschiedene Formulare und Wegleitungen zur Verfügung, die ebenfalls auf ihrer Website zu finden sind.

Die DBST ist eine wichtige Einnahmequelle für den Bund. Im Jahr 2022 betrug das Aufkommen der DBST rund 26 Milliarden Franken, was etwa einem Drittel des gesamten Bundeshaushalts entspricht. Die DBST trägt somit wesentlich zur Finanzierung der öffentlichen Aufgaben und Leistungen des Bundes bei.

Gewinn- & Kapitalsteuer

Die Kapitalsteuer und die Gewinnsteuer sind zwei Arten von Steuern, die juristische Personen in der Schweiz entrichten müssen. Juristische Personen sind Unternehmen, die als Aktiengesellschaften (AG), Gesellschaften mit beschränkter Haftung (GmbH) oder Genossenschaften geführt werden. Sie werden als eigene Steuersubjekte behandelt und müssen ihre Steuern auf Bundes-, Kantons- und Gemeindeebene abführen.

Die Kapitalsteuer ist eine Steuer auf das Gesellschaftskapital, das aus dem Grund- oder Stammkapital sowie den ausgewiesenen Reserven besteht. Die Kapitalsteuer wird nur von den Kantonen und Gemeinden erhoben, nicht vom Bund. Die meisten Kantone wenden einen proportionalen Steuersatz an, der je nach Kanton zwischen 0,001% und 0,525% liegt. Der Kanton Wallis hat ein gemischtes System, das die Ertragsintensität berücksichtigt.

Die Gewinnsteuer ist eine Steuer auf den Reingewinn, der aus dem Geschäftsergebnis nach Abzug aller Aufwendungen und Abschreibungen ermittelt wird. Die Gewinnsteuer wird sowohl vom Bund als auch von den Kantonen und Gemeinden erhoben. Der Bund erhebt einen festen Steuersatz von 8,5%. Die Kantone haben unterschiedliche Systeme zur Berechnung der Gewinnsteuer. Einige Kantone wenden einen proportionalen Steuersatz an, der je nach Kanton zwischen 1% und 18% liegt. Andere Kantone haben ein gemischtes System, das die Ertragsintensität berücksichtigt. Das bedeutet, dass der Steuersatz mit dem Verhältnis zwischen Kapital und Reserven einerseits und dem erzielten Reingewinn andererseits variiert. Der Kanton Bern kennt einen dreistufigen Tarif, der je nach Höhe des Reingewinns zwischen 4% und 9% liegt.

Die Besteuerung juristischer Personen ist in der Schweiz komplex und hängt von verschiedenen Faktoren ab, wie zum Beispiel dem Sitz des Unternehmens, der Rechtsform, der Branche oder dem Umfang der Geschäftstätigkeit. Es gibt auch verschiedene steuerliche Maßnahmen und Vergünstigungen, die je nach Kanton unterschiedlich ausgestaltet sind. Seit dem 1. Januar 2020 gelten durch das „Bundesgesetz über die Steuerreform und die AHV-Finanzierung" (STAF) neue steuerliche Regeln, die den internationalen Standards entsprechen und zugleich für die Unternehmen attraktiv sind.

Staats- (Kantons-) und Gemeindesteuern

Für die juristischen Personen werden die Staats- und Gemeindesteuern zentral durch den Kanton eingezogen. Bei den natürlichen Personen werden die Staats- und Gemeindesteuern von den Gemeinden erhoben. Die direkte Bundessteuer ist eine einheitliche Steuer, die vom Bund erhoben wird und deren Tarif für alle Kantone gleich ist. Die Staats- und Gemeindesteuern hingegen sind kantonale und kommunale Steuern, die je nach Kanton und Gemeinde unterschiedlich hoch ausfallen können. Die Kantone verfügen über eine gewisse Autonomie bei der Festlegung ihrer Steuergesetze, Steuertarife und Steuerfüße. Die Gemeinden können ebenfalls ihren eigenen Steuerfuß bestimmen, der auf den kantonalen Steuerfuß aufgeschlagen wird. Einige Personengruppen unterliegen nicht der ordentlichen Besteuerung, sondern der Quellensteuer.

Die Staats- und Gemeindesteuern werden auf das steuerbare Einkommen und Vermögen berechnet, das sich aus den Einkünften aus unselbständiger und selbständiger Erwerbstätigkeit, aus Kapitalvermögen, aus Liegenschaften und aus anderen Quellen zusammensetzt. Abzüge können für Berufskosten, Versicherungsprämien, Schuldzinsen, Unterhaltsbeiträge, Spenden und andere Ausgaben geltend gemacht werden. Das steuerbare Vermögen umfasst das gesamte bewegliche und unbewegliche Vermögen abzüglich der Schulden.

Die Höhe der Staats- und Gemeindesteuern kann online berechnet werden, zum Beispiel mit dem Steuerrechner des Bundes oder mit den kantonalen Steuerrechnern. Dabei ist zu beachten, dass es sich um Schätzungen handelt, die von den definitiven Steuerrechnungen abweichen können. Die definitiven Steuerrechnungen werden von den kantonalen und kommunalen Steuerbehörden ausgestellt, nachdem die Steuererklärungen eingereicht und geprüft worden sind.

Die Staats- und Gemeindesteuern in der Schweiz sind also je nach individueller Situation sehr unterschiedlich. Um einen Überblick über die eigene Steuersituation zu erhalten, empfiehlt es sich, die Online-Rechner zu nutzen oder sich bei den zuständigen Steuerbehörden zu informieren.

Das Privat- und Geschäftsvermögen von Einzelunternehmern und Personengesellschaftern unterliegt nur den kantonalen und kommunalen Steuern, nicht aber der direkten Bundessteuer.

Mehrwertsteuer

Selbstständigerwerbende, die einen Umsatz von mehr als CHF 100'000 erzielen, unterliegen mit einigen Ausnahmen (zum Beispiel Versicherungen, Gesundheit oder Landwirtschaft) der Mehrwertsteuerpflicht (MWST). Sie müssen sich bei der Eidgenössischen Steuerverwaltung (EStV) anmelden und je nach gewählter Abrechnungsmethode vierteljährlich oder jährlich eine MWST-Abrechnung einreichen. Die Mehrwertsteuer beträgt in der Regel 7.7%, für bestimmte Güter und Dienstleistungen gelten jedoch ermäßigte Sätze von 3.7% bzw. 2.5%.

Quellensteuer

Der Quellensteuer unterliegen vor allem ausländische Arbeitnehmerinnen und Arbeitnehmer ohne Niederlassungsbewilligung (Ausweis C), die in der Schweiz steuerrechtlichen Wohnsitz oder Aufenthalt haben. Die Quellensteuer wird direkt vom Arbeitgeber vom Bruttoeinkommen einbehalten und an die zuständige kantonale Steuerverwaltung abgeführt. Mit der Quellensteuer sind die Steuern von Bund, Kanton und Gemeinde (inklusive Fürsorge- und Kirchensteuer) abgegolten, soweit sie für das Einkommen aus unselbständiger Erwerbstätigkeit geschuldet sind. Ab dem 1. Januar 2021 haben quellensteuerpflichtige Personen in der Schweiz die Möglichkeit, einen Antrag auf nachträgliche ordentliche Veranlagung zu stellen, wenn sie zusätzliche Abzüge oder Einkünfte geltend machen wollen oder wenn sie mehr als 90 Prozent ihres weltweiten Einkommens in der Schweiz erzielen.

Start von Marketing und Vertrieb

Sie haben ein tolles Produkt entwickelt, eine großartige Website erstellt und eine starke Marke aufgebaut. Jetzt müssen Sie nur noch Ihre potenziellen Kunden davon überzeugen, dass sie Ihr Angebot brauchen. Wie schaffen Sie das? In diesem Kapitel erfahren Sie, wie Sie eine effektive Marketing- und Vertriebsstrategie entwickeln, die Ihre Zielgruppe anspricht, Vertrauen aufbaut und Umsatz generiert. Denn dies ist entscheidend, um Kunden zu gewinnen und das Unternehmen auf dem Markt zu etablieren.

Das Ziel von Marketing ist es, das Unternehmen und seine Produkte oder Dienstleistungen zu fördern und zu verkaufen. Zu den Aktivitäten des Marketings gehören unter anderem Marktforschung, Werbung, Öffentlichkeitsarbeit und Social-Media-Marketing.

Vertrieb hingegen umfasst alle Aktivitäten, die darauf abzielen, Produkte oder Dienstleistungen zu verkaufen. Hierzu gehören die Identifizierung von potenziellen Kunden, die Erstellung von Verkaufsstrategien und -plänen, die Preisgestaltung und die Verkaufsverhandlungen.

Für eine erfolgreiche Unternehmensgründung ist es essentiell, eine Marketing- und Vertriebsstrategie zu entwickeln, die auf die Bedürfnisse und Anforderungen der Zielgruppe ausgerichtet ist. Hierfür ist eine umfassende Marktforschung notwendig, um die Zielgruppe zu identifizieren und ihre Bedürfnisse und Wünsche zu verstehen.

Es ist auch wichtig, ein Budget für Marketing und Vertrieb festzulegen, um sicherzustellen, dass ausreichende Ressourcen für eine effektive Vermarktung der Produkte oder Dienstleistungen vorhanden sind.

Eine gute Kundenerfahrung ist für Unternehmen von entscheidender Bedeutung, da sie die Kundentreue und -zufriedenheit erhöht. Kunden, die ein positives Kundenerlebnis hatten, kaufen mit größerer Wahrscheinlichkeit wieder bei einem

Unternehmen ein. Sie empfehlen das Unternehmen auch an Freunde und Verwandte weiter. Eine gute Kundenerfahrung kann sich darüber hinaus positiv auf den Ruf eines Unternehmens auswirken und zu mehr Umsatz führen.

Zur Unterstützung bei der Entwicklung einer erfolgreichen Marketing- und Vertriebsstrategie können Berater oder Mentoren hinzugezogen werden, die bei der Identifizierung der Zielgruppe, der Erstellung von Verkaufsstrategien und der Umsetzung von Marketingaktivitäten helfen können.

Preisfindung

Wie findet man den richtigen Preis für ein Produkt oder eine Dienstleistung? Das ist eine Frage, die viele Unternehmer und Verkäufer beschäftigt. Schließlich will man weder zu viel noch zu wenig verlangen, sondern den optimalen Wert erzielen. Die Bestimmung des Marktpreises eines Produkts ist ein komplexer Prozess, der von vielen Faktoren abhängt, wie der Zielgruppe, der Konkurrenz, dem Angebot und der Nachfrage. Es gibt verschiedene Ansätze, die bei der Festlegung des Marktpreises eines Produkts helfen können.

Kostenbasierte Preismethode

Die kostenbasierte Preismethode ist eine einfache und häufig verwendete Methode zur Preisfindung für Produkte oder Dienstleistungen. Dabei werden die Kosten für die Herstellung oder Erbringung eines Angebots ermittelt und ein Gewinnzuschlag hinzugefügt, um den Verkaufspreis zu bestimmen. Die Kosten können entweder die Selbstkosten (fixe und variable Kosten) oder nur die variablen Kosten umfassen. Die Höhe des Gewinnzuschlags hängt von verschiedenen Faktoren ab, wie z. B. der Wettbewerbssituation, der Preiselastizität der Nachfrage oder der Zielrendite des Unternehmens. Diese Methode ist insbesondere bei neuen Produkten oder Produkten mit begrenztem Wettbewerb nützlich.

Die kostenbasierte Preismethode hat einige Vorteile, wie z. B.:

- Sie ist einfach anzuwenden und erfordert keine aufwendigen Marktforschungen oder Analysen.

- Sie stellt sicher, dass die Kosten gedeckt sind und ein Gewinn erzielt wird, solange der Absatz nicht unter einem bestimmten Niveau liegt.

- Sie kann als Orientierung oder Untergrenze für den Preis dienen, wenn andere Methoden nicht verfügbar oder zuverlässig sind.

Die kostenbasierte Preismethode hat aber auch einige Nachteile, wie z. B.:

- Sie berücksichtigt nicht die Zahlungsbereitschaft der Kunden oder den Nutzen, den sie aus dem Angebot ziehen.

- Sie ignoriert die Marktbedingungen und die Preise der Wettbewerber, die einen Einfluss auf die Nachfrage haben können.

- Sie kann zu einer sich selbst erfüllenden Prophezeiung führen, wenn die Kosten zu hoch angesetzt werden und dadurch der Absatz gering bleibt.

Um diese Nachteile zu vermeiden oder zu minimieren, sollte die kostenbasierte Preismethode nicht isoliert angewendet werden, sondern mit anderen Methoden kombiniert oder ergänzt werden, wie z. B. der wertbasierten oder der wettbewerbsorientierten Preismethode.

Drei Beispiele für die kostenbasierte Preismethode sind:

1. Ein Schokoladenhersteller hat Selbstkosten für eine 100-Gramm-Tafel Vollmilchschokolade in Höhe von 0,40 € (Material-, Fertigungs-, Verwaltungs- und Vertriebskosten). Darauf schlägt er 10 % (0,04 €) auf und verkauft die Tafel an den Handel (Supermärkte etc.) für netto 0,44 €.

2. Ein Handwerker berechnet seinen Stundensatz auf Basis seiner Fixkosten (z. B. Miete, Versicherung, Werkzeug) und seiner variablen Kosten (z. B. Material, Fahrtkosten). Dazu addiert er einen Gewinnaufschlag von 20 % und erhält so seinen Bruttostundensatz.

3. Ein Softwareunternehmen bietet eine Online-Anwendung an, die es selbst entwickelt hat. Die Fixkosten für die Entwicklung sind bereits abgeschrieben. Die variablen Kosten bestehen aus den Server- und Wartungskosten. Das Unternehmen legt einen Gewinnaufschlag von 50 % fest und berechnet so den monatlichen Abonnementpreis für seine Kunden.

Wettbewerbsorientierte Preismethode

Die wettbewerbsorientierte Preismethode ist eine Strategie zur Festlegung des Verkaufspreises eines Produkts oder einer Dienstleistung auf der Grundlage der Preise der Konkurrenten. Dabei orientiert sich das Unternehmen an den Marktpreisen und passt seinen Preis entsprechend an, um wettbewerbsfähig zu bleiben oder sich zu differenzieren.

Die wettbewerbsorientierte Preismethode hat mehrere Vorteile:

- Sie berücksichtigt die Nachfrage und das Angebot des Marktes und ermöglicht es dem Unternehmen, sich schnell an Veränderungen anzupassen.

- Sie reduziert das Risiko von Fehleinschätzungen der Kundenpräferenzen oder der Kostenstruktur, die zu einem zu hohen oder zu niedrigen Preis führen könnten.

- Sie erleichtert die Preisgestaltung für neue Produkte oder Dienstleistungen, indem sie sich an den bestehenden Marktpreisen orientiert.

Die wettbewerbsorientierte Preismethode hat jedoch auch einige Nachteile:

- Sie ignoriert die eigenen Kosten und den eigenen Wert des Produkts oder der Dienstleistung und kann zu einem Verlust oder einer geringen Gewinnspanne führen, wenn die Konkurrenzpreise zu niedrig sind.

- Sie kann zu einem Preiskampf führen, wenn die Konkurrenten ihre Preise ständig senken, um Marktanteile zu gewinnen oder zu halten.

- Sie kann die Innovation und die Differenzierung hemmen, wenn das Unternehmen sich nur auf die Preise konzentriert und nicht auf die Verbesserung der Qualität oder des Kundennutzens.

Drei Beispiele für die wettbewerbsorientierte Preismethode sind:

1. Die Preisgestaltung von Fluggesellschaften, die ihre Tarife ständig an die Konkurrenz anpassen, um Kunden zu gewinnen oder zu halten.

2. Die Preisgestaltung von Tankstellen, die ihre Benzinpreise in Abhängigkeit von den Preisen der umliegenden Tankstellen festlegen.

3. Die Preisgestaltung von Online-Händlern, die ihre Preise automatisch an die Preise anderer Anbieter anpassen, um wettbewerbsfähig zu bleiben oder sich abzuheben.

Wertorientierte Preismethode

Die wertorientierte Preismethode (Value Based Pricing, VBP) ist eine Strategie, die sich an dem Nutzen orientiert, den ein Produkt oder eine Dienstleistung für die Kunden bietet. Dabei wird der Preis nicht auf Basis der Kosten oder der Konkurrenz festgelegt, sondern auf Basis der Zahlungsbereitschaft der Zielgruppe. Das Ziel ist es, den optimalen Preis zu finden, der den wahrgenommenen Wert des Angebots widerspiegelt und die Rentabilität maximiert.

Die Methode des Value Based Pricing wurde ursprünglich von dem Ökonomen Irving Fisher entwickelt, der die Ansicht vertrat, dass der Wert einer Aktie dem Gegenwartswert ihrer zukünftigen Dividenden entsprechen sollte.

Die wertorientierte Preismethode erfordert eine gründliche Analyse des Marktes, der Kundenbedürfnisse und -präferenzen, der Wettbewerber und der eigenen Differenzierungsfaktoren. Dabei können verschiedene Methoden und Forschungsansätze eingesetzt werden, wie zum Beispiel:

- Conjoint-Analysen: Diese Methode ermöglicht es, die Präferenzen der Kunden für verschiedene Produkteigenschaften und Preise zu ermitteln, indem verschiedene Kombinationen von Attributen vorgelegt werden. So kann man herausfinden, welche Merkmale den höchsten Wert für die Kunden haben und wie viel sie bereit sind, dafür zu zahlen.

- Van-Westendorp-Modell: Diese Methode basiert auf vier Fragen an die Kunden: Wie viel würden Sie für das Produkt maximal zahlen? Wie viel würden Sie für das Produkt minimal zahlen? Ab welchem Preis ist das Produkt so günstig, dass Sie an seiner Qualität zweifeln? Ab welchem Preis ist das Produkt so teuer, dass Sie es nicht mehr kaufen würden? Aus den Antworten kann man eine Preisspanne ableiten, in der sich der optimale Preis befindet.

- Gabor-Granger-Methode: Diese Methode besteht darin, den Kunden verschiedene Preise für das Produkt vorzuschlagen und zu fragen, ob sie es zu diesem Preis kaufen würden oder nicht. Durch die Variation der Preise kann man die Kaufabsicht und die Preiselastizität der Nachfrage messen.

- Simulationsmodelle: Simulationsmodelle nutzen mathematische Methoden, um die Auswirkungen verschiedener Preise auf die Nachfrage zu untersuchen. Diese Modelle können verwendet werden, um die folgenden Faktoren wie die Kosten des Unternehmens, Preise der Konkurrenz, Bedürfnisse der Kunden zu berücksichtigen: Die Kosten des Unternehmens.

Um die wertorientierte Preismethode erfolgreich umzusetzen, sind folgende fünf Schritte empfehlenswert:

1. Definieren Sie Ihre Zielgruppe und segmentieren Sie sie nach relevanten Kriterien wie demografischen Merkmalen, Verhaltensweisen oder Bedürfnissen.

2. Ermitteln Sie den Wert Ihres Produktes oder Ihrer Dienstleistung aus der Sicht Ihrer Kunden. Identifizieren Sie die wichtigsten Nutzenversprechen und Differenzierungsfaktoren, die Ihr Angebot von der Konkurrenz abheben.

3. Wählen Sie eine geeignete Methode zur Messung der Zahlungsbereitschaft Ihrer Kunden. Führen Sie eine Marktforschung durch, um Daten zu sammeln und zu analysieren.

4. Legen Sie einen Preis fest, der den Wert Ihres Produkts oder Ihrer Dienstleistung widerspiegelt und Ihre Rentabilität sichert. Berücksichtigen Sie dabei auch andere Faktoren wie Ihre Kostenstruktur, Ihre Positionierung am Markt und Ihre Marketingstrategie.

5. Testen Sie Ihren Preis und passen Sie ihn gegebenenfalls an. Überwachen Sie die Reaktionen Ihrer Kunden und Ihrer Wettbewerber auf Ihren Preis und nehmen Sie Anpassungen vor, wenn nötig.

Um zu zeigen, wie eine wertorientierte Preisfindung funktioniert, werden zwei Fallstudien vorgestellt:

1. Apple: Der Technologiekonzern ist bekannt für hochwertige Produkte und innovatives Design. Apple verlangt für seine Produkte wie das iPhone oder das MacBook hohe Preise, die deutlich über denen der Konkurrenz liegen. Damit signalisiert Apple seinen Kunden, dass seine Produkte einen hohen Wert haben und ein exklusives Erlebnis bieten.

2. Netflix: Der Streaming-Dienst bietet seinen Kunden einen unbegrenzten Zugang zu einer Vielzahl von Filmen und Serien für einen monatlichen Festpreis. Netflix wendet die wertorientierte Preismethode an, indem es den Preis an den Nutzen anpasst, den es seinen Kunden bietet. Dabei berücksichtigt Netflix auch die unterschiedlichen Bedürfnisse seiner Kunden und bietet verschiedene Abonnementoptionen an, wie zum Beispiel die Anzahl der Geräte oder die Bildqualität.

Dynamische Preismethode

Die dynamische Preismethode ist eine Preisstrategie, bei der Unternehmen die Preise für Produkte oder Dienstleistungen auf Basis des aktuellen Marktbedarfs anpassen. Dabei werden Faktoren wie die Preisgestaltung der Konkurrenten, Angebot und Nachfrage, verhaltenswissenschaftliche Faktoren und andere externe Faktoren berücksichtigt. Außerdem werden Preise anhand automatischer Algorithmen berechnet, die teilweise auf künstlicher Intelligenz oder maschinellem Lernen basieren.

In den letzten Jahren ist die dynamische Preismethode immer beliebter geworden, da Unternehmen zunehmend mit der Herausforderung konfrontiert sind, in einem sich schnell ändernden Markt zu konkurrieren. Sie kann Unternehmen dabei helfen, ihre Preise so zu anpassen, dass sie den Gewinn maximieren und den Kunden zufriedenstellen.

Die dynamische Preismethode wird häufig in Branchen eingesetzt, die folgende Merkmale aufweisen:

- Hohe Fixkosten und niedrige Grenzkosten: Zum Beispiel Fluggesellschaften, Hotels oder Kinos haben hohe Kosten für den Betrieb ihrer Anlagen, aber niedrige Kosten für die Bereitstellung eines zusätzlichen Sitzplatzes oder Zimmers.

- Hohe Nachfrageschwankungen: Zum Beispiel ist die Nachfrage nach Flügen oder Hotelzimmern je nach Saison, Wochentag oder Tageszeit unterschiedlich.

- Segmentierbare Kunden: Zum Beispiel haben verschiedene Kunden unterschiedliche Präferenzen, Bedürfnisse und Zahlungsbereitschaften für das gleiche Produkt oder die gleiche Dienstleistung.

Die dynamische Preismethode hat ihren Ursprung in der Luftfahrtindustrie, wo sie seit den 1980er Jahren zur Änderung und Festlegung von Preisen eingesetzt wird. Heute ist sie in vielen Geschäftszweigen wie der Hotellerie, bei Reiseveranstaltern und Fluganbietern, sowie im Online-Einzelhandel gängige Praxis. Die Dynamische Preismethode ermöglicht es Unternehmen, flexibel auf Marktveränderungen zu reagieren und ihre Gewinne zu maximieren.

Um eine optimale Preisstrategie zu entwickeln, müssen Unternehmen zunächst wichtige Fragen bezüglich der strategischen Ausrichtung ihrer Preise klären. Beispielsweise ist die preispolitische Positionierung entscheidend und welche Ziele mit dem Dynamic Pricing erreicht werden sollen. Außerdem müssen Unternehmen die verschiedenen Formen der Dynamischen Preismethode kennen und die passende für ihr Geschäftsmodell auswählen.

Um die dynamische Preismethode anzuwenden, müssen Unternehmen folgende Schritte durchführen:

1. Daten sammeln und analysieren: Unternehmen müssen Daten über ihre Kosten, ihre Kunden und ihre Konkurrenten sammeln und analysieren, um die optimalen Preise für jedes Segment zu bestimmen.

2. Preisstrategie festlegen: Unternehmen müssen entscheiden, wie sie ihre Preise anpassen wollen, zum Beispiel basierend auf der Zeit, dem Ort, der Nachfrage oder dem Kundenverhalten. Sie müssen auch festlegen, wie oft und wie stark sie ihre Preise ändern wollen.

3. Preisgestaltung implementieren und überwachen: Unternehmen müssen die geeigneten Technologien und Systeme einsetzen, um ihre Preise dynamisch zu gestalten und zu kommunizieren. Sie müssen auch die Auswirkungen ihrer Preisgestaltung auf ihre Umsätze, Gewinne und Kundenbeziehungen messen und bewerten.

Die dynamische Preismethode ist eine innovative und effektive Preisstrategie, die es Unternehmen ermöglicht, sich an das dynamische Marktumfeld anzupassen und ihre Ziele zu erreichen. Mit den richtigen Daten, Algorithmen und Tools kann sie zu einem entscheidenden Wettbewerbsvorteil führen.

Die dynamische Preismethode bietet viele Vorteile für Unternehmen, wie zum Beispiel:

- Erhöhung des Umsatzes und des Gewinns durch Anpassung an die Marktbedingungen
- Verbesserung der Kundenbindung und -zufriedenheit durch differenzierte Angebote
- Optimierung der Lagerhaltung und der Kapazitätsauslastung durch Reduzierung von Über- oder Unterangebot
- Steigerung der Wettbewerbsfähigkeit und des Marktanteils durch Reaktion auf Aktionen der Konkurrenz.

Die Dynamische Preismethode erfordert jedoch auch eine hohe technologische Kompetenz und eine ständige Marktbeobachtung. Außerdem muss sie ethisch vertretbar sein und die Kundenakzeptanz berücksichtigen. Die Dynamische Preismethode ist daher nicht für jedes Unternehmen geeignet und muss individuell angepasst werden.

Drei Beispiele für die Anwendung der dynamischen Preismethode sind:

1. Fluggesellschaften: Fluggesellschaften passen ihre Preise je nach Auslastung der Flüge, Buchungszeitpunkt, Reiseziel und anderen Faktoren an. Sie bieten oft günstigere Tarife für Frühbucher oder Last-Minute-Reisende an, um ihre Flüge zu füllen.

2. Hotels: Hotels passen ihre Preise je nach Auslastung der Zimmer, Buchungszeitpunkt, Standort und anderen Faktoren an. Sie bieten häufig Rabatte für längere Aufenthalte oder Reisen außerhalb der Saison an, um ihre Zimmer zu füllen.

3. E-Commerce: E-Commerce-Unternehmen passen ihre Preise je nach Angebot und Nachfrage, Wettbewerb, Kundenverhalten und anderen Faktoren an. Sie nutzen oft Algorithmen oder künstliche Intelligenz, um die optimalen Preise in Echtzeit zu berechnen.

Kostenlose Unterstützung

Es gibt verschiedene Einrichtungen, die kostenlose Unterstützung und Beratung in den Bereichen Marketing und Vertrieb für Unternehmensgründer anbieten. Hier finden Sie einige Beispiele für derartige Einrichtungen, sortiert nach Ländern:

Deutschland

Industrie- und Handelskammern (IHK): Die IHKs bieten kostenfreie Beratung für Gründer und Unternehmen an. Sie unterstützen auch bei Fragen zu Marketing und Vertrieb und bieten hierfür Seminare und Workshops an:

https://www.ihk.de/themen/existenzgruendung-und-unternehmensfoerderung/gruendungsberatung-5419838

Förderprogramme: Es gibt eine Reihe von Förderprogrammen, die Unternehmen bei der Durchführung von Marketing- und Vertriebsmaßnahmen unterstützen können. Beispiele hierfür sind das Programm „go-digital" des Bundesministeriums für Wirtschaft und Kilmaschutz:

https://www.bmwk.de/Redaktion/DE/Artikel/Digitale-Welt/foerderprogramm-go-digital.html

Ein weiteres Beispiel ist das Förderprogramm "Bayern Digital" des Freistaats Bayern.

https://www.digitalbonus.bayern

Google Zukunftswerkstatt: Die Google Zukunftswerkstatt bietet kostenfreie Online-Kurse zu verschiedenen Themen, darunter auch Marketing und Vertrieb. Es gibt auch eine Reihe von Zertifikaten, die nach Abschluss eines Kurses erworben werden können. Diese Zertifikate können Ihnen helfen, Ihre Karriere in Marketing und Vertrieb voranzutreiben.

https://zukunftswerkstatt.de

Österreich

KMU Forschung Austria: KMU Forschung Austria ist ein gemeinnütziges Forschungsinstitut, das kostenlose Beratung und Unterstützung für Unternehmen anbietet. Hierzu gehören auch Beratungsleistungen zu Marketing- und Vertriebsthemen.

https://www.kmuforschung.ac.at/kompetenzbereiche

Wirtschaftskammer Österreich: Die Wirtschaftskammer Österreich bietet kostenfreie Beratung und Unterstützung für Unternehmen, darunter auch im Bereich Marketing und Vertrieb.

https://www.wko.at/service/w/unternehmensfuehrung-finanzierung-foerderung/Gefoerderte_Unternehmensberatung.html

Schweiz

Swiss Business Hub: Der Swiss Business Hub bietet kostenfreie Beratung und Unterstützung für Schweizer Unternehmen, die ins Ausland expandieren möchten. Hierzu gehören auch Beratungsleistungen im Bereich Marketing und Vertrieb.

https://www.s-ge.com/en/service/consulting

Swiss Start-up Invest: Swiss Start-up Invest ist ein Netzwerk von privaten Investoren und bietet kostenlose Beratung und Unterstützung für Startups an. Hierzu gehören auch Beratungsleistungen im Bereich Marketing und Vertrieb.

https://www.startupinvest.ch

Gründungszentren: Es gibt verschiedene Gründungszentren in der Schweiz, die kostenfreie Beratung und Unterstützung für Gründer anbieten. Hierzu gehören auch Beratungsleistungen im Bereich Marketing und Vertrieb.

https://www.gruenden.ch/anlaufstellen

Es gibt noch viele weitere Stellen und Organisationen, die Gründern kostenlos bei Marketing- und Vertriebsfragen helfen können. Eine gute Anlaufstelle für eine Übersicht ist beispielsweise die jeweilige Existenzgründer-Plattform des Landes, wie zum Beispiel „Existenzgründerportal" in Deutschland, „Gründerland Österreich „Gründerzentren" in der Schweiz oder die „Plattform für Jungunternehmen" in Liechtenstein. Auch lokale Wirtschaftsförderungsämter und -organisationen sowie Berufsverbände und Kammern können wertvolle Ansprechpartner sein.

Es ist ratsam, im Vorfeld der Gründung und der Suche nach Unterstützung eine Bedarfsanalyse durchzuführen, um festzustellen, wo genau Hilfe benötigt wird. Dies kann die Suche nach geeigneten Ansprechpartnern erleichtern und sicherstellen, dass die individuellen Bedürfnisse des Unternehmens bestmöglich erfüllt werden.

Risikomanagement für Startups

Die Identifikation von Risiken und die Entwicklung von Strategien, um diese Risiken zu minimieren, ist ein wichtiger Aspekt bei der Gründung eines Unternehmens. Es ist wichtig, potenzielle Risiken wie Marktschwankungen, Rechtsprobleme und Finanzrisiken zu identifizieren und zu planen, wie damit umgegangen werden kann. Hier sind einige Schritte, die bei der Implementierung eines Risikomanagementplans für eine Unternehmensgründung hilfreich sein können:

Zuallererst sollten mögliche Risiken identifiziert werden, die bei der Gründung des Unternehmens auftreten können. Dazu zählen zum Beispiel rechtliche Herausforderungen, finanzielle Risiken, Konkurrenz oder Probleme mit der Lieferkette.

Im nächsten Schritt sollten die identifizierten Risiken bewertet werden, um ihre Auswirkungen und Eintrittswahrscheinlichkeit zu bestimmen. So können diejenigen Risiken erkannt werden, die das Unternehmen am stärksten beeinträchtigen könnten.

Daraufhin sollten Strategien entwickelt werden, um die identifizierten Risiken zu minimieren oder zu vermeiden. Hier können beispielsweise der Abschluss von Versicherungen, die Sicherung von Finanzierungsmöglichkeiten oder die Diversifizierung des Geschäftsmodells in Betracht gezogen werden.

Es ist wichtig, die entwickelten Risikostrategien zu implementieren und festzulegen, wer im Unternehmen für das Risikomanagement verantwortlich ist. Die Risikomanagement-Pläne sollten regelmäßig überprüft und aktualisiert werden.

Schließlich sollten die Risiken und deren Auswirkungen fortlaufend überwacht werden, um sicherzustellen, dass die entwickelten Risikostrategien weiterhin wirksam sind. Bei Bedarf können die Strategien angepasst werden, um neue Risiken zu minimieren oder zu vermeiden.

Ein gut durchdachtes Risikomanagement ist für eine erfolgreiche Unternehmensgründung von entscheidender Bedeutung, da es das Unternehmen vor unvorhergesehenen Risiken schützt und die Wahrscheinlichkeit von Verlusten verringert.

Ein Fall von fehlgeschlagenem Risikomanagement mit verheerenden Folgen ereignete sich im Jahr 2021. Das Containerschiff Ever Given befuhr den Suezkanal, eine der meistbefahrenen Wasserstraßen der Welt. Der Kanal ist eng und kurvenreich und für seine starken Winde und Strömungen bekannt. Doch die Besatzung der Ever Given schien sich nicht um die Risiken zu kümmern. Sie zogen auch nicht die Möglichkeit eines Sandsturms in Betracht. Und tatsächlich kam ein Sandsturm auf und die Ever Given saß fest. Das Schiff blockierte den Kanal und beeinträchtigte den Welthandel erheblich. Die Blockade dauerte sechs Tage und verursachte sowohl für die Reederei als auch für die ägyptische Regierung Kosten in Milliardenhöhe.

Im Nachhinein ist klar, dass die Crew der Ever Given ihr Risiko besser hätte managen müssen. Aber immerhin hat sie einen coolen Spitznamen bekommen. Die Ever Given ist heute bekannt als das „Schiff, das den Suezkanal blockierte".

Die Besatzung der Ever Given war so darauf konzentriert, ihr Ziel zu erreichen, dass sie nicht über die Risiken nachdachte. Manchmal ist es aber ichtig, einen Schritt zurückzutreten und die Risiken abzuschätzen, bevor man etwas unternimmt.

Der Vorfall bei Ever Given erinnert uns daran, dass auch die erfahrensten Fachleute Fehler machen können. Es ist auch eine Erinnerung daran, wie wichtig Risikomanagement ist, selbst bei den kleinsten Aufgaben. Es gibt eine Reihe von Möglichkeiten, wie das Risikomanagement bei dem Vorfall in Ever Given hätte verbessert werden können. Nachfolgend werden einige genannt:

- Bessere Risikobewertung: Die Besatzung der Ever Given hätte die mit der Durchfahrt des Suezkanals verbundenen Risiken besser einschätzen müssen. Sie hätte die Möglichkeit eines Sandsturms in Betracht ziehen und einen Plan für den Umgang mit einem solchen Ereignis entwickeln müssen.

- Robustere Notfallpläne: Die Besatzung der Ever Given hätte über robustere Notfallpläne für den Fall eines unerwarteten Ereignisses verfügen müssen. Zum Beispiel hätte sie einen Plan haben müssen, wie sie das Schiff befreien kann, wenn es sich festgefahren hat.

- Bessere Kommunikation: Die Besatzung der Ever Given hätte besser mit den Behörden und anderen Schiffen in der Region kommunizieren müssen. Dies hätte dazu beigetragen, dass alle über die Situation informiert gewesen wären und die notwendigen Mittel zur Befreiung des Schiffes zur Verfügung gestanden hätten.

- Mehr Training: Die Besatzung der Ever Given hätte mehr Training im Risikomanagement und im Umgang mit unerwarteten Ereignissen erhalten sollen. Dies hätte dazu beigetragen, dass sie besser auf die Möglichkeit eines Staubsturms vorbereitet gewesen wären und die notwendigen Schritte unternommen hätten, um ein Festfahren zu vermeiden.

Ein Beispiel, das die Bedeutung der Vorbereitung bei der Unternehmensgründung veranschaulicht, ist die Geschichte von Adam Neumann, dem ehemaligen CEO von WeWork.

Neumann gründete WeWork im Jahr 2010 mit dem Ziel, ein innovatives Arbeitsumfeld für Startups und kleine Unternehmen zu schaffen. Die Idee war, eine coworking-Plattform anzubieten, die nicht nur erschwinglich, sondern auch stilvoll und einladend war.

WeWork wuchs schnell und zog rasch Investoren an. Im Jahr 2019 wurde das Unternehmen auf fast 50 Milliarden US-Dollar geschätzt. Doch trotz des enormen Wachstums und Erfolgs war WeWork nie profitabel. Im Jahr 2019 plante WeWork, an die Börse zu gehen, aber der Börsengang scheiterte letztendlich aufgrund von Bedenken bezüglich des Geschäftsmodells und der finanziellen Stabilität des Unternehmens. Die Unterlagen, die WeWork bei der Börsenaufsicht eingereicht hatte, zeigten, dass das Unternehmen massive Verluste verzeichnete und stark von den Investoren abhängig war. Es stellte sich heraus, dass Neumann das

Unternehmen schlecht vorbereitet hatte. Er hatte es versäumt, klare und belastbare Geschäftspläne zu erstellen, die das zukünftige Wachstum und die Rentabilität von WeWork sicherstellten. Zudem waren seine Managemententscheidungen oft impulsiv und unüberlegt.

Diese Geschichte zeigt, dass es unerlässlich ist, ein solides Geschäftsmodell zu haben und sich auf potenzielle Herausforderungen und Risiken vorzubereiten. Eine unzureichende Vorbereitung kann zu finanziellen Problemen und zum Scheitern des Unternehmens führen.

Überlegungen

Bei der sorgfältigen Planung und Vorbereitung einer Unternehmensgründung sollten Sie einige Fragen berücksichtigen:

1. Welches Geschäftsmodell soll mein Unternehmen haben?
2. Welches Produkt oder welche Dienstleistung möchte ich anbieten?
3. Wer ist meine Zielgruppe und wie erreiche ich sie am besten?
4. Wie finanziere ich meine Gründung und welche Finanzierungsmöglichkeiten gibt es?
5. Welche rechtlichen Rahmenbedingungen muss ich beachten (z. B. Gewerbeanmeldung, Steuerpflichten, Versicherungen)?
6. Wie sieht meine Marketingstrategie aus und welche Marketingkanäle nutze ich?
7. Wie gestalte ich mein Unternehmen organisatorisch und welche Strukturen brauche ich?
8. Wie finde ich geeignete Mitarbeiter und wie plane ich ihre Einarbeitung?
9. Wie behalte ich den Überblick über meine Finanzen und wie führe ich die Buchhaltung?
10. Wie gehe ich mit möglichen Risiken und Herausforderungen um?

Quiz für Gründer

Sind Sie bereit für die Gründung? Dieser Quiz soll Ihnen helfen aufzuzeigen, in welchen Bereichen Sie eventuell noch Informationen benötigen.

1. Welche der folgenden Aussagen beschreibt am besten den Begriff „Businessplan"?

   a) Ein strategisches Dokument zur Festlegung von Unternehmenszielen

   b) Ein Marketingplan für das Unternehmen

   c) Ein Finanzplan für das Unternehmen

   d) Ein operativer Plan für das Unternehmen

2. Was ist der Hauptzweck der Unternehmensgründung?

   a) Gewinnmaximierung

   b) Schaffung von Arbeitsplätzen

   c) Schaffung von Werten für die Gesellschaft

   d) Schaffung von Marktmacht

3. Welche der folgenden Optionen ist eine Methode zur Gründungsfinanzierung?

   a) Crowdfunding

   b) Anleiheemission

   c) Bankkredit

d) Alle oben genannten

4. Welche der folgenden Aussagen beschreibt am besten das Konzept des „Minimum Viable Product"?

   a) Ein Produkt, das so viele Funktionen wie möglich hat, um den Kundenbedürfnissen gerecht zu werden

   b) Ein Produkt, das mit minimalen Funktionen auf den Markt gebracht wird, um Feedback von Kunden zu erhalten

   c) Ein Produkt, das alle Funktionen hat, die der Markt benötigt, um erfolgreich zu sein

   d) Ein Produkt, das nur für den internen Gebrauch des Unternehmens gedacht ist

5. Was ist der beste Ansatz für die Bestimmung des Marktpreises eines Produkts?

   a) Die Kosten des Produkts plus ein Aufschlag

   b) Eine Umfrage unter potenziellen Kunden durchführen

   c) Die Preise von Konkurrenzprodukten analysieren

   d) Eine Kombination aus Kostenanalyse und Konkurrenzanalyse

6. Welches der folgenden Elemente ist in einem Businessplan nicht erforderlich?

   a) Eine Marktanalyse

   b) Eine Finanzanalyse

c) Eine Liste potenzieller Investoren

d) Eine Liste von Wettbewerbern

7. Was ist eine Möglichkeit, um die Markenbekanntheit zu steigern?

a) Werbung schalten

b) Soziale Medien nutzen

c) Kooperationen mit anderen Unternehmen eingehen

d) Alle oben genannten

8. Welches der folgenden Finanzierungsinstrumente ist in der Regel am risikoreichsten?

a) Eigenkapital

b) Fremdkapital

c) Mezzanine-Kapital

d) Keines davon

9. Welche der folgenden ist keine notwendige Voraussetzung für eine erfolgreiche Unternehmensgründung?

a) Eine innovative Geschäftsidee

b) Ausreichend Finanzmittel

c) Gute persönliche Beziehungen zu potenziellen Kunden

d) Kompetenz innerhalb des Unternehmens

10. Welche der folgenden Rechtsformen ist die beste Wahl für eine Unternehmensgründung, wenn die Gründer Haftungsbeschränkungen wünschen und eine breitere Basis von potenziellen Investoren ansprechen möchten?

    a) Einzelunternehmen

    b) Personengesellschaft

    c) Kapitalgesellschaft

    d) Genossenschaft

11. Was ist der beste Ansatz, um potenzielle Investoren von der Gründungsidee zu überzeugen?

    a) Eine detaillierte Beschreibung des Produkts oder der Dienstleistung

    b) Ein umfassender Businessplan

    c) Eine überzeugende Präsentation des Gründerteams

    d) Ein überzeugender Verkaufstrichter

12. Welche der folgenden Aussagen zur Finanzierung einer Unternehmensgründung ist am genauesten?

    a) Die meisten erfolgreichen Start-ups finanzieren sich ausschließlich über Eigenkapital.

    b) Fremdkapital ist die sicherste und konservativste Form der Finanzierung.

    c) Es gibt keine universelle Formel für die Finanzierung einer Unternehmensgründung.

d) Die meisten Start-ups scheitern aufgrund von unzureichender Fremdkapitalfinanzierung.

13. Welche der folgenden Aussagen zum Unternehmenswachstum ist am genauesten?

a) Unternehmenswachstum ist ein natürlicher Prozess, der mit der Zeit eintritt.

b) Unternehmenswachstum erfordert eine klare Wachstumsstrategie und eine systematische Umsetzung.

c) Unternehmenswachstum kann durch eine Erhöhung der Preise erreicht werden.

d) Unternehmenswachstum hängt ausschließlich von externen Faktoren ab, wie zum Beispiel der Wirtschaftslage.

14. Welche der folgenden Aussagen zur Haftung bei einer Gründungsgesellschaft ist korrekt?

a) Die Gesellschafter haften nur bis zur Höhe ihrer Einlage.

b) Die Gesellschafter haften unbegrenzt für alle Schulden des Unternehmens.

c) Die Haftung der Gesellschafter hängt von der Rechtsform ab.

d) Die Haftung der Gesellschafter hängt davon ab, ob sie als Geschäftsführer tätig sind.

15. Was ist ein Businessplan?

a) Ein Plan, wie man ein Unternehmen erfolgreich gründet und führt.

b) Eine Zusammenstellung von Finanzdaten und Prognosen.

c) Ein Plan, wie man ein Unternehmen verkauft.

d) Eine Zusammenstellung von Marketingmaterialien.

16. Was ist der Zweck einer SWOT-Analyse?

a) Ermittlung der Finanzlage des Unternehmens.

b) Identifizierung der Stärken, Schwächen, Chancen und Risiken eines Unternehmens.

c) Festlegung von Preisstrategien.

d) Identifizierung von Marketingkanälen.

17. Was ist ein Elevator Pitch?

a) Eine kurze Präsentation, um ein Produkt oder eine Dienstleistung zu verkaufen.

b) Eine Zusammenfassung des Businessplans.

c) Ein kurzes Treffen mit einem potenziellen Investor.

d) Eine Analyse der Marktlage.

18. Was ist der Zweck einer Marktanalyse?

a) Ermittlung der Finanzlage des Unternehmens.

b) Identifizierung von Marketingkanälen.

c) Identifizierung der Zielgruppe und deren Bedürfnisse.

d) Festlegung von Preisstrategien.

Die richtigen Antworten finden Sie im Appendix am Ende dieses Buches!

XX. Unternehmens-Nachfolge

Die Übernahme eines bestehenden Betriebs erfordert eine gründliche Vorbereitung und Planung. Dazu gehört nicht nur eine sorgfältige Analyse der Finanzen und der Geschäftsprozesse, sondern auch ein Verständnis für die Unternehmenskultur und die Beziehungen zu Kunden und Lieferanten. Die Übernahme eines Betriebs bietet jedoch auch eine hervorragende Gelegenheit, ein etabliertes Unternehmen mit einem bestehenden Kundenstamm und einem Ruf in der Branche zu führen.

In der Anfangsphase der Übernahme eines Betriebs ist es wichtig, dass Sie sich einen umfassenden Überblick über das Unternehmen verschaffen und Prioritäten setzten, um das Unternehmen auf Kurs zu halten. Dies kann die Analyse der Finanzen, die Überprüfung der Mitarbeiter und Prozesse sowie die Überprüfung der Kunden- und Lieferantenbeziehungen umfassen.

Eine erfolgreiche Betriebsübernahme erfordert auch ein gewisses Maß an Fingerspitzengefühl, um die bestehende Unternehmenskultur zu respektieren und das Vertrauen der Mitarbeiter und Kunden zu gewinnen. Nehmen Sie sich Zeit, um Ihre Mitarbeiterinnen und Mitarbeiter kennen zu lernen. Durch eine klare Kommunikation und eine positive Einstellung schaffen Sie eine solide Basis für den zukünftigen Erfolg Ihres Unternehmens.

Die Übernahme eines bestehenden Betriebs bietet sowohl Chancen als auch Herausforderungen. Eine gründliche Vorbereitung und Planung können den Erfolg des Unternehmens auf lange Sicht sichern und Ihnen die Möglichkeit geben, ein etabliertes Unternehmen zu führen und weiterzuentwickeln.

Unternehmensbewertung

Die Unternehmensbewertung ist ein komplexes Thema mit einer langen Geschichte. Die ersten Ansätze zur Unternehmensbewertung stammen aus dem 17. Jahrhundert. Zu dieser Zeit wurde versucht, den Wert eines Unternehmens anhand seiner Vermögenswerte zu bestimmen. Im 18. Jahrhundert wurden erstmals auch die Erträge eines Unternehmens berücksichtigt. Im 19. Jahrhundert wurde die Unternehmensbewertung dann zu einem eigenständigen Fachgebiet.

Heute gibt es eine Vielzahl von Bewertungsmethoden, die auf unterschiedlichen Ansätzen beruhen. Die Wahl der Methode hängt von der Art des Unternehmens, seiner Größe, seiner Branche und seiner Geschäftstätigkeit ab. Einige der gängigsten Methoden zur Unternehmensbewertung sind:

1. Discounted Cashflow-Methode: Bei dieser Methode wird der Wert des Unternehmens anhand der zukünftig erwarteten Cashflows berechnet. Dabei werden die erwarteten zukünftigen Cashflows auf den heutigen Wert abgezinst, um die Gegenwartswertmethode anzuwenden. Die Diskontierung berücksichtigt dabei das Risiko des Unternehmens und das erwartete Wachstum. Diese Methode eignet sich besonders für Unternehmen mit stabilen Cashflows und langfristigen Prognosen, wie z. B. in der Telekommunikationsbranche oder der Energieversorgungs-branche.

2. Multiplikator-Methode: Diese Methode verwendet Multiplikatoren, um den Wert des Unternehmens zu bestimmen. Hierbei werden häufig bestimmte finanzielle Kennzahlen des Unternehmens wie beispielsweise das Verhältnis von Unternehmenswert zu Umsatz oder Gewinn verwendet. Der Wert des Unternehmens wird dann durch Multiplikation der Kennzahl mit dem jeweiligen Faktor berechnet, wobei die Multiplikatoren in der Regel auf vergleichbaren Unternehmen basieren. Diese Methode eignet sich besonders für Unternehmen in reifen und etablierten Branchen mit einem hohen Wettbewerbsdruck und einer klaren Wettbewerbsposition, wie z. B. im Einzelhandel oder in der Automobilbranche.

3. Asset-basierte Methode: Bei dieser Methode wird der Unternehmenswert anhand der Summe der Vermögenswerte (Aktiva) und Schulden (Passiva) des Unternehmens berechnet. Hierbei werden die Vermögenswerte, wie beispielsweise das Inventar, die Immobilien und die Ausstattung, bewertet und von den Schulden abgezogen, um den Wert des Eigenkapitals zu ermitteln. Diese Methode ist besonders geeignet für Unternehmen in Branchen, in denen die Vermögenswerte einen hohen Stellenwert haben, wie z. B. Immobilien oder Schifffahrt.

4. Break-Even-Analyse: Hierbei wird der Punkt ermittelt, an dem das Unternehmen weder einen Gewinn noch einen Verlust macht. Der Break-Even-Punkt kann dann als Grundlage für die Bewertung des Unternehmens dienen. In Bezug auf Branchen ist die Break-Even-Analyse vor allem für Unternehmen in Branchen mit hohen Fixkosten, wie z. B. Produktion, Fertigung oder Logistik sinnvoll.

5. Vergleichbarkeitsanalyse: Hierbei werden vergleichbare Unternehmen aus der gleichen Branche oder mit ähnlicher Größe und Geschäftstätigkeit herangezogen, um den Wert des Unternehmens zu bestimmen. Dabei wird der Wert vergleichbarer Unternehmen auf das zu bewertende Unternehmen angewandt, um dessen Wert zu ermitteln. Die Vergleichbarkeitsanalyse eignet sich insbesondere für Unternehmen in stark regulierten Branchen, wie z. B. im Finanzsektor oder im Gesundheitswesen, wo die Bewertung von Unternehmen oft durch regulatorische und marktspezifische Faktoren beeinflusst wird.

Anschließend sollten die relevanten Daten, wie finanzielle Kennzahlen (Umsatz, Gewinn, EBITDA, Vermögenswerte, Schulden), Marktwert und Wert vergleichbarer Unternehmen, gesammelt werden.

Basierend auf der gewählten Bewertungsmethode und den gesammelten Daten sollte der Wert des Unternehmens berechnet werden. Dabei sind auch qualitative Faktoren, wie das Marktumfeld, das Potenzial für zukünftiges Wachstum, das Management-Team und die Risiken zu berücksichtigen. Überlegenswert ist auch die Einbringung einer Earn-Out-Klausel. Diese basiert auf der Idee, dass der Kaufpreis für ein Unternehmen, das übernommen wird, teilweise auf zukünftigen Erfolgen des übernommenen Unternehmens basiert.

Die Ergebnisse sollten in einer leicht verständlichen Art und Weise dargestellt werden, damit sie von anderen verstanden werden können. Eine Zusammenfassung der Ergebnisse, die die wichtigsten Faktoren und die Bewertungsmethode umfasst, kann hierbei hilfreich sein.

Es ist jedoch zu beachten, dass die Bewertung eines Unternehmens ein komplexer Prozess ist, der professionelle Expertise erfordert. Wenn Sie sich unsicher sind oder nicht über die erforderliche Fachkenntnis verfügen, sollten Sie in Erwägung ziehen, einen professionellen Gutachter oder Finanzberater zu konsultieren.

Due Diligence

Vor der Übernahme bzw. vor der Investition in ein Unternehmen sollten Sie eine gründliche Prüfung im Rahmen einer Due Diligence durchführen.

Ziel der Due Diligence ist es, potenzielle Risiken, Schwächen und Stärken der Investition aufzudecken und sicherzustellen, dass alle relevanten Informationen offenbart werden. Der Prozess ist wichtig, um sicherzustellen, dass eine Transaktion sorgfältig und verantwortungsbewusst durchgeführt wird und die beteiligten Parteien die notwendigen Informationen haben, um eine fundierte Entscheidung zu treffen.

Der Due-Diligence-Prozess kann viele verschiedene Aspekte umfassen, je nach Art der Investition. Hier sind einige Beispiele für Bereiche, die in einer Due Diligence typischerweise untersucht werden:

- Finanzielle Aspekte wie Bilanzen, Gewinn- und Verlustrechnungen, Steuern und Finanzierungsstrukturen

- Betriebliche Aspekte wie Produktionsprozesse, Lagerbestände, Beschaffung, Vertrieb und Kundenbeziehungen

- Rechtliche Aspekte wie Verträge, Patente, Urheberrechte, Haftungsrisiken und Compliance-Prüfungen

- Personal- und Arbeitsrechtliche Aspekte wie Arbeitsverträge, Arbeitsbedingungen, Sozialleistungen und betriebliche Altersvorsorge

- Technische Aspekte wie Maschinen und Anlagen, IT-Systeme und Software.

Eine gründliche Due Diligence ist ein wichtiger Schritt bei jeder Art von Investition, einschließlich Unternehmensübernahmen, Joint Ventures oder Börsengängen. Die Ergebnisse der Due Diligence können den Investoren helfen, eine fundierte Entscheidung zu treffen und das Risiko von unerwarteten Problemen oder Risiken zu minimieren.

Während des Due-Diligence-Prozesses wird üblicherweise auch ein Synergieplan erstellt. Ein Synergieplan ist ein Plan, der die potenziellen Synergien beschreibt, die aus der Übernahme eines anderen Unternehmens entstehen können. Synergien sind die positiven Effekte, die durch den Zusammenschluss von Unternehmen entstehen und die oft dazu beitragen, dass der Gesamtwert des fusionierten Unternehmens höher ist als die Summe der Werte der Einzelunternehmen.

Im Kontext einer Betriebsübernahme beschreibt der Synergieplan, wie das übernehmende Unternehmen durch die Übernahme des Zielunternehmens von einer Zusammenarbeit profitieren kann. Dies kann in Form von Kosteneinsparungen, Umsatzsteigerungen oder einer verbesserten Wettbewerbsposition geschehen.

Die nächsten Schritte zur Übernahme

Wenn die Geschäftsführung einen Betrieb übernimmt, gibt es eine Reihe von ersten Schritten und Handlungen, die unternommen werden sollten, um sich mit dem Unternehmen vertraut zu machen und eine solide Basis für die zukünftige Führung zu schaffen. In den nachfolgenden Kapiteln sind einige wichtige erste Schritte beschrieben.

Überblick verschaffen

Der neue Geschäftsführer sollte sich einen umfassenden Überblick über das Unternehmen verschaffen, indem er sich mit den verschiedenen Abteilungen und Mitarbeitern vertraut macht, die Struktur des Unternehmens untersucht, den Zustand des Inventars überprüft und das Unternehmen aus verschiedenen Blickwinkeln betrachtet.

Prioritäten setzen

Eine der wichtigsten Prioritäten bei einer Unternehmensübernahme ist die Überprüfung der Finanzen. Hierbei geht es darum, die finanzielle Situation des Unternehmens zu verstehen und mögliche Risiken und Probleme zu identifizieren. Dazu gehören die Analyse der Bilanzen, der Gewinn- und Verlustrechnungen sowie der Prognosen und Budgets.

Ein weiterer wichtiger Aspekt ist die Bewertung der Mitarbeiter und Prozesse. Hierbei geht es darum, die Stärken und Schwächen des bestehenden Teams zu identifizieren und sicherzustellen, dass die vorhandenen Fähigkeiten und Kompetenzen optimal genutzt werden können. Auch die Überprüfung und Optimierung von Prozessen und Arbeitsabläufen kann einen großen Beitrag zur Effizienz und Produktivität des Unternehmens leisten.

Darüber hinaus sollten Sie mögliche rechtliche Risiken und Probleme identifizieren und adressieren. Dazu gehören Verträge mit Lieferanten, Kunden und Dienstleistern, aber auch interne Richtlinien. Prüfen Sie sämtliche bestehende

Verträge sorgfältig prüfen um zu verstehen, welche Verpflichtungen damit einhergehen. Dabei sollten auch Verträge mit Vermietern, Banken und anderen Geschäftspartnern berücksichtigt werden. Besondere Aufmerksamkeit sollten Sie den Verträgen mit Mitarbeitern schenken, da diese nicht nur das Arbeitsverhältnis regeln, sondern auch wichtige Informationen über Arbeitszeiten, Urlaub, Gehalt und andere Arbeitsbedingungen enthalten. Auch sollten Sie darauf achten, dass alle Verträge die notwendigen rechtlichen Bestimmungen erfüllen und im Einklang mit Gesetzen und Vorschriften stehen. Des Weiteren können bestehende Verträge mit Kunden, Lieferanten und anderen Geschäftspartnern auch Auswirkungen auf neue Geschäftsbeziehungen haben, so dass Sie möglicherweise bestehende Verträge anpassen oder erneuern müssen. Auch können Verträge Auswirkungen auf die Liquidität des Unternehmens haben, insbesondere wenn es um langfristige Zahlungsvereinbarungen geht.

Eine erfolgreiche Unternehmensübernahme erfordert auch eine klare Strategie und ein Verständnis für die Zielsetzungen und langfristigen Pläne des Unternehmens. Es ist wichtig, dass die Übernahme in diese Pläne integriert wird und dass klare Ziele und Meilensteine definiert werden, um den Erfolg der Übernahme zu messen.

Analyse der Finanzen

Die Analyse der Finanzen ist eine der wichtigsten Aufgaben bei einer Unternehmensübernahme. Ein genaues Verständnis der Finanzen des zu übernehmenden Unternehmens gewährleistet, dass es finanziell stabil ist und keine unerwarteten Probleme auftauchen.

Zu den ersten Schritten gehört die Überprüfung der Bilanzen, Gewinn- und Verlustrechnungen und der Cashflow-Statements des Unternehmens. Sehen Sie sich die historischen Kennzahlen wie Umsatz, Gewinn, EBITDA, Cashflow und Liquidität an. Auf diese Weise kann man die finanzielle Leistung des Unternehmens in den letzten Jahren bewerten und auch potenzielle Finanzprobleme oder Schulden erkennen. So kann ein negativer Cashflow problematisch sein, da das Unternehmen Schwierigkeiten haben kann, seine Verpflichtungen zu erfüllen (z. B. die Bezahlung von Schulden, Lieferanten oder Gehältern). Es gibt jedoch auch

Situationen, in denen ein temporärer negativer Cashflow akzeptabel sein kann, insbesondere wenn das Unternehmen in Wachstum investiert oder größere Investitionen tätigt, die zukünftiges Wachstum und höhere Erträge ermöglichen.

Prüfen Sie auch, wie das Unternehmen finanziert ist. Dazu gehören die Höhe des Fremdkapitals, die Zinszahlungen, die Tilgungspläne und die Konditionen der Kredite. Eine Überprüfung der Kostenstruktur des Unternehmens kann Aufschluss darüber geben, wo Einsparungen möglich sind und wo das Unternehmen effizienter arbeiten kann.

Eine Übernahme sollte jedoch nicht nur auf Basis vergangener Finanzdaten erfolgen, sondern auch auf Basis von Prognosen und Zukunftsaussichten. Dazu können eine Marktanalyse, eine Wettbewerbsanalyse und eine Bewertung der Branche gehören.

Führen Sie eine Risikobewertung durch, um Schwachstellen des Unternehmens zu identifizieren und zu bewerten. Dazu können Faktoren wie die Abhängigkeit von bestimmten Kunden oder Lieferanten, rechtliche Risiken und Umweltfaktoren gehören. Es ist auch wichtig, das Geschäftsmodell des Unternehmens zu verstehen und die zukünftigen Finanzen des Unternehmens zu prognostizieren, um potenzielle Wachstumschancen oder Risiken zu identifizieren.

Mitarbeiter kennenlernen

Machen Sie sich mit den Mitarbeitern vertraut und finden Sie heraus, wer in welcher Abteilung tätig ist. Dies hilft Ihnen, ihre Rolle im Unternehmen zu verstehen und ein besseres Verständnis für die Stärken und Schwächen des Teams zu entwickeln.

In Gruppengesprächen können Mitarbeiter mehr über ihre Arbeit und ihr Arbeitsumfeld berichten und möglicherweise gemeinsame Probleme oder Verbesserungspotenziale identifizieren. Durch Einzelgespräche mit den Mitarbeitern können wichtige Informationen über ihre Tätigkeiten, Stärken und Schwächen sowie ihre Meinung zur aktuellen Unternehmenssituation gewonnen werden.

Die Analyse von Arbeitsprozessen kann helfen, Stärken und Schwächen im Arbeitsablauf zu identifizieren und Verbesserungsmöglichkeiten aufzuzeigen. Durch regelmäßige Befragungen kann die Meinung der Mitarbeiter zu verschiedenen Themen erfasst werden, z. B. zur Arbeitszufriedenheit oder zur Wahrnehmung des Unternehmensklimas.

Betrachten Sie die Mitarbeiter als wertvolles Kapital des Unternehmens und beziehen Sie sie in den Übernahmeprozess ein. Durch eine offene Kommunikation und eine respektvolle Zusammenarbeit können mögliche Schwierigkeiten vermieden und eine erfolgreiche Integration der Mitarbeiter erreicht werden.

Prozesse und Abläufe untersuchen

Der neue Geschäftsführer sollte sich auch mit den verschiedenen Prozessen und Abläufen im Unternehmen vertraut machen, um festzustellen, wo es Verbesserungsbedarf gibt und wie die Effizienz gesteigert werden kann. Dabei sollte man sich auf folgende Aspekte konzentrieren:

1. Überprüfung der betrieblichen Abläufe: Hierbei sollten die Arbeitsprozesse, die Organisation der Arbeit und die Arbeitsabläufe des Unternehmens analysiert werden.

2. Identifikation von Schwachstellen: Die Schwachstellen und Fehlerquellen im bestehenden System sollten erkannt werden, um in der Zukunft effizienter arbeiten zu können.

3. Identifikation von Optimierungspotenzialen: Durch die Analyse der bestehenden Abläufe können Möglichkeiten zur Verbesserung identifiziert werden.

4. Überprüfung der Compliance: Hierbei sollte überprüft werden, ob das Unternehmen alle gesetzlichen Vorschriften einhält.

Kunden- und Lieferantenbeziehungen überprüfen

Eine Überprüfung der Kunden- und Lieferantenbeziehungen ist ebenfalls wichtig, um sicherzustellen, dass das Unternehmen positive Beziehungen zu wichtigen Partnern aufrechterhält. Wenn möglich, vereinbaren Sie ein persönliches Gespräch mit Ihren Kunden und Lieferanten. So können Sie sie persönlich kennen lernen und sich ein besseres Bild von ihrer Integrität und Zuverlässigkeit machen. Fragen Sie Ihre Kunden und Lieferanten nach Referenzen von anderen Unternehmen, mit denen sie bereits zusammengearbeitet haben. Diese Referenzen können Ihnen wertvolle Informationen über die Erfahrung, Zuverlässigkeit und Qualität der Arbeit des Kunden oder Lieferanten geben. Eine Hintergrundprüfung kann Informationen über die finanzielle Situation und die Geschäftspraktiken des Kunden oder Lieferanten liefern.

Vision und Ziele des Unternehmens

Schließlich sollten Sie auch die Vision und die Ziele des Unternehmens überprüfen und überlegen, wie er das Unternehmen langfristig erfolgreich führen kann. Stellen Sie sicher, dass die Vision und die Ziele des übernommenen Unternehmens mit denen Ihres eigenen Unternehmens übereinstimmen. Wenn Visionen und Ziele nicht übereinstimmen, kann es zu Konflikten und Problemen kommen.

Mit diesen ersten Schritten können Sie schnell eine solide Basis für die zukünftige Unternehmensführung schaffen.

Asset Deal vs. Share Deal: Bedeutung und Unterschiede

Prüfen Sie sorgfältig, welche Form des Unternehmenskaufs am besten geeignet ist, um die beabsichtigten Ziele zu erreichen und das Risiko von Fehlentscheidungen zu minimieren. Sie können eine Transaktion in Form eines Asset Deals oder eines Share Deals durchführen. Ein Asset Deal ist eine Transaktion, bei der der Käufer bestimmte Vermögenswerte eines Unternehmens erwirbt, aber nicht das Unternehmen selbst. Ein Share Deal ist eine Transaktion, bei der der Käufer alle Aktien eines Unternehmens erwirbt und damit Eigentümer des Unternehmens wird.

Die Entscheidung darüber hat erhebliche Auswirkungen auf die Risiken, Kosten und rechtlichen Verpflichtungen, die mit der Transaktion verbunden sind.

Ein Asset Deal kann für einen Käufer von Vorteil sein, der nur an bestimmten Vermögenswerten des Verkäufers interessiert ist, da er so gezielt nur diese Vermögenswerte erwerben kann, ohne sich um andere Vermögenswerte, Verbindlichkeiten oder Risiken des Verkäufers kümmern zu müssen. Dies kann auch die Möglichkeit bieten, die Steuerlast zu optimieren, da der Käufer den Kaufpreis auf die einzelnen erworbenen Vermögenswerte aufteilen und so möglicherweise Steuern sparen kann. Zudem sind Asset Deals oft einfacher zu strukturieren und zu verhandeln als Share Deals. Allerdings haben Asset Deals gegenüber Share Deals auch einige Nachteile. Asset Deals können für den Käufer teurer sein als Share Deals. Außerdem kann der Käufer bei einem Asset Deal für die Schulden des Unternehmens, das er erwirbt, haftbar gemacht werden.

Ein Share Deal hingegen hat für den Käufer den Vorteil, dass er das gesamte Unternehmen bzw. die Gesellschaft mit allen Vermögenswerten und dem laufenden Geschäftsbetrieb erwirbt und somit die volle Kontrolle über das Unternehmen hat. Share Deals sind zudem häufig kostengünstiger als Asset Deals. Außerdem haftet der Käufer bei einem Share Deal nicht für die Schulden des erworbenen Unternehmens. Allerdings trägt der Käufer auch das Risiko für alle Verbindlichkeiten, die mit dem Unternehmen oder der Gesellschaft verbunden sind, was ein erhebliches Risiko darstellen kann, wenn die Verbindlichkeiten unbekannt oder schwer zu quantifizieren sind. Share Deals sind für den Käufer in der Regel schwieriger zu strukturieren und zu verhandeln als Asset Deals.

Die Wahl zwischen einem Asset Deal und einem Share Deal hängt von einer Reihe von Faktoren ab, wie z. B. den Zielen des Käufers, den Vermögenswerten des Unternehmens und den rechtlichen Rahmenbedingungen.

In den letzten Jahren haben sich Asset Deals und Share Deals zu zwei der wichtigsten Arten von Unternehmenstransaktionen entwickelt. In den USA wurden im Jahr 2021 rund 2,2 Billionen USD in Asset Deals und rund 1,8 Billionen USD in Share Deals investiert.

Überlegungen

Im Folgenden sind einige Fragen aufgeführt, die Sie berücksichtigen sollten, um Ihre Unternehmensgründung sorgfältig zu planen und vorzubereiten:

1. Was sind die Ziele des Unternehmens, das Sie übernehmen möchten?

2. Wie sieht die Finanzlage des Unternehmens aus? Sind die Finanzen des Unternehmens stabil oder gibt es Schulden und finanzielle Herausforderungen?

3. Welche Marktchancen und -risiken gibt es für das Unternehmen? Wie sieht der Wettbewerb aus?

4. Wie gut ist das Unternehmen organisiert und welche Abläufe sind bereits etabliert?

5. Welche Stärken und Schwächen hat das Unternehmen?

6. Welches Potential hat das Unternehmen für Wachstum und Innovation?

7. Wie ist das Unternehmen in Bezug auf die Mitarbeiter und das Team aufgestellt? Gibt es Mitarbeiter, die bereits lange im Unternehmen tätig sind?

8. Welche rechtlichen Herausforderungen können auf das Unternehmen zukommen? Gibt es Verträge, die bereits bestehen und möglicherweise langfristige Verpflichtungen für das Unternehmen bedeuten?

9. Wie planen Sie, das Unternehmen zu führen und welche Veränderungen möchten Sie vornehmen, um es zu verbessern?

10. Welche Strategien planen Sie, um das Unternehmen weiterzuentwickeln und zu wachsen?

Diese Fragen können dazu beitragen, wichtige Aspekte zu berücksichtigen, die für eine erfolgreiche Übernahme eines Unternehmens relevant sind. Es ist wichtig, eine gründliche Due Diligence durchzuführen und sich umfassend über das Unternehmen zu informieren, bevor eine Übernahme getätigt wird. Die Durchführung einer Due Diligence umfasst in der Regel eine umfassende Analyse von Finanzdaten, Unternehmensstruktur, betrieblichen Abläufen, rechtlichen und regulatorischen Angelegenheiten, Umweltfaktoren sowie anderen relevanten Aspekten. Ziel der Due Diligence ist es, eine fundierte Entscheidung über die Vor- und Nachteile einer bestimmten Geschäfts- oder Investitionsmöglichkeit zu treffen und potenzielle Risiken zu identifizieren, um das Risiko von Fehlentscheidungen zu minimieren.

Quiz für Unternehmensnachfolger

Sind Sie bereit für die Übernahme? Prüfen Sie Ihr Wissen anhand der folgenden Fragen!

1. Was ist eine Due Diligence?

   a) Eine Prüfung der Steuerunterlagen

   b) Eine Prüfung der Bilanzen

   c) Eine Prüfung der Prozesse und Abläufe sowie Finanzdaten

   d) Eine Prüfung der Mitarbeiter

2. Welche Art von Unternehmensbewertung basiert auf zukünftigen Cashflows?

   a) Marktwertmethode

   b) Ertragswertmethode

   c) Substanzwertmethode

   d) Discounted-Cashflow-Methode

3. Was ist der Unterschied zwischen einem Asset Deal und einem Share Deal?

   a) Ein Asset Deal umfasst nur Vermögenswerte, während ein Share Deal Anteile am Unternehmen umfasst.

   b) Ein Share Deal umfasst nur Vermögenswerte, während ein Asset Deal Anteile am Unternehmen umfasst.

c) Ein Asset Deal kann steuerlich vorteilhafter sein als ein Share Deal.

d) Ein Share Deal kann steuerlich vorteilhafter sein als ein Asset Deal.

4. Was ist eine Earn-Out-Klausel?

a) Eine Klausel, die den Kaufpreis eines Unternehmens regelt.

b) Eine Klausel, die den Zeitpunkt des Verkaufs regelt.

c) Eine Klausel, die den Verkauf von Vermögenswerten regelt.

d) Eine Klausel, die den Kaufpreis an den zukünftigen Erfolg des Unternehmens knüpft.

5. Was ist der Zweck eines Synergieplans bei einer Betriebsübernahme?

a) Um die Synergieeffekte zwischen den beiden Unternehmen zu maximieren.

b) Um die Kosten der Übernahme zu minimieren.

c) Um die Mitarbeiterzufriedenheit zu erhöhen.

d) Um die Kundenbindung zu verbessern.

6. Welches der folgenden Elemente ist KEIN Bestandteil einer Due Diligence-Prüfung?

a) Finanzanalyse

b) Mitarbeiterbewertung

c) Marktforschung

d) Reputationsprüfung

7. Was ist die maximale Haftung, die ein Geschäftsführer gemäß dem deutschen GmbH-Gesetz bei einer groben Pflichtverletzung tragen kann?

a) Das gesamte Eigenkapital der GmbH

b) Das Dreifache des Jahresgehalts des Geschäftsführers

c) 100.000 Euro

d) 1 Million Euro

8. Welche Aussage ist bezüglich des Cashflows einer Unternehmung richtig?

a) Ein hoher Cashflow bedeutet, dass das Unternehmen profitabel ist

b) Der Cashflow ist unabhängig von den operativen Aktivitäten des Unternehmens

c) Ein negativer Cashflow kann auf langfristige Investitionen hinweisen

d) Der Cashflow ist irrelevant für die Bewertung eines Unternehmens

9. Welche Aussage über ein Business Model Canvas ist falsch?

a) Ein Business Model Canvas ist ein visuelles Instrument, um ein Geschäftsmodell zu beschreiben und zu analysieren.

b) Ein Business Model Canvas umfasst neun Schlüsselelemente, darunter Kundensegmente, Wertangebote, Vertriebskanäle und Kundenbeziehungen.

c) Ein Business Model Canvas ist ein statisches Dokument, das selten aktualisiert werden muss.

d) Ein Business Model Canvas kann dazu beitragen, das Geschäftsmodell eines Zielunternehmens zu verstehen und zu bewerten.

10. Welche der folgenden Finanzierungsoptionen ist am risikoreichsten?

a) Eigenkapital

b) Fremdkapital

c) Leasing

d) Verkauf von Forderungen

11. Was ist eine Kapitalflussrechnung?

a) Eine Bilanz, die die finanzielle Situation eines Unternehmens zu einem bestimmten Zeitpunkt darstellt

b) Eine Gewinn- und Verlustrechnung, die den Gewinn eines Unternehmens über einen bestimmten Zeitraum darstellt

c) Eine Aufzeichnung der Ein- und Auszahlungen eines Unternehmens über einen bestimmten Zeitraum

d) Eine Zusammenstellung der langfristigen Schulden eines Unternehmens

12. Welche der folgenden Aussagen ist bezüglich des Break-Even-Points eines Unternehmens korrekt?

a) Der Break-Even-Point gibt an, wann das Unternehmen profitabel wird

b) Der Break-Even-Point ist der Punkt, an dem die Fixkosten die variablen Kosten übersteigen

c) Der Break-Even-Point kann durch eine Erhöhung der variablen Kosten gesenkt werden

d) Der Break-Even-Point ist unabhängig von der Preiselastizität der Nachfrage

13. Was ist der Zweck einer SWOT-Analyse?

a) Identifizierung von Stärken und Schwächen

b) Identifizierung von Chancen und Bedrohungen

c) Identifizierung von Kundenbedürfnissen

d) Identifizierung von Konkurrenten

Antwort: a) Identifizierung von Stärken und Schwächen, sowie b) Identifizierung von Chancen und Bedrohungen

14. Welche Faktoren sollten bei der Unternehmensbewertung berücksichtigt werden?

a) Finanzielle Performance

b) Markttrends

c) Mitarbeiterqualifikationen

d) Alle oben genannten

15. Welches Finanzverhältnis gibt Auskunft über die Schuldenbelastung eines Unternehmens?

a) Current Ratio

b) Debt-to-Equity Ratio

c) Gross Margin Ratio

d) Return on Investment

16. Was ist der Unterschied zwischen Eigenkapital und Fremdkapital?

a) Eigenkapital ist das von Eigentümern investierte Geld, während Fremdkapital von externen Quellen wie Banken und Kreditgebern stammt.

b) Eigenkapital ist das Geld, das das Unternehmen von Kunden erhält, während Fremdkapital das Geld ist, das von Lieferanten und Dienstleistern stammt.

c) Eigenkapital ist das Geld, das ein Unternehmen durch den Verkauf von Aktien erhält, während Fremdkapital das Geld ist, das von der Regierung stammt.

d) Eigenkapital ist das Geld, das ein Unternehmen durch den Verkauf von Anleihen erhält, während Fremdkapital das Geld ist, das von den Aktionären stammt.

17. Was ist der Zweck einer PEST-Analyse?

a) Identifizierung von politischen und rechtlichen Faktoren

b) Identifizierung von wirtschaftlichen Faktoren

c) Identifizierung von sozialen Faktoren

d) Alle oben genannten

18. Welches Finanzverhältnis gibt Auskunft über die Rentabilität eines Unternehmens?

a) Current Ratio

b) Debt-to-Equity Ratio

c) Gross Margin Ratio

d) Return on Investment

Die richtigen Antworten finden Sie im Appendix am Ende dieses Buches.

XXI. Insolvenz

Es ist ein düsteres Szenario, das sich in vielen Unternehmen ereignen kann: Eine Insolvenz. Der Gedanke daran lässt vielen Geschäftsführern und Unternehmern das Blut in den Adern gefrieren. Doch trotz aller Vorsichtsmaßnahmen und sorgfältiger Planung kann es passieren, dass ein Unternehmen in eine finanzielle Schieflage gerät und letztendlich zahlungsunfähig wird. In einer solchen Situation muss schnell gehandelt werden, um das Schlimmste abzuwenden. Was genau im Falle einer Insolvenz auf Unternehmen zukommt und welche Maßnahmen ergriffen werden sollten, um die Auswirkungen möglichst gering zu halten, soll im Folgenden erläutert werden. Denn eins ist sicher: Eine Insolvenz ist kein Ende, sondern kann auch eine Chance für einen Neuanfang sein.

Insolvenz tritt ein, wenn ein Unternehmen nicht mehr in der Lage ist, seinen Zahlungsverpflichtungen nachzukommen. Dies kann verschiedene Gründe haben, wie zum Beispiel eine schlechte Geschäftsentwicklung, hohe Schulden oder unvorhergesehene Ereignisse wie Naturkatastrophen oder Pandemien.

Vorsicht: Insolvenzverschleppung ist in Deutschland, Österreich und der Schweiz strafbar und kann zu erheblichen rechtlichen und finanziellen Konsequenzen führen, mit bis zu drei Jahren Freiheitsentzug. Zusätzlich zu den strafrechtlichen Konsequenzen kann die Insolvenzverschleppung auch zivilrechtliche Konsequenzen wie Schadensersatzforderungen von Gläubigern oder ein Berufsverbot nach sich ziehen. Es ist daher von großer Bedeutung, bei drohender Zahlungsunfähigkeit unverzüglich einen Insolvenzantrag zu stellen, um eine mögliche Insolvenzverschleppung zu vermeiden.

Es ist absolut keine Schande in Insolvenz zu gehen, denn Insolvenz ist ein natürlicher Bestandteil des Wirtschaftslebens und bedeutet nicht zwangsläufig das Ende eines Unternehmens. In vielen Fällen kann die Insolvenz genutzt werden, um das Unternehmen zu restrukturieren und auf eine bessere finanzielle Grundlage zu stellen. Ein Beispiel dafür ist der Automobilhersteller General Motors, der 2009 Insolvenz anmelden musste und sich seitdem erfolgreich wieder aufgebaut hat. Glücklicherweise sind die Zeiten des Mittelalters vorbei, in denen Insolvenzverfahren noch von der Kirche kontrolliert wurden und oft mit der Exkommunikation verbunden waren. Dennoch ist es wichtig, dass Unternehmen und ihre Führungskräfte verantwortungsbewusst handeln und sicherstellen, dass sie ihren gesetzlichen Verpflichtungen nachkommen, um eine Insolvenzverschleppung zu vermeiden.

Die folgende Grafik zeigt die Zunahme bzw. Abnahme von Insolvenzanträgen im Vergleich zum jeweiligen Vorjahr für die Länder der DACH-Region.

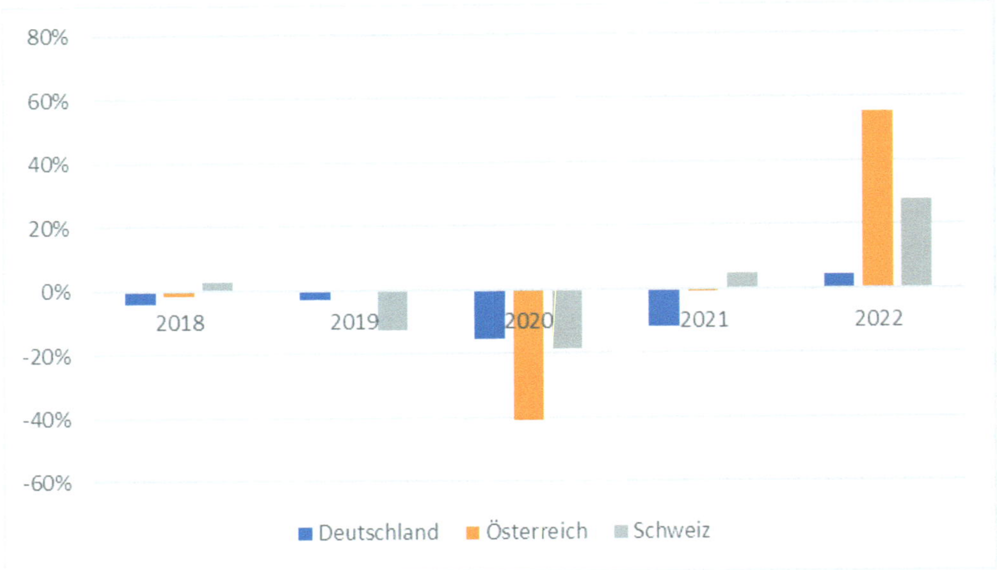

Veränderung der Insolvenzen im Vergleich zum Vorjahr

Im Jahr 2021 setzte sich in Deutschland der rückläufige Trend bei den Unternehmensinsolvenzen fort, mit einem Rückgang um 12 Prozent im Vergleich 2020. Ursachen hierfür waren Sondereffekte wie die Aussetzung der Insolvenzantragspflicht und finanzielle Unterstützung zur Abmilderung der Pandemiefolgen. In Österreich blieb die Anzahl neuer Insolvenzfälle trotz einer schwierigen wirtschaftlichen Lage nahezu unverändert. In der Schweiz stieg die Anzahl der Unternehmensinsolvenzen im Jahr 2021 um knapp 5 Prozent, nach einem Rückgang im Vorjahr. Für das Jahr 2022 zeigen sich jedoch bereits deutliche Anstiege in Österreich (55 Prozent) und der Schweiz (28 Prozent) im Vergleich zum Vorjahr, während Deutschland auf einem vergleichsweise entspannten Niveau bleibt. Als Gründe für den Anstieg werden verschiedene Herausforderungen genannt, darunter der Wegfall vieler COVID-19-Hilfen, steigende Materialpreise, Probleme in den Lieferketten und ein Mangel an Fachkräften aufgrund von Lockdowns und dem Ukraine-Krieg. Zusätzlich führte ein Anstieg der Energiepreise zu weiteren Belastungen. Für das Jahr 2023 wird ein weiterer Anstieg der Unternehmensinsolvenzen erwartet, nicht zuletzt aufgrund der Rezession und steigender

Zinsen und damit Kreditkosten. Dieser Trend ist bereits seit August 2022 zu beobachten und trifft vor allem mittlere und Großunternehmen in der gesamten DACH-Region.

Wenn man sich die gesetzlichen Regelungen zur Insolvenz ansieht, findet man einige Unterschiede zwischen Deutschland, Österreich und der Schweiz. In Deutschland gibt es das Insolvenzrecht, das in der Insolvenzordnung (InsO) geregelt ist. Hier wird zwischen Regelinsolvenz und Verbraucherinsolvenz unterschieden. In Österreich ist das Insolvenzrecht im Unternehmensgesetzbuch (UGB) und in der Insolvenzordnung (IO) geregelt, wobei zwischen Insolvenzverfahren für Unternehmen und für natürliche Personen unterschieden wird. In der Schweiz wird die Insolvenz im Schuldbetreibungs- und Konkursgesetz (SchKG) geregelt, wobei hier zwischen Konkurs und Nachlassverfahren unterschieden wird.

Das Ziel der Insolvenzverfahren besteht jedenfalls immer darin, Gläubigerinteressen zu schützen und dem Unternehmen eine Chance zu geben, sich zu sanieren oder geordnet zu liquidieren.

Ein Insolvenzverfahren ist ein komplexer Prozess, der in der Regel in mehreren Phasen abläuft. Die folgenden Seiten geben einen Überblick über die in Deutschland, Österreich und der Schweiz üblichen Verfahrensschritte bei Unternehmensinsolvenzen.

Antragstellung und Eröffnung des Insolvenzverfahrens

Das Insolvenzverfahren kann auf Antrag des Schuldners, eines Gläubigers oder des Insolvenzverwalters eröffnet werden.

Es ist in Ihrem Interesse, dass das Insolvenzverfahren frühzeitig beantragt wird, um die Chancen auf eine erfolgreiche Sanierung oder eine geordnete Abwicklung des Unternehmens zu erhöhen. Die Antragstellung und die Eröffnung des Insolvenzverfahrens sind in den einzelnen Ländern ähnliche, es gibt jedoch einige Unterschiede betreffend der Antragsberechtigung (nur der Schuldner oder auch Gläubiger) und der Behörde, bei der der Antrag gestellt werden muss.

Deutschland

In Deutschland muss der Schuldner das Insolvenzverfahren selbst beantragen, sobald er zahlungsunfähig oder überschuldet ist. Die Beantragung erfolgt beim Insolvenzgericht, das die Einleitung des Verfahrens prüft und bei positivem Bescheid einen Insolvenzverwalter bestellt. Ein Insolvenzverfahren kann auch von Gläubigern des Schuldners beantragt werden, wenn sie eine Forderung gegen den Schuldner haben und dieser zahlungsunfähig oder überschuldet ist. Im Jahr 2012 wurde in Deutschland das Gesetz zur weiteren Erleichterung der Sanierung von Unternehmen (ESUG) verabschiedet. Dieses Gesetz vereinfacht das Insolvenzverfahren in Eigenverwaltung und ermöglicht es Unternehmen, sich selbst zu sanieren und weiter zu arbeiten, während sie ihre Schulden begleichen.

Österreich

In Österreich kann der Antrag auf Eröffnung des Insolvenzverfahrens auf Antrag des Schuldners oder auf Antrag der Gläubiger erfolgen. Der Antrag erfolgt beim Landesgericht (in Wien beim Handelsgericht), das die Eröffnung des Verfahrens prüft und bei positivem Bescheid einen Insolvenzverwalter bestellt. Das österreichische Insolvenzrecht sieht auch die Möglichkeit eines außergerichtlichen Ausgleichsverfahrens vor, bei dem der Schuldner eine Einigung mit seinen Gläubigern erzielen kann.

Schweiz

In der Schweiz muss der Schuldner das Insolvenzverfahren ebenfalls selbst beantragen, sobald er zahlungsunfähig oder überschuldet ist. Der Antrag erfolgt beim zuständigen Betreibungsamt, das die Einleitung des Verfahrens prüft und bei positivem Bescheid einen Sachwalter bestellt. Im Falle eines Konkursverfahrens (Schweizer Pendant zum deutschen Insolvenzverfahren) kann auch ein Gläubiger das Verfahren beantragen, sofern er eine Forderung gegen den Schuldner hat und dieser zahlungsunfähig oder überschuldet ist.

Bestellung eines Insolvenzverwalters

In allen drei Ländern wird im Rahmen des Insolvenzverfahrens ein Insolvenzverwalter bestellt, der die Vermögensverwaltung und Verwertung des Schuldners übernimmt. In Deutschland und Österreich ist der Insolvenzverwalter ein vom Gericht bestellter Rechtsanwalt oder Steuerberater, während in der Schweiz auch der Konkursrichter die Funktion des Insolvenzverwalters übernehmen kann.

Deutschland

In Deutschland wird der Insolvenzverwalter wie gesagt vom Insolvenzgericht bestellt. Hierbei wird in der Regel ein Insolvenzverwalter aus dem Insolvenzgericht bestellt, wenn das Gericht keine konkreten Anhaltspunkte dafür hat, dass ein anderer Verwalter besser geeignet ist. In Ausnahmefällen kann das Gericht auch einen vom Schuldner vorgeschlagenen Insolvenzverwalter bestellen. Der Insolvenzverwalter hat die Aufgabe, das Vermögen des Schuldners zu sichern, zu verwalten und zu verwerten. Er muss hierbei die Interessen aller Gläubiger berücksichtigen und einen möglichst hohen Verwertungserlös erzielen. In der Regel wird der Insolvenzverwalter von einem Gläubigerausschuss kontrolliert, der aus Vertretern der größten Gläubiger besteht.

Österreich

In Österreich wird der Insolvenzverwalter ebenfalls vom Gericht bestellt. Das Gericht hat hierbei jedoch mehr Spielraum bei der Auswahl des Insolvenzverwalters. Es können auch Personen bestellt werden, die nicht als Insolvenzverwalter zugelassen sind, sofern diese über eine ausreichende Qualifikation verfügen. Der Insolvenzverwalter hat die Aufgabe, das Vermögen des Schuldners zu sichern, zu verwalten und zu verwerten. Auch hierbei muss er die Interessen aller Gläubiger berücksichtigen und einen möglichst hohen Verwertungserlös erzielen. Anders als in Deutschland gibt es in Österreich keinen Gläubigerausschuss, der den Insolvenzverwalter kontrolliert. Stattdessen müssen die Gläubiger bei wichtigen Entscheidungen befragt werden.

Schweiz

In der Schweiz wird der Sachwalter vom Gericht bestellt. Hierbei handelt es sich um eine neutrale Person, die das Vermögen des Schuldners sichert, verwaltet und verwertet. Anders als in Deutschland und Österreich gibt es in der Schweiz keinen Insolvenzverwalter. Der Sachwalter muss die Interessen aller Gläubiger berücksichtigen und einen möglichst hohen Verwertungserlös erzielen. Auch hierbei müssen die Gläubiger bei wichtigen Entscheidungen befragt werden.

Es ist wichtig zu beachten, dass die Bestellung des Insolvenzverwalters oder des Sachwalters in allen drei Ländern eine entscheidende Rolle im Insolvenzverfahren spielt. Der Verwalter hat die Aufgabe, das Vermögen des Schuldners zu sichern, zu verwalten und zu verwerten. Er muss hierbei die Interessen aller Gläubiger berücksichtigen und einen möglichst hohen Verwertungserlös erzielen.

Bestandsaufnahme des Vermögens

Im Rahmen des Insolvenzverfahrens wird eine Inventarisierung bzw. eine Bestandsaufnahme des Vermögens des Schuldners durchgeführt. Hierbei werden sämtliche Vermögenswerte erfasst und bewertet. Zu den Vermögenswerten, die in die Bestandsaufnahme einbezogen werden, gehören unter anderem Grundstücke, Gebäude, Fahrzeuge, Bankkonten, Wertpapiere, Forderungen gegenüber Dritten, aber auch immaterielle Vermögensgegenstände wie Patente oder Markenrechte.

Deutschland

In Deutschland erfolgt die Bestandsaufnahme des Vermögens durch einen Insolvenzverwalter, der vom Insolvenzgericht bestellt wird. Der Insolvenzverwalter hat die Aufgabe, das Vermögen des Schuldners zu ermitteln, zu sichern und zu verwerten. Hierbei arbeitet er eng mit einem Gläubigerausschuss zusammen. Der Insolvenzverwalter hat das Recht, Auskünfte von Dritten einzuholen und Einsicht in Unterlagen zu nehmen, die für die Feststellung des Vermögens von Bedeutung sind. Dies ist insbesondere in den §§ 80 bis 84 InsO geregelt.

Österreich

In Österreich wird die Bestandsaufnahme des Vermögens ebenfalls von einem Insolvenzverwalter durchgeführt, der vom Gericht bestellt wird. Dieser hat die Aufgabe, das Vermögen des Schuldners zu ermitteln, zu sichern und zu verwerten. Anders als in Deutschland gibt es in Österreich jedoch keinen Gläubigerausschuss. Der Insolvenzverwalter hat das Recht, Auskünfte von Dritten einzuholen und Einsicht in Unterlagen zu nehmen, die für die Ermittlung des Vermögens relevant sind. Die gesetzlichen Bestimmungen sind insbesondere in §§ 47 bis 53 IO geregelt.

Schweiz

In der Schweiz erfolgt die Bestandsaufnahme des Vermögens durch einen Sachwalter, der ebenfalls vom Gericht bestellt wird. Dieser hat die Aufgabe, das Vermögen des Schuldners zu ermitteln, zu sichern und zu verwerten. Anders als in Deutschland und Österreich gibt es in der Schweiz jedoch keinen Gläubigerausschuss. Der Sachwalter hat das Recht, Auskünfte von Dritten einzuholen und Einsicht in Unterlagen zu nehmen, die für die Ermittlung des Vermögens relevant sind. Die genauen Gesetzestexte finden Sie im KSchG Art. 42 bis 52.

Die Bestandsaufnahme des Vermögens ist ein komplexer und zeitaufwendiger Prozess. In allen drei Ländern ist es daher wichtig, dass die Bestandsaufnahme des Vermögens sorgfältig durchgeführt wird, um eine gerechte Verteilung des Vermögens an die Gläubiger zu gewährleisten.

Verwertung des Vermögens

Das Vermögen des Schuldners wird im Insolvenzverfahren veräußert und der Erlös unter den Gläubigern aufgeteilt. Dabei werden die Verwertungsmöglichkeiten des Vermögens bestmöglich genutzt.

Deutschland

In Deutschland hat der Insolvenzverwalter die Aufgabe, das Vermögen des Schuldners zu sichern, zu verwalten und zu verwerten. Er muss hierbei die Interessen aller Gläubiger berücksichtigen und einen möglichst hohen Verwertungserlös erzielen. Der Insolvenzverwalter kann das Vermögen des Schuldners sowohl durch Verkauf als auch durch die Verwertung von Sicherheiten verwerten. Dabei muss er jedoch die gesetzlichen Bestimmungen beachten und die Gläubiger in angemessener Weise informieren. Besonders bei größeren Verfahren wird der Insolvenzverwalter von einem Gläubigerausschuss unterstützt und überwacht, der oftmals aus Vertretern der größten Gläubiger besteht und drei oder fünf Mitglieder zählt.

Österreich

In Österreich ist der Insolvenzverwalter ebenfalls dafür verantwortlich, das Vermögen des Schuldners zu sichern, zu verwalten und zu verwerten. Hierbei muss er jedoch die Interessen aller Gläubiger berücksichtigen und einen möglichst hohen Verwertungserlös erzielen. Anders als in Deutschland kann der Gläubigerausschuss in Österreich nicht über die vorübergehende Fortführung oder Einstellung des Geschäftsbetriebs eines Unternehmens entscheiden. Die Verwertung des Vermögens erfolgt in Österreich durch Verkauf oder Versteigerung.

Schweiz

In der Schweiz hat der Sachwalter die Aufgabe, das Vermögen des Schuldners zu sichern, zu verwalten und zu verwerten. Hierbei muss er die Interessen aller Gläubiger berücksichtigen und einen möglichst hohen Verwertungserlös erzielen.

Anders als in Deutschland und Österreich gibt es in der Schweiz keinen Insolvenzverwalter, sondern eben einen Sachwalter. Die Verwertung des Vermögens erfolgt in der Schweiz durch Verkauf oder Versteigerung.

Zusammenfassend kann gesagt werden, dass die Regelungen zur Verwertung des Vermögens im Insolvenzrecht in Deutschland, Österreich und der Schweiz sehr ähnlich sind. Der Insolvenzverwalter bzw. Sachwalter hat die Aufgabe, das Vermögen des Schuldners zu sichern, zu verwalten und zu verwerten. Die Verwertung kann durch Verkauf oder Versteigerung erfolgen, wobei die gesetzlichen Bestimmungen einzuhalten sind. Der Unterschied liegt vor allem in der Kontrolle des Insolvenzverwalters bzw. Sachwalters. In der Praxis können sich Unterschiede insbesondere bei der Art und Weise der Verwertung des Vermögens ergeben, sowie bei der Informationspflicht des Insolvenzverwalters bzw. Sachwalters gegenüber den Gläubigern. Es ist daher wichtig, sich bei konkreten Fragen und Problemen im Insolvenzverfahren an einen erfahrenen Rechtsanwalt zu wenden, der die spezifischen Regelungen im jeweiligen Land kennt.

Verfahrensende

Das Insolvenzverfahren endet in Deutschland, Österreich und der Schweiz mit der Aufhebung des Verfahrens. Die Aufhebung erfolgt, wenn alle Verbindlichkeiten beglichen sind oder das Vermögen des Schuldners vollständig verwertet wurde.

Deutschland

In Deutschland endet das Insolvenzverfahren mit der Aufhebung des Insolvenzverfahrens durch das Insolvenzgericht. Dies erfolgt, wenn das Vermögen des Schuldners vollständig verwertet wurde und die Kosten des Insolvenzverfahrens gedeckt sind. Auch kann das Insolvenzverfahren durch einen Insolvenzplan beendet werden, wenn Gläubiger und Schuldner dem zustimmen. Der Insolvenzplan muss jedoch von der Mehrheit der Gläubiger und vom Gericht genehmigt werden. Wenn das Verfahren durch einen Insolvenzplan endet, kann der Schuldner unter Umständen auch weiterhin selbständig tätig sein.

Österreich

In Österreich endet das Insolvenzverfahren mit der Aufhebung des Insolvenzverfahrens durch das Gericht. Dies erfolgt, wenn das Vermögen des Schuldners vollständig verwertet wurde und die Kosten des Insolvenzverfahrens gedeckt sind. Wie in Deutschland kann das Verfahren jedoch auch durch einen Insolvenzplan beendet werden. Der Insolvenzplan muss von der Mehrheit der Gläubiger und vom Gericht genehmigt werden. Wenn das Verfahren durch einen Insolvenzplan endet, kann der Schuldner unter Umständen auch weiterhin selbständig tätig sein.

Schweiz

In der Schweiz endet das Insolvenzverfahren mit der Aufhebung des Konkursverfahrens durch das Gericht. Dies erfolgt, wenn das Vermögen des Schuldners vollständig verwertet wurde und die Kosten des Verfahrens gedeckt sind. Auch kann das Verfahren durch eine Nachlassstundung oder eine Sanierung enden, wenn eine

Mehrheit der Gläubiger einem Sanierungsplan zustimmt. Wenn das Verfahren durch eine Sanierung endet, kann der Schuldner unter Umständen auch weiterhin selbständig tätig sein.

Es ist wichtig zu beachten, dass das Verfahrensende im Insolvenzrecht in allen drei Ländern vom erfolgreichen Abschluss der Verwertung des Vermögens des Schuldners und der Begleichung der Kosten des Verfahrens abhängt. Unterschiede gibt es jedoch in Bezug auf die Möglichkeit einer Sanierung und der damit verbundenen Fortsetzung der selbständigen Tätigkeit des Schuldners.

Es ist wichtig zu beachten, dass sich das Insolvenzverfahren von Land zu Land in einigen Details unterscheiden kann und es je nach Größe und Art des Unternehmens Unterschiede geben kann. Es ist daher ratsam, sich von einem erfahrenen Insolvenzexperten beraten zu lassen, um das Verfahren erfolgreich zu bewältigen.

XXII. Ein Blick in die Kristallkugel

In der Geschäftsführung gibt es viele Trends, die die Art und Weise, wie Unternehmen arbeiten, beeinflussen werden. Die Welt wird immer vernetzter und globaler. Unternehmer müssen in der Lage sein, mit Kunden in der ganzen Welt zu kommunizieren und Geschäfte zu machen. Sie müssen auch in der Lage sein, sich an die sich ändernden Bedürfnisse ihrer Kunden anzupassen, z. B. an neue Technologien, Trends und Verhaltensweisen.

Die Geschäftsführung wird in den kommenden Jahren stark von Technologie und Veränderungen in der Arbeitswelt beeinflusst werden. Unternehmen, die in der Lage sind, sich diesen Veränderungen anzupassen und auf die Bedürfnisse ihrer Kunden und Mitarbeiter einzugehen, werden erfolgreich sein.

Laut dem Zukunftsinstitut, einer der einflussreichsten Think Tanks der europäischen Trend- und Zukunftsforschung, werden für Unternehmen in der näheren Zukunft einige Megatrends besonders wichtig sein:

1. Individualisierung: Der Megatrend Individualisierung wandelt sich und drückt sich in einer neuen Wir-Kultur aus. Gemeinschaften, Kollaborationen und Kooperationen rücken statt des Ich in den Fokus. Für Unternehmen hat dies vor allem Einfluss auf die Art und Weise, wie in Teams zusammengearbeitet wird und wie Organisationen geführt werden. Heute ist der Megatrend Individualisierung noch sehr stark egoistisch geprägt. Künftig aber wird er vermehrt auf Tribes, Community und kollektive Intelligenz bauen.

2. Silver Society: Die älter werdende Gesellschaft steht im Schatten und wird völlig unterschätzt. Die Silver Society bedeutet eine Umkodierung der Wirtschaft, die sich im kommenden Jahrzehnt deutlich zeigen wird. Menschen in der zweiten Lebenshälfte haben eine andere Sicht auf Leistung, Wachstum und Innovation als die Jüngeren. Zudem schätzen sie Vorgänge in Unternehmen, was wichtig und richtig ist, anders ein. Diese Routiniers sind ein unglaublicher Erfahrungsschatz und Hort der Gelas-

senheit. Die Alterung der Gesellschaft wird zwar großteils als Problem betrachtet, sie kann aber, gerade in Unternehmen, zu ihrer Vitalisierung beitragen.

3. Vernetzung: Wir leben in einem Netzwerk von Netzwerken. Jeder ist mit jedem und allem verbunden, immer und überall. Dieser Umstand fordert uns technologisch, er fordert uns aber vor allem sozial, in unserer Haltung und unserem Denken. Das Zusammenspiel zwischen Menschen und Technologie, der Umgang mit den neuen Möglichkeiten, wird sich in den 2020er Jahren richtungsweisend entwickeln, wenn der gegenwärtige technologische Hype umfassender begriffen wird. Wenn sich herauskristallisiert, wie und wo wir Technologie wirklich effizient einsetzen können und wollen, ergeben sich hier enorme Potenziale zur Effizienzsteigerung und für neue Geschäftsmodelle.

4. Mobilität: Der Megatrend Mobilität beschreibt die Entstehung einer mobilen Weltkultur, die Veränderungen durch neue Produkte und Services sowie die künftige Nutzung von Verkehrsmitteln. Städte wandeln Straßen und Parkplätze für Autos zunehmend in öffentliche Räume der Mobilität um: Der Straßen- und Parkraum für Autos wird reduziert, Radwege und Bürgersteige werden ausgebaut und gemeinsam mit dem öffentlichen Verkehr priorisiert. Dieser Trend zur Road Diet – der Verschlankung urbaner Straßen zugunsten von Fahrradfahrern und Passantinnen sowie öffentlichen Verkehrsmitteln – gewann während der Corona-Krise stark an Dynamik.

5. Neo-Ökologie: Der Megatrend Neo-Ökologie etabliert ein neues Werte-Set, das in jeden Bereich unseres Alltags hineinreicht. Das Nachhaltigkeitsparadigma reprogrammiert die Codes der globalen Gesellschaft, der Kultur und der Politik – und richtet unternehmerisches Handeln sowie das gesamte Wirtschaftssystem fundamental neu aus. Umweltbewusstsein und Nachhaltigkeit avancieren zunehmend vom individuellen Lifestyle und Konsumtrend zur gesellschaftlichen Bewegung – und zu einem zentralen Wirtschaftsfaktor, der alle unternehmerischen Sphären beeinflusst.

6. Digitalisierung: Immer mehr Unternehmen werden ihre Geschäftsprozesse digitalisieren und automatisieren, um ihre Effizienz zu verbessern und Kosten zu senken. Digitalisierung ist eng mit anderen Megatrends wie Konnektivität und Mobilität verbunden und beeinflusst die Art und Weise, wie wir kommunizieren, arbeiten und uns fortbewegen. Die Digitalisierung ermöglicht neue Geschäftsmodelle und verändert die Art und Weise, wie Unternehmen arbeiten und interagieren. In der Zukunft wird die Digitalisierung weiterhin eine wichtige Rolle spielen und Unternehmen müssen sich anpassen, um wettbewerbsfähig zu bleiben. Dies kann durch die Einführung neuer Technologien wie Big Data, Cloud-Dienste, künstliche Intelligenz (KI) sowie Hyperautomatisierung erreicht werden. Unternehmen müssen auch ihre Geschäftsmodelle überdenken und sich auf die digitale Transformation vorbereiten, um in der Zukunft erfolgreich zu sein. KI wird bereits in einer Reihe von Unternehmensanwendungen eingesetzt, z. B. im Kundendienst, bei der Betrugserkennung und im Lieferkettenmanagement. In Zukunft wird die KI wahrscheinlich eine noch wichtigere Rolle in der Unternehmensführung spielen, indem sie Aufgaben automatisiert, Entscheidungen trifft und Erkenntnisse liefert, die mit menschlicher Intelligenz allein nicht möglich wären.

7. Flexibilität und Agilität: Die Arbeitswelt wird sich weiter verändern, und Unternehmen müssen flexibel und agil sein, um sich an neue Entwicklungen anzupassen. Remote-Arbeit, flexible Arbeitszeiten und eine dezentralisierte Organisation werden wichtiger werden, um die Bedürfnisse der Mitarbeiter zu erfüllen und das Wachstum des Unternehmens zu unterstützen.

Das Roland Berger Institute (RBI) hat auch eine Ausgabe des Roland Berger Trend Compendiums zusammengestellt, die bis 2050 reicht. Dieses umfasst sechs Megatrends, die die Welt zwischen jetzt und 2050 prägen werden. Sie umfassen wirtschaftliche Faktoren sowie soziale, ökologische, technologische und geopolitische Veränderungen. Zum Beispiel befasst sich der erste Megatrend mit Bevölkerung, Migration, Werten und Bildung. Der zweite Megatrend befasst sich mit Gesundheit und Pflege. Der dritte Megatrend befasst sich mit Umwelt und Ressourcen. Der vierte Megatrend befasst sich mit Wirtschaft und Geschäft. Der fünfte

Megatrend befasst sich mit Technologie und Innovation und untersucht den Wert von Innovation, Zukunftstechnologien und das Verhältnis von Mensch und Maschine. Der sechste Megatrend befasst sich mit Politik und Regierung.

Alle diese Trends sind für Unternehmer relevant, da sie wichtige Veränderungen in der Welt darstellen, die sich auf Unternehmen auswirken werden. Zum Beispiel können Veränderungen in der Bevölkerung und Migration die Arbeitskräfteversorgung beeinflussen. Technologie und Innovation können neue Geschäftsmöglichkeiten eröffnen oder bestehende Geschäftsmodelle verändern.

Diese Trends werden sich auf verschiedene Weise auf uns auswirken und viele Aspekte unseres Lebens verändern. Es ist wichtig für Unternehmen, diese Trends zu verstehen und sich darauf vorzubereiten. Die Welt der Wirtschaft wird sich in den nächsten Jahren stark verändern. Unternehmer, die sich an diese Veränderungen anpassen können, werden die erfolgreichsten sein.

XXIII. Feierabend

Verbringen Sie mehr Zeit im Büro als zu Hause? Anders als Arbeitnehmer müssen Unternehmer oft auch außerhalb der Arbeitszeit arbeiten, um ihr Unternehmen am Laufen zu halten. Dies kann zu Stress und Überarbeitung führen.

Als Geschäftsführer ist es leicht, sich in der Arbeit zu verlieren und die Freizeit aus den Augen zu verlieren. Regelmäßige Pausen und Entspannung sind jedoch genauso wichtig wie die Arbeit selbst! Denn nur wenn Sie ausgeruht sind und sich Zeit für sich selbst nehmen, können Sie langfristig produktiv und kreativ bleiben. Ob man nun gerne Sport treibt, ein Buch liest oder ein Instrument spielt – die Möglichkeiten sind endlos. Das Wichtigste ist, dass man sich Zeit für sich selbst nimmt und sich regelmäßig entspannt. Also gönnen Sie sich ruhig mal eine Auszeit und lassen den Laptop im Büro – das Unternehmen wird auch ein paar Stunden und Tage ohne Sie überleben!

Ein paar Tipps für den Feierabend:

- Legen Sie Ihre Erreichbarkeit auch für die Freizeit fest. Klare Grenzen der Erreichbarkeit in der Freizeit helfen, Ihre Work-Life-Balance zu erhalten und sich von der Arbeit zu erholen.

- Beginnen Sie den Tag mit einer Morgenroutine ohne Smartphone. Dies könnte zum Beispiel eine körperliche oder geistige Übungseinheit sein, um Achtsamkeit und allgemeines Wohlbefinden zu fördern.

- Führen Sie Ihre Gespräche mit ungeteilter Aufmerksamkeit. Konzentrieren Sie sich dabei auf Ihr Gegenüber, ohne abzuschweifen oder abgelenkt zu werden.

- Verbannen Sie elektronische Geräte aus dem Schlafzimmer. Sie fördern dadurch einen besseren Schlaf und verbessern Ihre psychische Gesundheit.

- Beenden Sie den Tag mit einer Abendroutine. Lesen Sie ein Buch oder lassen Sie den Tag Revue passieren. Was ist Ihnen an diesem Tag und in dieser Woche Positives aufgefallen? Was haben Sie positiv abgeschlossen, beruflich aber auch privat? Vermeiden Sie es aber, an den nächsten Tag oder generell an die Zukunft zu denken, da dies eine unnötige Adrenalinausschüttung im Körper auslösen kann. Wenn Ihnen noch etwas im Kopf herumschwirrt, schreiben Sie es auf einen Zettel oder in ein Tagebuch. Das hilft Ihnen, loszulassen und besser zu schlafen.

Es ist unerlässlich, dass Unternehmer sich Zeit für sich selbst nehmen, um sich zu entspannen und zu regenerieren. Wenn Sie als Unternehmer ausgeruht und entspannt sind, können Sie besser arbeiten und Ihre Ziele erreichen.

XXIV. Anhang

Quiz-Antworten

Das Quiz in diesem Buch kann Ihnen helfen, die Herausforderungen einer Unternehmensgründung besser zu verstehen. Im Idealfall kann es Sie auch motivieren, sich weiterzubilden und sich von erfahrenen Unternehmern beraten zu lassen. Bedenken Sie jedoch, dass ein Quiz nur eine begrenzte Anzahl von Fragen beantworten kann. Es gibt viele Aspekte der Unternehmensgründung, die ein Quiz nicht abdecken kann, z. B. die Entwicklung einer Geschäftsstrategie, Vertragsverhandlungen mit Lieferanten und Kunden oder die Führung von Mitarbeitern. Außerdem kann ein Quiz nur Wissen testen. Es kann nicht die Erfahrung und das Urteilsvermögen ersetzen, die ein Unternehmer braucht, um sein Unternehmen erfolgreich zu führen.

Antworten zum „Quiz für bestehende Geschäftsführer"

1. b) Der Punkt, an dem der Umsatz alle Kosten deckt.
2. a) Gewinn ist das Ergebnis nach Abzug aller Kosten, Umsatz ist der Gesamtbetrag der Einnahmen
3. a) Die Fähigkeit eines Unternehmens, kurzfristige Schulden zurückzuzahlen
4. c) Eine Aufstellung der Zahlungsströme eines Unternehmens
5. d) Der Zyklus, in dem ein Produkt im Hinblick auf Verkaufszahlen und Gewinn betrachtet wird
6. b) Eine Analyse der Stärken, Schwächen, Chancen und Risiken eines Unternehmens
7. b) Verlagerung von Geschäftsbereichen an andere Unternehmen
8. b) Strategie entwickeln

9. d) Messung des Erfolgs

10. a) Haftungsbeschränkung und Steuerbelastung

11. a) Förderung der fachlichen Kompetenz

12. a) Planung und Steuerung der Finanzen

13. c) Kostenreduzierung und Effizienzsteigerung

14. b) Übermäßige Investitionen und zu schnelles Wachstum

15. d) Verkauf von Vermögenswerten und Factoring

16. a) Markterschließung und Kundennähe

17. c) Bilanzanalyse

18. b) Ein Ansatz zur Optimierung von Produktionsprozessen

19. d) Unternehmensanalyse

20. a) Ein Konzept zur Messung der Unternehmensperformance

Antworten zum „Quiz für Gründer"

1. a) Ein strategisches Dokument zur Festlegung von Unternehmenszielen

2. c) Schaffung von Werten für die Gesellschaft

3. d) Alle oben genannten

4. b) Ein Produkt, das mit minimalen Funktionen auf den Markt gebracht wird, um Feedback von Kunden zu erhalten

5. d) Eine Kombination aus den oben genannten

6. c) Eine Liste potenzieller Investoren

7. d) Alle oben genannten

8. a) Eigenkapital

9. c) Gute persönliche Beziehungen zu potenziellen Kunden

10. c) Kapitalgesellschaft

11. b) Ein umfassender Businessplan

12. c) Es gibt keine universelle Formel für die Finanzierung einer Unternehmensgründung.

13. b) Unternehmenswachstum erfordert eine klare Wachstumsstrategie und eine systematische Umsetzung.

14. c) Die Haftung der Gesellschafter hängt von der Rechtsform des Unternehmens ab.

15. a) Ein Plan, wie man ein Unternehmen erfolgreich gründet und führt.

16. b) Identifizierung der Stärken, Schwächen, Chancen und Risiken eines Unternehmens.

17. a) Eine kurze Präsentation, um ein Produkt oder eine Dienstleistung zu verkaufen.

18. c) Identifizierung der Zielgruppe und deren Bedürfnisse.

Antworten zum „Quiz für Übernehmer"

1. c) Eine Prüfung der Prozesse und Abläufe

2. d) Discounted-Cashflow-Methode

3. a) Ein Asset Deal umfasst nur Vermögenswerte, während ein Share Deal Anteile am Unternehmen umfasst.

4. d) Eine Klausel, die den Kaufpreis an den zukünftigen Erfolg des Unternehmens knüpft.

5. a) Um die Synergieeffekte zwischen den beiden Unternehmen zu maximieren.

6. c) Marktforschung

7. a) Das gesamte Eigenkapital der GmbH

8. c) Ein negativer Cashflow kann auf langfristige Investitionen hinweisen

9. c) Ein Business Model Canvas ist ein statisches Dokument, das selten aktualisiert werden muss.

10. a) Eigenkapital

11. c) Eine Aufzeichnung der Ein- und Auszahlungen eines Unternehmens über einen bestimmten Zeitraum

12. a) Der Break-Even-Point gibt an, wann das Unternehmen profitabel wird

13. a) Identifizierung von Stärken und Schwächen, sowie b) Identifizierung von Chancen und Bedrohungen

14. d) Alle oben genannten

15. b) Debt-to-Equity Ratio

16. a) Eigenkapital ist das von Eigentümern investierte Geld, während Fremdkapital von externen Quellen wie Banken und Kreditgebern stammt.

17. d) Alle oben genannten

18. d) Return on Investment

Quiz-Auswertung

Unter 50%:

Keine Sorge, das Wissen über Geschäftsführung und Unternehmensführung ist umfangreich und es ist normal, nicht alle Fragen beantworten zu können. Es gibt immer Raum für Verbesserungen und Lernen. Wenn Sie Ihre Kenntnisse vertiefen möchten, können Sie sich weiterbilden und sich auf die Bereiche konzentrieren, in denen Sie Schwächen haben.

Zwischen 50% und 75%:

Herzlichen Glückwunsch, Sie haben zwischen 50% und 75% der Fragen richtig beantwortet! Das zeigt, dass Sie ein solides Verständnis von wichtigen Themen im Bereich der Geschäftsführung haben. Möglicherweise gibt es jedoch noch einige Bereiche, in denen Sie Ihr Wissen vertiefen könnten. Ich empfehle Ihnen, weiter zu lernen und sich auf dem neuesten Stand zu halten, um sicherzustellen, dass Sie in Ihrem Geschäftsumfeld erfolgreich sind.

Über 75%:

Herzlichen Glückwunsch! Das zeigt, dass Sie ein solides Verständnis für das Thema haben und sich gut vorbereitet haben. Es gibt jedoch immer Raum für Verbesserungen und weitere Lernmöglichkeiten. Weiter so!

Begriffserläuterungen

Um ein besseres Verständnis für wichtige Begriffe im Kontext der Geschäftsführung zu erlangen, folgen nachstehend kurze Erklärungen zu ausgewählten Begriffen.

A

- Abschreibung: Verringert den Wert von Vermögenswerten im Laufe der Zeit.
- Aktionär: Besitzer von Aktien in einem Unternehmen.
- Asset: Vermögenswert, den Wert für ein Unternehmen hat.
- Aufsichtsrat: Gremium von Vertretern des Unternehmens und externen Experten, das die Geschäftsführung überwacht.

B

- Bilanz: Finanzielle Übersicht eines Unternehmens
- Budget: Finanzplan, der Einnahmen und Ausgaben für einen bestimmten Zeitraum festlegt

C

- Cashflow: Ein- und Auszahlungen eines Unternehmens in einem bestimmten Zeitraum
- Change Management: Prozess, um Veränderungen in einem Unternehmen erfolgreich umzusetzen

- Churn-Rate: Ein Maß für die Anzahl der verlorenen Kunden eines Unternehmens in einem bestimmten Zeitraum, berechnet als Prozentsatz der Gesamtzahl der Kunden.

- Compliance: Die Einhaltung von Gesetzen, Verordnungen und anderen Regeln.

- Controlling: Planung, Überwachung und Steuerung von Geschäftsprozessen

- Corporate Social Responsibility (CSR): Verantwortung eines Unternehmens für Umwelt, Gesellschaft und Mitarbeiter

- Customer Relationship Management (CRM): Strategie zur Verbesserung der Kundenbeziehungen

D

- Digitalisierung: Umwandlung von analogen in digitale Prozesse

E

- EBITDA: Ergebnis vor Zinsen, Steuern, Abschreibungen und Amortisationen

- Eigenkapital: Wert der Vermögenswerte eines Unternehmens, nach Abzug von Schulden.

F

- Finanzierung: Beschaffung von Kapital für ein Unternehmen

- Fixkosten: Kosten, die unabhängig von der Produktion oder dem Umsatz eines Unternehmens anfallen und somit konstant bleiben, z. B. Miete, Gehälter, Versicherungen.

G

- Geschäftsmodell: Beschreibung der Art und Weise, wie ein Unternehmen Geld verdient

- Gewinnmarge: Der Anteil des Umsatzes, der als Gewinn verbleibt.

- Globalisierung: Internationalisierung von Märkten und Unternehmen

- Goodwill: auch Firmenwert genannt, ist Goodwill ein immaterieller Vermögenswert in der Bilanz eines Unternehmens. Er entsteht bei einem Unternehmenskauf, wenn der Kaufpreis höher ist als der Buchwert des erworbenen Unternehmens.

H

- HR-Management: Management der Mitarbeiter eines Unternehmens

I

- Inflation: Anstieg des allgemeinen Preisniveaus

- Innovation: Entwicklung und Einführung neuer Produkte, Dienstleistungen oder Prozesse

- Insolvenz: Zustand, in dem ein Unternehmen nicht mehr in der Lage ist, seine Schulden zu begleichen

- Investition: Verwendung von Kapital zur Schaffung von langfristigem Nutzen

J

- Jahresabschluss: Finanzielle Übersicht eines Unternehmens am Ende des Geschäftsjahres

K

- Kennzahlen: Indikatoren zur Messung der Leistung eines Unternehmens
- Key Performance Indicator (KPI): Eine Kennzahl oder Gruppe von Kennzahlen, die genutzt werden, um den Erfolg oder die Leistung eines Unternehmens, einer Abteilung oder eines Projekts zu messen und zu bewerten

L

- Liquidität: Fähigkeit eines Unternehmens, seine kurzfristigen Verbindlichkeiten zu begleichen

M

- Marketing: Strategie zur Förderung von Produkten und Dienstleistungen

N

- Nachhaltigkeit: Verantwortungsvolles Handeln im Hinblick auf Umwelt, Gesellschaft und Wirtschaft

O

- Outsourcing: Auslagerung von Geschäftsprozessen an externe Dienstleister

P

- Personalentwicklung: Entwicklung der Fähigkeiten und Fertigkeiten der Mitarbeiter eines Unternehmens

- Prozessoptimierung: Verbesserung der Effizienz von Geschäftsprozessen

Q

- Qualitätsmanagement: Strategie zur Sicherstellung der Qualität von Produkten und Dienstleistungen

R

- Rendite: Verhältnis zwischen Gewinn und Investitionen

- Risikomanagement: Prozess zur Identifizierung und Minimierung von Risiken

S

- Shareholder Value: Ziel, den Wert des Unternehmens für die Aktionäre zu maximieren

- Solvenz: Die Fähigkeit eines Unternehmens, seine Verpflichtungen zu erfüllen.

- Stakeholder: Personen oder Gruppen, die von den Aktivitäten eines Unternehmens betroffen sind

T

- Target Costing: eine Methode zur Kostenreduktion bei der Entwicklung neuer Produkte

- Teamwork: Zusammenarbeit von Mitarbeitern zur Erreichung eines gemeinsamen Ziels
- Time-to-Market: Zeitdauer von der Ideenentwicklung bis zur Markteinführung eines Produkts
- Total Quality Management: Managementansatz zur Verbesserung der Qualität in allen Geschäftsbereichen
- Turnaround-Management: Maßnahmen zur Wiederherstellung der Rentabilität eines Unternehmens in der Krise

U

- Umweltanalyse: Analyse der internen und externen Umweltbedingungen eines Unternehmens
- Unique Selling Proposition: einzigartiger Verkaufsvorteil eines Produkts oder einer Dienstleistung
- Unternehmenskultur: Werte, Normen und Verhaltensweisen in einem Unternehmen

V

- Value Chain: Wertschöpfungskette, die alle Aktivitäten umfasst, die zur Erstellung eines Produkts oder einer Dienstleistung erforderlich sind
- Value Proposition: Wertversprechen eines Produkts oder einer Dienstleistung
- Variable Kosten: Kosten, die sich aufgrund der Produktionsmenge verändern

- Vertriebskanal: Weg, über den ein Produkt oder eine Dienstleistung an den Kunden gelangt

- Vision Statement: Beschreibung der zukünftigen Ausrichtung und Ziele eines Unternehmens

W

- Wettbewerbsanalyse: Analyse der Konkurrenzunternehmen und ihres Marktauftritts

- Wettbewerbsvorteil: Vorteil eines Unternehmens gegenüber der Konkurrenz

- Work-Life-Balance: Ausgewogenheit zwischen Arbeits- und Privatleben

X

- X-Faktor: unbekannter Faktor, der den Erfolg eines Unternehmens beeinflussen kann

Y

- Yield-Management: Strategie zur Maximierung des Ertrags durch gezielte Steuerung von Preis und Verfügbarkeit

- Young Professional: Berufsanfänger mit akademischem Abschluss und geringer Berufserfahrung

Z

- Zielvereinbarung: festgelegte Ziele und Maßnahmen, die zwischen Vorgesetzten und Mitarbeitern vereinbart werden

- Zulieferer: Unternehmen, das Materialien oder Komponenten an ein anderes Unternehmen liefert

- Zukunftsfähigkeit: Fähigkeit eines Unternehmens, sich an Veränderungen in der Zukunft anzupassen und erfolgreich zu bleiben

- Zweck: übergeordnetes Ziel eines Unternehmens, das über finanzielle Gewinne hinausgeht

- Zielsetzung: Definition von spezifischen, messbaren Zielen, die erreicht werden sollen

Danksagung

Ich möchte all denen danken, die mir bei der Erstellung dieses Buches geholfen haben.

Zuerst möchte ich Sabine danken, die mein Buch mit einem kritischen Auge gelesen und mir geholfen hat, Fehler zu korrigieren und meine Sprache zu verbessern.

Besonderer Dank gilt meiner Mutter, ohne deren Unterstützung dieses Buch in dieser Form nicht zustande gekommen wäre. Danke auch an meine Ehefrau, die mir während der gesamten Zeit des Schreibens eine Stütze und Ermutigung war. Ihr seid die Besten!

Und danke an Sie, lieber Leser. Ich hoffe, Sie finden dieses Buch lehrreich und unterhaltsam. Als Autor würde ich mich sehr über eine positive Rezension freuen!

Über den Gerald Neher

Gerald Neher erhielt 2002 seinen Abschluss in Wirtschaftsingenieurwesen-Informationstechnologie und übernahm als EPU die ausgelagerte IT-Abteilung eines mittelständischen Vertriebsunternehmens, an dem er auch als Minderheitsgesellschafter beteiligt war. Ab 2005 war er für ein Software-Unternehmen im Bereich Rohstoffhandel tätig, wo er unterschiedliche Führungspositionen innehatte. Im Jahr 2010 folgte er dort als Geschäftsführer nach und konnte seine Erfahrung in den Bereichen Strategieentwicklung, Finanzkontrolle, Vertrieb, Projektmanagement und Führung weiter vertiefen. Darüber hinaus sind seine erworbenen Kenntnisse im Bereich der Digitalisierung im Rohstoffhandel unübertroffen. Seine Erfahrung und sein Fachwissen machen ihn zu einem geschätzten Berater und einem effektiven Leader in der Geschäftswelt. Seine Beiträge in internationalen Publikationen haben dazu beigesteuert, sein Wissen mit anderen zu teilen und die Diskussion über modernes Management und Digitalisierung in Unternehmen voranzutreiben.

Treten Sie in Kontakt via www.gerald-neher.at

Literaturverzeichnis

Mitchell Franklin, Patty Graybeal, and Dixon Cooper (2019). “Principles of Accounting Volume 2: Managerial Accounting“.

Werner Gleißner & Andreas Klein (2017). „Risikomanagement und Controlling: Chancen und Risiken erfassen, bewerten und in die Entscheidungsfindung integrieren“.

Tim Koller, Marc Goedhart, David Wessels (2015). „Valuation: Measuring and Managing the Value of Companies". 6. Auflage,

Michael Crouhy, Dan Galai, und Robert Mark (2014). „The essentials of risk management“.

Sheridan Titman, Arthur J Keown und John D. Martin (2014): „Financial Management: Principles and Applications“.

Aswath Damodaran (2012). „Investment Valuation: Tools and Techniques for Determining the Value of any Asset“. 3. Auflage

Lynne A. Weikart, Greg G. Chen, und Edward M. Sermier (2012). „Budgeting and Financial Management for Nonprofit Organizations”.

Harry Macdivitt & Mike Wilkinson (2011). „Value-Based Pricing: Drive Sales and Boost Your Bottom Line by Creating, Communicating and Capturing Customer Value“.

Tim Smith (2011). „Pricing Strategy: Setting Price Levels, Managing Price Discounts and Establishing Price Structures“.

Barbara Pease, Allan Pease (2006). „The definitive book of body language: The hidden meaning behind people's gestures and expressions“.

Donald M. DePamphilis (2003). „Mergers, Acquisitions, and Other Restructuring Activities: An Integrated Approach to Process, Tools, Cases, and Solutions“.

ANHANG

F. Reichheld (2001). „The Loyalty Effect: The Hidden Force Behind Growth, Profits, and Lasting Value". Harvard Business School Press.

Albert Mehrabian (1971). „Silent messages: Implicit communication of emotions and attitudes“.

Michael E. Porter (1980). "Competitive Strategy, Free Press, New York".

Weblinks

AHV/IV – Sozialversicherungen (CH):
https://www.ahv-iv.ch/de/Sozialversicherungen

Andreas Gross GmbH (CH) – Impressumspflicht bei Business-Websites beachten:
https://www.swiss-ecommerce.ch/index.php/unsere-infos/joomla-selbstmachen/impressumspflicht-bei-business-websites-beachten

Balanced Scorecard:
https://www.balancedscorecard.org/BSC-Basics/About-the-Balanced-Scorecard

BrightLocal – Local Consumer Review Survey (2022):
https://www.brightlocal.com/research/local-consumer-review-survey/

Bundesanstalt für Arbeitsschutz und Arbeitsmedizin:
https://www.baua.de

Bundesministerium der Justiz – Aktiengesetz (AktG): § 80 Abs. 1 Satz 1:
https://www.gesetze-im-internet.de/aktg/__80.html

Bundesministerium der Justiz – Umsatzsteuergesetz (UStG) § 14 Ausstellung von Rechnungen:
https://www.gesetze-im-internet.de/ustg_1980/__14.html

Bundesministerium der Justiz – Bürgerliches Gesetzbuch (BGB) § 622:
http://www.gesetze-im-internet.de/bgb/__622.html

Bundesministerium der Justiz – GmbHH § 35a Angaben auf Geschäftsbriefen:
https://www.gesetze-im-internet.de/gmbhg/__35a.html

Bundesministerium der Justiz – HGB § 37a:
https://www.gesetze-im-internet.de/hgb/__37a.html

ANHANG

Bundesministerium der Justiz – HGB § 125a:
https://www.gesetze-im-internet.de/hgb/__125a.html

Bundesministerium der Justiz – Insolvenzordnung:
https://www.gesetze-im-internet.de/inso/

Bundesministerium für Arbeit und Wirtschaft (Ö) – Arbeitsinspektion:
https://www.arbeitsinspektion.gv.at

Bundesministerium für Finanzen (Ö) – Gewinnfreibetrag:
https://www.usp.gv.at/steuern-finanzen/betriebseinnahmen-und-ausgaben/gewinnfreibetrag.html

Bundesministerium für Finanzen (Ö) – Investitionsfreibetrag:
https://www.usp.gv.at/steuern-finanzen/betriebseinnahmen-und-ausgaben/investitionsfreibetrag.html

Bundesministerium für Gesundheit – Beiträge der gesetzlichen Krankenversicherung:
https://www.bundesgesundheitsministerium.de/beitraege.html

Bundesministerium für Wirtschaft und Klimaschutz – Deutsche Rechtsformen für Unternehmen:
https://gruenderplattform.de/rechtsformen

Bundesministerium für Wirtschaft und Klimaschutz – Gründung vorbereiten:
https://www.existenzgruender.de/DE/Gruendung-vorbereiten/inhalt.html

Bundesministerium für Wirtschaft und Klimaschutz – Marketing:
https://www.existenzgruender.de/DE/Gruendung-vorbereiten/Gruendungswissen/Marketing/inhalt.html

Bundesministerium für Wirtschaft und Klimaschutz – Startup-Finanzierung – alle Finanzierungsarten im Überblick:
https://gruenderplattform.de/finanzierung-und-foerderung/startup-finanzierung

Bundesministerium für Wirtschaft und Klimaschutz – Steuern für Selbständige und Unternehmen:
https://gruenderplattform.de/unternehmen-gruenden/steuern-fuer-selbststaendige

Bundesverband Brandschutz-Fachbetriebe e.V. – Feuerlöscher:
https://www.bvbf-brandschutz.de/brandschutz-unternehmen/asr-a2-2-massnahmen-gegen-braende/feuerloescher-1/arbeitsstaettenregel-asr-a2-2-feuerloescher

Businessinsider – Vertrieb:
https://www.businessinsider.de/gruenderszene/lexikon/begriffe/vertrieb/

Business News Daily – What is a PEST Analysis:
https://www.businessnewsdaily.com/5512-pest-analysis-definition-examples-templates.html

Creditreform – Unternehmensinsolvenzen in Europa:
https://www.creditreform.at/fileadmin/user_upload/Creditreform_Oesterreich/Aktuelles_Wissen/Wirtschaftsforschung/EU_Insolvenzstatistik/2021/2022-05-18_AY_OE_Analyse_EU-2021.pdf

Deloitte – IAS 7 Kapitalflussrechnungen:
https://www.iasplus.com/de/standards/ias/ias7

Deloitte – Verpflichtende Erfassung der Homeoffice-Tage in den Lohnunterlagen:
https://www2.deloitte.com/at/de/blog/deloitte-tax-blog/2021/verpflichtende-erfassung-der-homeoffice-tage-in-den-lohnunterlagen.html

Der Bundesbeauftragte für den Datenschutz und die Informationsfreiheit:
https://www.bfdi.bund.de

Der Standard – Vertreter der Digitalwirtschaft in der Dach-Region warnen vor DSGVO:
https://www.derstandard.at/story/2000096970006/vertreter-der-digitalwirtschaft-in-der-dach-region-warnen-vor-dsgvo

ANHANG

Der Standard – XXXLutz: Werbefamilie Putz kostete in 20 Jahren über 50 Millionen Euro: https://www.derstandard.at/story/2000102600154/xxxlutz-werbefamilie-putz-kostete-in-20-jahren-ueber-50-millionen

Destatis Statistisches Bundesamt – Insolvenzen nach Jahren: https://www.destatis.de/DE/Themen/Branchen-Unternehmen/Unternehmen/Gewerbemeldungen-Insolvenzen/Tabellen/lrins01.html#242430

Die Presse – DiTech-Pleite: "Filialen wurden aus dem Boden gestampft": https://www.diepresse.com/1586673/ditech-pleite-filialen-wurden-aus-dem-boden-gestampft

DH Media Publishing – Rechnung schreiben – Regelungen in Österreich: https://www.finanz.at/business/rechnung/

Die Presse – Eine Chronologie der türkis-grünen (Krisen)woche: https://www.diepresse.com/6044668/eine-chronologie-der-turkis-grunen-krisenwoche

Digital Beat – Steuern für Selbstständige: Ein kompakter Überblick: https://www.gruender.de/steuern/steuern-fuer-selbststaendige/

Dr. Pelikan & Co KG (Ö) – Brandschutz: Bereits ab einem Mitarbeiter gesetzlich vorgeschrieben: https://www.port41.at/artikel/brandschutz-bereits-ab-einem-mitarbeiter-gesetzlich-vorgeschrieben

E-CONOMIX – So bezahlte die DACH-Region: https://www.e-conomix.at/blog/zahlungsmethoden-im-dach-raum-2020

Entrepreneur Media – Why You Must Have a Business Plan: https://www.entrepreneur.com/article/247575

Epsilon – The power of me: The impact of personalization on marketing performance: https://us.epsilon.com/power-of-me

Euro-Informationen – Krankenkassenbeitrag für Selbständige:
https://www.krankenkassen.de/gesetzliche-krankenkassen/krankenkasse-beitrag/selbststaendige/

Europäische Kommission – Guidelines on Data Protection Officers ('DPOs'):
https://ec.europa.eu/newsroom/just/document.cfm?doc_id=44100

Europäisches Parlament – Soziale Sicherheit in anderen EU-Mitgliedsstaaten:
https://www.europarl.europa.eu/factsheets/de/sheet/55/soziale-sicherheit-in-anderen-eu-mitgliedstaaten

Europäische Union – Datenschutz-Grundverordnung. Artikel 13 Absatz 1:
https://eur-lex.europa.eu/eli/reg/2016/679/2016-05-04/deu

Europäische Union – Sozialversicherung in der EU:
https://europa.eu/youreurope/business/human-resources/social-security-health/social-security/index_de.htm

Firmenbauskasten AG – Gewerbeanmeldung: die wichtigsten FAQ & Tipps:
https://www.firma.de/firmengruendung/gewerbeanmeldung-alle-infos-tipps/#

Forbes – Building A Stronger Sales Team With These Three Strategies:
https://www.forbes.com/sites/forbesagencycouncil/2022/11/22/build-a-stronger-sales-team-with-these-three-strategies/

Forbes – Four Reasons Why Your Company Must Have A Strong Business Plan At Any Phase:
https://www.forbes.com/sites/forbescoachescouncil/2017/06/16/four-reasons-why-your-company-must-have-a-strong-business-plan-at-any-phase/

Forbes – How To Build A Strong Senior Management Team:
https://www.forbes.com/sites/forbescoachescouncil/2018/10/03/how-to-build-a-strong-senior-management-team/

Gebäudetechnik-News (CH) – Vorbeugender Brandschutz in Unternehmen:
https://www.gebaeudetechnik-news.ch/vorbeugender-brandschutz-in-unternehmen/

ANHANG

Gesellschaft für Marketing und Service der Deutschen Arbeitgeber mbH – Checkliste für aushangpflichtige Gesetze im Betrieb:
https://www.arbeitgeberbibliothek.de/checkliste-fuer-aushangpflichtige-gesetze.html

Handelskammerjournal – Arbeitsrechtliche Unterschiede zwischen der Schweiz und Deutschland:
https://www.handelskammerjournal.ch/de/arbeitsrechtliche-unterschiede-zwischen-der-schweiz-und-deutschland

Handelszeitung – Weltweit zweistelliger Anstieg bei Insolvenzen:
https://www.handelszeitung.ch/insurance/anstieg-der-firmenkonkurse-kreditversicherer-allianz-trade-erwartet-fur-2023-mehr-insolvenzen-563874

Harvard Business Review – The New Science of Building Great Teams:
https://hbr.org/2012/04/the-new-science-of-building-great-teams

Haufe – Was bei Home-Office-Regelungen zu beachten ist:
https://www.haufe.de/personal/arbeitsrecht/homeoffice-was-beim-arbeiten-von-zuhause-zu-beachten-ist_76_301172.html

Hellotax – Reverse Charge Verfahren in der Schweiz | hellotax:
https://hellotax.com/blog/de/steuer/reverse-charge-verfahren/schweiz/

Hochschule Mittweida – Bachelorarbeit „Digitalisierung 4.0 – Führung 4.0 Welche Anforderungen an Führungskräfte sind in der Zeit der Digitalisierung 4.0 erforderlich":
https://monami.hs-mittweida.de/frontdoor/deliver/index/docId/9057/file/Bachelorarbeit+letzte+endversion.pdf

HubSpot – The State of Customer Service in 2022:
https://blog.hubspot.com/service/importance-customer-service

IESE Business School – University of Navarra, Pablo Fernández – The Most Common Errors in Valuations:
https://media.iese.edu/research/pdfs/DI-0449-E.pdf

IHK München – Finanzierung und Förderung für Startups:
https://www.ihk-muenchen.de/de/Service/finanzierung-und-foederung/Startups/

IHK München – Unternehmensgründung: So gehen Sie vor:
https://www.ihk-muenchen.de/de/Service/Gr%C3%BCndung/

IHK Schwarzwald-Baar-Heuberg – Rechtsformen in der Schweiz:
https://www.ihk.de/sbh/unternehmer/recht-steuern/handels-und-gesellschaftsrecht/rechtsformen/wahl-der-rechtsform-und-registrierungspflichten-3924614

IHK Stuttgart – Risikomanagement für Unternehmen: https://www.ihk.de/stuttgart/fuer-unternehmen/foerderung-und-unternehmensfuehrung/unternehmensfuehrung/risikomanagement-666034

Kurier – Nach Hackerangriff in Kärnten wurden erneut Daten veröffentlicht:
https://kurier.at/chronik/oesterreich/nach-hackerangriff-in-kaernten-wurden-erneut-daten-veroeffentlicht/402045217

Intersoft Consulting – § 38 BDSG – Datenschutzbeauftragte nichtöffentlicher Stellen:
https://dsgvo-gesetz.de/bdsg/38-bdsg/

Investopedia – Business Plan: What It Is, What's Included, and How To Write One:
https://www.investopedia.com/terms/b/business-plan.asp

Investopedia – Cash Flow Statement: How to Read and Understand It:
https://www.investopedia.com/terms/c/cashflowstatement.asp

Investopedia – Competitive Pricing: Definitions, Examples, and Loss Leaders:
https://www.investopedia.com/terms/c/competitive-pricing.asp

Investopedia – Marketing in Business: Strategies and Types Explained:
https://www.investopedia.com/terms/m/marketing.asp

Investopedia – Porter's Five Forces Explained:
https://www.investopedia.com/terms/p/porter.asp

ANHANG

Investopedia – What Financial Liquidity Is, Asset Classes, Pros & Cons, Examples:
https://www.investopedia.com/articles/basics/07/liquidity.asp

Investopedia – What is Strategic Management:
https://www.investopedia.com/terms/s/strategic-management.asp

Ionos – Impressum im Internet: Was gilt es zu beachten:
https://www.ionos.de/digitalguide/websites/online-recht/impressum-im-internet-was-gilt-es-zu-beachten/

Kleine Zeitung – Schiffsverkehr laut Behörde wieder aufgenommen:
https://www.kleinezeitung.at/wirtschaft/5958621/Aber-hoher-Schaden_Suezkanal_Schiffsverkehr-laut-Behoerde-wieder

KSV1870 (Ö) – Insolvenzstatistik:
https://www.ksv.at/KSV1870_Insolvenzstatistik_Unternehmen_2022_PDF

Land Kärnten – Informationen zum Cyberangriff:
https://www.ktn.gv.at/Service/informationen-cyberangriff

Lomonossow-Universität Moskau – Probleme der modernen Welt und Möglichkeiten zu ihrer Lösung:
https://spa.msu.ru/wp-content/uploads/stud_sbornik_202103.02.21_tipogr.pdf

Luzernerzeitung – Ratgeber (CH):
https://www.luzernerzeitung.ch/leben/ratgeber/mussen-wir-nach-vier-jahren-die-rechnung-noch-bezahlen-ld.2069947

MindTools – Swot Analysis:
https://www.mindtools.com/pages/article/newTMC_05.htm

Oracle – Why Customer 'Satisfaction' is No Longer Good Enough:
http://docs.media.bitpipe.com/io_10x/io_107128/item_597849/ORA_RightNow_Whitepaper_12-10719_lr_latest.pdf

Österreichische Datenschutzbehörde:
https://www.dsb.gv.at

PORDEV GmbH – Arbeitsbedingungen im Vergleich: Deutschland, Österreich, Schweiz:
https://www.lohnanalyse.ch/ch/wissen/thema/arbeitsbedingungen-im-vergleich-deutschland-oesterreich-schweiz.html

Practical Ecommerce – Five 'Five Forces' That Make or Break Consumer Brands
https://www.practicalecommerce.com/five-forces-that-make-or-break-consumer-brands

Professional Academy – How to do a PEST, PESTEL, or PESTELE analysis
https://www.youtube.com/watch?v=roC_srnexr4&ab_channel=ProfessionalAcademy

PWC – Steuertransparenz in der DACH-Region:
https://www.pwc.at/de/dienstleistungen/steuerberatung/steuertransparenz-in-der-dach-region.html

Rechtsinformationssystem des Bundes (Ö) – Gesamte Rechtsvorschrift für Datenschutzgesetz:
https://www.ris.bka.gv.at/GeltendeFassung/Bundesnormen/10001597/DSG%2c%20Fassung%20vom%2006.03.2023.pdf

Rechtsinformationssystem des Bundes (Ö) – Insolvenzordnung (IO):
https://www.ris.bka.gv.at/GeltendeFassung.wxe?Abfrage=Bundesnormen&Gesetzesnummer=10001736

Rechtsinformationssystem des Bundes (Ö) – Unternehmensgesetzbuch (UGB) § 14 (Österreich):
https://www.ris.bka.gv.at/Dokumente/Bundesnormen/NOR40069786/NOR40069786.html

Rödl & Partner – Homeoffice als Betriebsstätte: Unterschiede in Deutschland, Österreich und der Schweiz: https://www.roedl.de/themen/homeoffice/betriebsstaette-unterschiede-deutschland-ao-oesterreich-bao-schweiz-dbg

ANHANG

Rödl & Partner – Wirecard: Unsicherheit, Misstrauen, Haftung – Unternehmen müssen Corporate Governance prüfen:
https://www.roedl.de/themen/wirecard-skandal-compliance-ueberpruefung-corporate-governance

Roland Berger – Trend Compendium 2050: Six magatrends will shape the next decades:
https://www.rolandberger.com/en/Insights/Global-Topics/Trend-Compendium/

Sachverständigenbüro Mülot GmbH – Bundesgesetz über den Datenschutz:
https://dsg.ch

Schweizerische Eidgenossenschaft – Arbeits- und Ruhezeiten:
https://www.seco.admin.ch/seco/de/home/Arbeit/Arbeitsbedingungen/Arbeitnehmerschutz/Arbeits-und-Ruhezeiten.html

Schweizerische Eidgenossenschaft – Besteuerung bei selbstständiger Erwerbstätigkeit | SSK:
https://www.estv.admin.ch/dam/estv/de/dokumente/estv/steuersystem/dossier-steuerinformationen/d/d-selbstaendige-erwerbstaetigkeit.pdf

Schweizerische Eidgenossenschaft – Besteuerung Einzel- und Personengesellschaften:
https://www.kmu.admin.ch/kmu/de/home/praktisches-wissen/finanzielles/steuern/besteuerung-einzel-und-personengesellschaften.html

Schweizerische Eidgenossenschaft – Besteuerung von Kapitalgesellschaften:
https://www.kmu.admin.ch/kmu/de/home/praktisches-wissen/finanzielles/steuern/besteuerung-von-kapitalgesellschaften.html

Schweizerische Eidgenossenschaft – Bundesgesetz gegen den unlauteren Wettbewerb (UWG):
https://www.fedlex.admin.ch/eli/cc/1988/223_223_223/de

Schweizerische Eidgenossenschaft – Bundesgesetz über Schuldbetreibung und Konkurs (SchKG):

https://www.fedlex.admin.ch/eli/cc/11/529_488_529/de

Schweizerische Eidgenossenschaft – Direkte Bundessteuer, Kantons-, Gemeindesteuer:
https://www.ch.ch/de/steuern-und-finanzen/steuern-zahlen/

Schweizerische Eidgenossenschaft – Direkte Bundessteuer DBST:
https://www.estv.admin.ch/estv/de/home/direkte-bundessteuer.html

Schweizerische Eidgenossenschaft – Eidgenössische Arbeitsinspektion:
https://www.seco.admin.ch/seco/de/home/Arbeit/Arbeitsbedingungen/Eidgenoessische-Arbeitsinspektion.html

Schweizerische Eidgenossenschaft – Eidgenössischer Datenschutz- und Öffentlichkeitsbeauftragter (EDÖB):
https://www.edoeb.admin.ch

Schweizerische Eidgenossenschaft – Einnahmen 2022:
https://www.efv.admin.ch/efv/de/home/finanzberichterstattung/bundeshaushalt_ueb/einnahmen.html

Schweizerische Eidgenossenschaft – New Federal Act on Data Protection (nFADP):
https://www.kmu.admin.ch/kmu/en/home/facts-and-trends/digitization/data-protection/new-federal-act-on-data-protection-nfadp.html

Schweizerische Eidgenossenschaft – Sozialversicherungen:
https://www.kmu.admin.ch/kmu/de/home/praktisches-wissen/personal/personalmanagement/pflichten-der-arbeitgebenden/sozialversicherungen.html

Schweizerische Eidgenossenschaft – Eigenschaften der verschiedenen Rechtsformen:
https://www.kmu.admin.ch/kmu/de/home/praktisches-wissen/kmu-gruenden/uebersicht-rechtsformen.html

Small Business Administration (SBA) – How to Understand Cash Flow Statements:
https://ascent.sba.gov/8d/4b/6855ceed413ca6384044018eb2f6/your-business-financial-strategy-2-3-financial-statements-business-growth-decisions-tool.pdf

ANHANG

Sozialversicherung der Selbständigen (Ö):
https://www.svs.at

Swisscom Directories (CH) – Die Gewerbeanmeldung für mehr Selbstständigkeit im Beruf:
https://www.local.ch/de/c/rf/recht/versicherung-und-rechtliches/die-gewerbeanmeldung-fuer-mehr-selbststaendigkeit-im-beruf

U.S. Small Business Administration (SBA) – Write Your Business Plan:
https://www.sba.gov/business-guide/plan-your-business/write-your-business-plan

Universität Hannover – Bachelorarbeit „Digitalisierung in der Mitarbeiterführung: Entwicklung und Ausblick":
https://www.iwi.uni-hannover.de/fileadmin/iwi/Abschlussarbeiten/sK_BA_Ruege.pdf

Verbraucherzentrale –Crowdfunding: So funktioniert die Schwarmfinanzierung:
https://www.verbraucherzentrale.de/wissen/geld-versicherungen/sparen-und-anlegen/crowdfunding-so-funktioniert-die-schwarmfinanzierung-6670

VFR Verlag für Rechtsjournalismus GmbH –Neues Bundesdatenschutzgesetz 2023:
https://www.datenschutz.org/bdsg-neu/

VFR Verlag für Rechtsjournalismus GmbH – Datenschutzerklärung für Website, Blog und Co.: Anforderungen und Hinweise:
https://www.datenschutz.org/datenschutzerklaerung-website/

Wall Street Journal – WeWork's Adam Neumann Was Right About One Thing: Someone Needs to Reinvent Work:
https://www.wsj.com/articles/weworks-adam-neumann-was-right-about-one-thing-someone-needs-to-reinvent-work-11569038406

Wirtschaftskammer Österreich – Aktuelle Werte: Einkommen-/Körperschaftsteuer 2023:
https://www.wko.at/service/steuern/aktuelle-werte-einkommen-koerperschaftsteuer-ab-2023.html

Wirtschaftskammer Österreich – Aushangpflichtige Gesetze:
https://www.wko.at/service/arbeitsrecht-sozialrecht/aushangpflichtige-gesetze.html

Wirtschaftskammer Österreich – Broschüre „Basiswissen Arbeitnehmerschutz" 6. Auflage:
https://www.wko.at/service/unternehmensfuehrung-finanzierung-foerderungen/Basiswissen_Arbeitnehmerschutz_2.pdf

Wirtschaftskammer Österreich – Das Korrekte E-Mail Impressum:
https://www.wko.at/service/wirtschaftsrecht-gewerberecht/Das-korrekte-E-Mail-Impressum.pdf

Wirtschaftskammer Österreich – EU-Datenschutz-Grundverordnung (DSGVO): Der Datenschutzbeauftragte:
https://www.wko.at/service/wirtschaftsrecht-gewerberecht/EU-Datenschutz-Grundverordnung:-Der-Datenschutzbeauftragt.html

Wirtschaftskammer Österreich – Kündigungsfristen von Angestellten und Arbeitern:
https://www.wko.at/service/arbeitsrecht-sozialrecht/Kuendigungsfristen.html

Wirtschaftskammer Österreich – Soziale Absicherung Selbständiger nirgends so gut wie in Österreich:
https://news.wko.at/news/oesterreich/2014-08_soziale_absicherung_von_selbstaendigen_im_internatio.pdf

Wirtschaftskammer Österreich – Sozialversicherung für Selbständige:
https://www.wko.at/service/arbeitsrecht-sozialrecht/sozialversicherung-selbststaendige.html

Wirtschaftskammer Österreich – Website Impressum:
https://www.wko.at/service/wirtschaftsrecht-gewerberecht/Website-Impressum.html

yeebase media GmbH – Bootstrapping: Wie du ein Unternehmen aus eigenen Mitteln aufbaust:
https://t3n.de/news/tipps-bootstrapping-unternehmen-1358442/

Zukunftsinstitut: https://www.zukunftsinstitut.de

Raum für Notizen